● 全国二级建造师执业资格考试辅导用书 ●

# 建筑工程管理与实务：
# 浓缩教程与案例精编

杨兴荣　主编

U0246497

合肥工业大学出版社

## 内 容 提 要

　　在参考研究《建筑工程管理与实务》历年考试真题的基础上,作者对新版(第四版)考试用书中的考点、重点进行了浓缩与提炼,略去那些铺垫文字或介绍性的内容,将考试用书的内容"压缩"掉3/4。此外,本书在关键内容上加入了图示,希望能以"图解"的形式来协助考生强化对专业名词术语的理解。本书精编了90道案例题,并给出了参考答案。此书的特色是"浓缩"、"图解"和"案例",相信会减少考生的复习时间并有助于其理解和记忆,本书将会给广大考生攻克建筑工程管理与实务课程带来裨益。

**图书在版编目(CIP)数据**

建筑工程管理与实务:浓缩教程与案例精编/杨兴荣主编 . —合肥:合肥工业大学出版社,2015.4

ISBN 978 - 7 - 5650 - 2185 - 5

Ⅰ.①建… Ⅱ.①杨… Ⅲ.①建筑工程—施工管理—建筑师—资格考试—自学参考资料 Ⅳ.①TU71

中国版本图书馆 CIP 数据核字(2015)067106 号

### 建筑工程管理与实务:浓缩教程与案例精编

杨兴荣　主编　　　　　　　　责任编辑　陈淮民

| | | | | |
|---|---|---|---|---|
| 出　版 | 合肥工业大学出版社 | 版　次 | 2015 年 4 月第 1 版 |
| 地　址 | 合肥市屯溪路 193 号 | 印　次 | 2015 年 4 月第 1 次印刷 |
| 邮　编 | 230009 | 开　本 | 787 毫米×1092 毫米　1/16 |
| 电　话 | 总 编 室:0551 - 62903038 | 印　张 | 19.25 |
| | 市场营销部:0551 - 62903163 | 字　数 | 356 千字 |
| 网　址 | www.hfutpress.com.cn | 印　刷 | 合肥学苑印务有限公司 |
| E-mail | hfutpress@163.com | 发　行 | 全国新华书店 |

ISBN 978 - 7 - 5650 - 2185 - 5　　　　　　　定价:40.00 元

如果有影响阅读的印装质量问题,请与出版社市场营销部联系调换。

# 序　言

　　全国二级建造师职业资格考试已超过了十个年头，其考试用书也从第一版修订到第四版。建筑工程管理与实务教材的内容逐年增多，教材越来越厚，从原来的一百多页增加到三百多页；其考试难度更是逐年提高。这些无疑会让广大考生花费更多的时间和精力来准备考试。特别是那些读的专业不是建筑工程的"外行考生"则会更加吃力。

　　备考困难主要体现在如下三个方面：一是教材的内容太多，考生们不可能花太多时间去"精读"全书内容，更无法把握考试的重点和难点。因此，考生们就需要一本浓缩全书精华的"简略版"考试辅导用书，期望达到事半功倍的效果。二是限于篇幅（书已够厚的了），考试用书不可能对出现的专业名词和专业术语做出详细解释和说明，这就会给很多考生尤其是"外行考生"带来理解上的难度。因此，考生们也需要一本对专业名词术语做出大量图解的考辅用书，以强化理解和记忆。三是实务案例已经成为建造师考试的"瓶颈"，很多考生就是因为通不过案例题考试这一关而被阻拦在建造师的大门之外。

　　编写本书的目的就是为了解决上述三个问题，因而本书的主题词即可概括为"浓缩"、"图解"和"案例"——这也成为本书的主要特色。为此，作者做了如下工作：第一，对考试用书中的考点、重点进行了浓缩与提炼，略去那些铺垫文字或介绍性的内容，将原书内容"压缩"掉3/4，这会给考生们节省大量的复习时间，为广大应试者"减轻负担"。第二，本书在许多关键内容上加入了图示，有的地方还附上解释，本书试图以"图解"的形式来帮助考生加强对专业术语和名词的理解。第三，在充分研究历年案例真题的基础上，精编了90道案例题（分成九部分），并在每道题后面给出了参考答案；有少量案例来自往年的考试真题；有的案例题还给出了知识点来源，以帮助考生熟悉书本中的相应内容。在上述考虑下编写的本书，想必会给广大考生攻克《建筑工程管理与实务》课程带来裨益。

　　本书按照"篇"、"章"、"节"的顺序进行编排，与考试用书逐级对应。只是在某些"节"的下面保留了类似于"小节"的标题（例如：2A311011 民用建筑构造要求）；这些"小节"没有列入目录，在正文中用灰底标注。此外，为突出重点和考点、在关键词汇或内容下面用波浪线标注。需要指出的是，由于本书略去了较多内容，所以在编号上就出现了不连续的现象，这是浓缩后的"后果"，希望读者理解。

　　本书由安徽建筑大学杨兴荣（QQ：582172092）担任主编，书中的插图由汪慧绘制。

　　由于时间仓促，水平有限，书中不足之处在所难免，恳请各位同仁和读者批评指正。

编　者

2015 年 2 月

# 目 录

第一部分　浓缩教程

## 第二部分　案例精编

第一部分

# 浓缩教程

# 第一篇

# 建筑工程施工技术

## (2A310000)

【主要内容】

● 建筑工程技术要求
● 建筑工程专业施工技术

# 第一章　建筑工程技术要求

## (2A311000)

## 第一节　建筑构造要求

### (2A311010)

### 2A311011　民用建筑构造要求

## 一、民用建筑分类

建筑物分为民用建筑和工业建筑两大类。

（1）住宅建筑按层数分类：

● 1~3 层为低层住宅；

● 4~6 层为多层住宅；

● 7~9 层为中高层住宅；

● 10 层及 10 以上为高层住宅。

（2）除住宅之外的民用建筑：

● 高度不大于 24m 者为单层和多层建筑；

● 大于 24m 者为高层建筑（不包括高度大于 24m 的单层公共建筑）；

● 建筑高度大于 100m 的民用建筑称为超高层建筑。

## 二、建筑的组成

建筑物由结构体系、围护体系和设备体系组成。

1. 结构体系（承受竖向荷载和侧向荷载）

2. 围护体系（系由屋面、外墙、门、窗等组成）

3. 设备体系（包括给排水系统、供电系统和供热通风系统）

## 三、民用建筑的构造

### 1. 建筑构造的影响因素

（1）荷载因素的影响（有结构自重、使用活荷载、风荷载、雪荷载、地震作用等）

（2）环境因素的影响（自然因素和人为因素）

（3）技术因素的影响（指建筑材料、建筑结构、施工方法等）

（4）建筑标准的影响（包括造价标准、装修标准、设备标准等）

**2. 建筑构造设计的原则**

(1) 坚固实用

(2) 技术先进

(3) 经济合理

(4) 美观大方

**3. 民用建筑主要构造要求**

(1) 实行建筑高度控制区内建筑高度，应按建筑物室外地面至建筑物和构筑物最高点的高度计算。

(2) 非实行建筑高度控制区内建筑高度：

1) 平屋顶应按建筑物室外地面至其屋面面层或女儿墙顶点的高度计算（见图 11 - 1）；

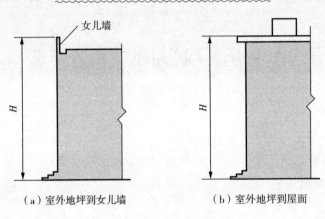

（a）室外地坪到女儿墙　　　　　（b）室外地坪到屋面

图 11 - 1　非实行建筑高度控制区内平屋顶建筑高度计算

2) 坡屋顶应按建筑物室外地面至屋檐和屋脊的平均高度计算（见图 11 - 2）；

3) 下列突出物不计入建筑高度内：局部突出屋面的楼梯间、电梯机房、水箱间等辅助用房占屋顶平面面积不超过 1/4 者、突出屋面的通风道、烟囱、通信设施和空调冷却塔等。

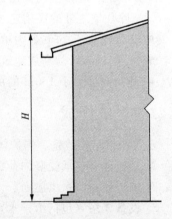

图 11 - 2　非实行建筑高度控制区内坡屋顶建筑高度计算

(3) 不允许突出道路和用地红线的建筑突出物：

地下建筑及附属设施、地上建筑及附属设施。

经批准，允许突出道路红线的建筑突出物，应符合下列规定：

1) 在人行道路面上空：

① 2.50m 以上允许突出的凸窗、窗扇、窗罩、空调机位，突出深度不应大于 0.50m（见图 11 - 3）；

② 2.50m 以上允许突出活动遮阳，突出宽度不应大于人行道宽减 1m，并不应大于 3m（见图 11 - 4）；

③ 3m 以上允许突出雨篷、挑檐，突出宽度不应大于 2m（见图 11 - 5）；

④ 5m 以上允许突出雨篷、挑檐，突出深度不宜大于 3m（见图 11 - 5）。

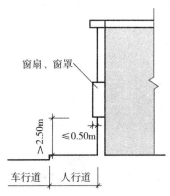

图 11-3　2.50m 以上允许突出的窗扇、窗罩　　　图 11-4　2.50m 以上允许突出的活动遮阳

2）在无人行道的道路路面上空，4m 以上允许突出空调机位、窗罩，突出深度不应大于 0.50m。

（4）室内净高要求：

1）室内净高应按楼地面完成面至吊顶或楼板或梁底面之间的垂直距离计算；

2）地下室、局部夹层、走道等有人员正常活动的最低处的净高不应小于 2m。

（5）地下室要求：

1）严禁将幼儿、老年人生活用房设在地下室或半地下室；

2）居住建筑中的居室不应布置在地下室内；

3）建筑物内的歌舞、娱乐、放映、游艺场所不应设置在地下二层及以下；当设置在地下一层时，地下一层地面与室外出入口地坪的高差不应大于 10m（见图 11-6）。

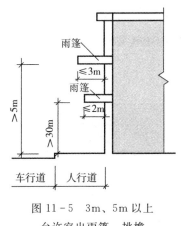

图 11-5　3m、5m 以上
允许突出雨篷、挑檐

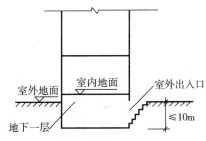

图 11-6　地下一层地面与室外出入口
地坪的高差不应大于 10m

（6）超高层民用建筑，应设置避难层（间）。有人员正常活动的架空层及避难层的净高不应低于 2m。

（8）台阶与坡道设置要求：公共建筑室内外台阶踏步宽度不宜小于 0.30m，踏步高度不宜大于 0.15m，并不宜小于 0.10m，室内台阶踏步数不应少于 2 级；高差不足 2 级时，应按坡道设置。

（9）阳台、上人屋面等临空处防护栏杆要求：

1）临空高度在 24m 以下时，栏杆高度不应低于 1.05m（见图 11-7）；

2）临空高度在 24m 及 24m 以上时，栏杆高度不应低于 1.10m（见图 11-7）；

3）住宅、托儿所、幼儿园、中小学等的栏杆，当采用垂直杆件做栏杆时，其杆件净距不应大于 0.11m（见图 11-8）。

（10）楼梯构造要求：

1）楼梯的梯段净宽一般按每股人流宽为 0.55＋（0~0.15）m 的人流股数确定；

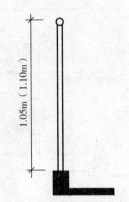

图 11-7 临空高度在 24m 以下及以上时栏杆的高度

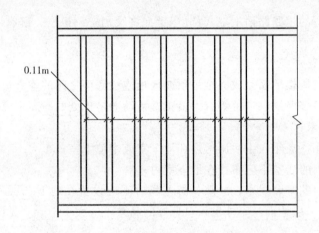

图 11-8 住宅、托儿所、幼儿园、中小学等垂直栏杆的净距

2）梯段改变方向时，平台扶手处的最小宽度不应小于梯段净宽（见图 11-9），并不得小于 1.20m；

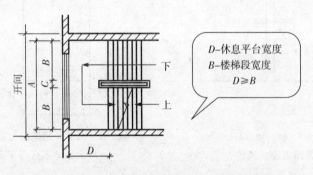

D—休息平台宽度
B—楼梯段宽度
D≥B

图 11-9 楼梯休息平台宽度应大于或等于梯段的宽度

3）每个梯段的踏步一般不应超过 18 级，亦不应少于 3 级；

4）楼梯平台上部及下部过道处的净高不应小于 2m。梯段净高不宜小于 2.20m（见图 11-10）；

5）室内楼梯扶手高度自踏步前缘线量起不宜小于 0.90m，靠楼梯井一侧水平扶手长

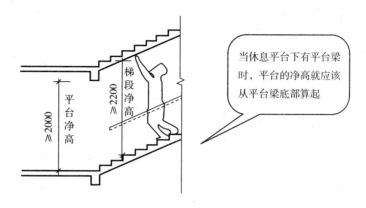

图 11-10 楼梯平台与楼梯段处的净高

度超过 0.50m 时，其高度不应小于 1.05m（见图 11-11）；

6）有儿童经常使用的楼梯，梯井净宽大于 0.20m 时，必须采取安全措施（见图 11-12）；

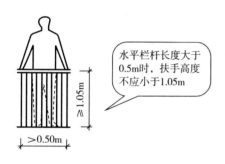

图 11-11 扶手高度的规定

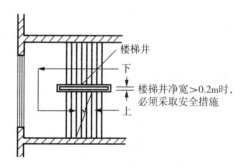

图 11-12 有儿童经常使用的楼梯，梯井净宽的要求

7）栏杆应采用不易攀登的构造，垂直杆件间的净距不应大于 0.11m。

（12）门窗与墙体应连接牢固，且满足抗风压、水密性、气密性的要求。

（13）屋面构造要求：

1）屋面面层均应采用不燃烧体材料，但一、二级耐火等级建筑物的不燃烧体屋面的基层上可采用可燃卷材防水层；

2）屋面排水应优先采用外排水；

3）高层建筑、多跨及集水面积较大的屋面应采用内排水（见图 11-13）。

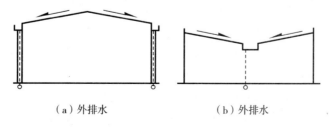

（a）外排水          （b）外排水

图 11-13 屋面排水形式

（14）各类管道设置要求：

1）民用建筑不宜设置垃圾管道，如需要设置时，宜靠外墙独立设置；

2）管道井、烟道、通风道和垃圾管道应分别独立设置，不得使用同一管道系统；

3）烟道或通风道应伸出屋面，平屋面伸出高度不得小于 0.60m，且不得低于女儿墙的高度（见图 11-14）。

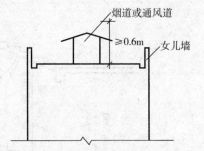

图 11-14　烟道或通风道应伸出屋面的高度

# 2A311012　建筑物理环境技术要求

## 一、室内光环境

### （一）自然采光

（1）每套住宅至少应有一个居住空间能获得冬季日照。

（2）需要获得冬季日照的居住空间的窗洞开口宽度不应小于 0.60m。

### （二）自然通风

（1）每套住宅的自然通风开口面积不应小于地面面积的 5%。

（2）公共建筑外窗可开启面积不小于外窗总面积的 30%。

（3）屋顶透明部分的面积不大于屋顶总面积的 20%。

### （三）人工照明

**1. 光源的主要类别**

（1）热辐射光源：有白炽灯和卤钨灯。用在居住建筑和开关频繁、不允许有频闪现象的场所；缺点为散热量大、发光效率低、寿命短。

（2）气体放电光源：有荧光灯、荧光高压汞灯、金属卤化物灯、钠灯、氙灯等。缺点为有频闪现象、镇流噪声、开关次数频繁影响灯的寿命。

**2. 光源的选择**

（1）开关频繁、要求瞬时启动和连续调光等场所，宜采用热辐射光源。

（2）有高速运转物体的场所宜采用混合光源。

（3）应急照明包括疏散照明、安全照明和备用照明，必须选用能瞬时启动的光源。

（4）图书馆存放或阅读珍贵资料的场所，不宜采用具有紫外光、紫光和蓝光等短波辐射的光源。

## 二、室内声环境

### （一）建筑材料的吸声种类

（1）多孔吸声材料

（2）穿孔板共振吸声结构

（3）薄膜吸声结构

（4）薄板吸声结构

（5）帘幕

## （二）噪声

### 1. 室内允许噪声级

（1）卧室：昼间不应大于 45dB，夜间不应大于 37dB。

（2）起居室：不应大于 45dB。

# 三、室内热工环境

## （一）建筑物耗热量指标

体形系数：建筑物与室外大气接触的外表面积 K，与其所包围的体积 V 的比值（见图 11-15）。

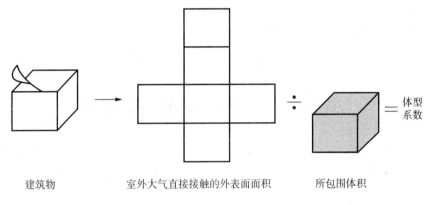

建筑物　　　　室外大气直接接触的外表面面积　　　所包围体积

图 11-15　建筑物的体形系数

（1）严寒、寒冷地区的公共建筑的体形系数应不大于 0.40。

（2）建筑物的高度相同，其平面形式为圆形时体形系数最小，依次为正方形、长方形以及其他组合形式。

（3）体形系数越大，耗热量比值也越大。

（4）墙体节能改造前，须进行如下计算：外墙的平均传热系数、保温材料的厚度、墙体改造的构造措施及节点设计。

## （二）围护结构保温层的设置

### 1. 围护结构外保温的特点

（1）外保温可降低墙或屋顶温度应力的起伏，提高结构的耐久性，可减少防水层的破坏；

（2）对房屋减少保温层内部产生水蒸气凝结有利；

（3）防止热桥内表面局部结露；

（4）间歇空调的房间宜采用内保温；连续空调的房间宜采用外保温；

（5）旧房改造，外保温的效果最好。

内保温在内外墙连接以及外墙与楼板连接等处产生热桥，保温材料有可能在冬季受潮。

**2. 围护结构和地面的保温设计**

（1）控制窗墙面积比，公共建筑每个朝向的窗墙面积比不大于 0.70；

（2）提高窗框的保温性能，采用塑料构件或断桥处理；

（3）采用双层中空玻璃或双层玻璃窗。

热桥部分的温度值如果低于室内的露点温度，会造成表面结露；应在热桥部位采取保温措施。

**3. 防结露与隔热**

（1）防止夏季结露的方法：将地板架空、通风；用导热系数小的材料装饰室内墙面和地面。

（2）隔热的方法：外表面采用浅色处理，增设墙面遮阳以及绿化；设置通风间层，内设铝箔隔热层。

## 四、室内空气质量

氡不大于 200（$Bq/m^3$），游离甲醛不大于 0.08（$mg/m^3$），苯不大于 0.09（$mg/m^3$），氨不大于 0.2（$mg/m^3$），TVOC 不大于 0.5（$mg/m^3$）。

# 2A311013  建筑抗震构造要求

## 一、结构抗震相关知识

**1. 抗震设防的基本目标**

简单说就是"小震不坏、中震可修、大震不倒"。

**2. 建筑抗震设防分类**

根据使用功能的重要性分为甲、乙、丙、丁类四个抗震设防类别。

## 二、框架结构的抗震构造措施

（1）框架结构震害的严重部位多发生在框架梁柱节点和填充墙处；

（2）一般是柱的震害重于梁，柱顶的震害重于柱底，角柱的震害重于内柱，短柱的震害重于一般柱。

**（一）梁的抗震构造要求**

**1. 梁的截面尺寸**

（1）截面宽度不宜小于 200mm。

（2）截面高宽比不宜大于 4。

（3）净跨与截面高度之比不宜小于 4。

**2. 梁内钢筋配置规定**

（1）梁端纵向受拉钢筋的配筋率不宜大于 2.5%。

（3）梁端加密区的箍筋肢距（肢距的概念见图 11 - 16）：

1）一级不宜大于 200mm 和 20 倍箍筋直径的较大值；

2）二、三级不宜大于 250mm 和 20 倍箍筋直径的较大值；

3）四级不宜大于 300mm。

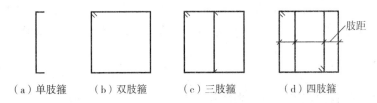

（a）单肢箍　　（b）双肢箍　　（c）三肢箍　　（d）四肢箍

图 11-16　箍筋的种类及箍筋肢距

### （二）柱的抗震构造要求

#### 1. 柱截面尺寸构造要求

（1）截面的宽度和高度：一、二、三级且超过 2 层时不宜小于 400mm。

（2）剪跨比宜大于 2。

（3）截面长边与短边的边长比不宜大于 3。

#### 2. 柱纵向钢筋配置规定

（2）截面边长大于 400mm 的柱，纵向钢筋间距不宜大于 200mm。

（3）柱总配筋率不应大于 5%。

（5）柱纵向钢筋的绑扎接头应避开柱端的箍筋加密区。

#### 3. 柱箍筋配置要求

（1）柱的箍筋加密范围，应按下列规定采用（见图 11-17）：

1）柱端，取截面高度、柱净高的 1/6 和 500mm 三者的最大值；

2）底层柱的下端不小于柱净高的 1/3；

3）刚性地面上下各 500mm。

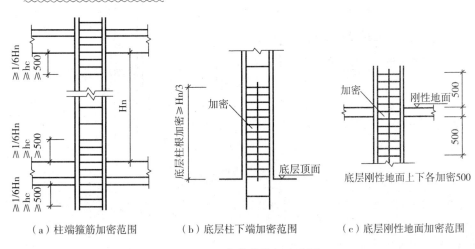

（a）柱端箍筋加密范围　　（b）底层柱下端加密范围　　（c）底层刚性地面加密范围

图 11-17　柱的箍筋加密范围

（2）柱箍筋加密区的箍筋肢距：一级不宜大于 200mm，二、三级不宜大于 250mm，四级不宜大于 300mm。

### （三）抗震墙的抗震构造要求

（1）抗震墙的厚度，一、二级不应小于 160mm 且不宜小于层高或无支长度的 1/20，三、四级不应小于 140mm 且不小于层高或无支长度的 1/25。（无支长度的概念见图 11-18）

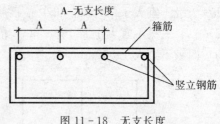

图 11-18　无支长度

## 三、多层砌体房屋的抗震构造措施

多层砌体房屋的破坏部位主要是墙身，楼盖本身的破坏较轻。

### （一）多层砖砌体房屋的构造柱构造要求

（1）构造柱最小截面可采用 180mm×240mm，纵向钢筋宜采用 $4\phi12$，箍筋间距不宜大于 250mm；6、7 度时超过六层、8 度时超过五层和 9 度时，构造柱纵向钢筋宜采用 $4\phi14$，箍筋间距不应大于 200mm。

（2）构造柱的拉结。

1）构造柱与墙连接处应砌成马牙槎；

2）沿墙高每隔 500mm 设 $2\phi6$ 水平钢筋和拉结网片每边伸入墙内不宜小于 1m（见图 11-19）；

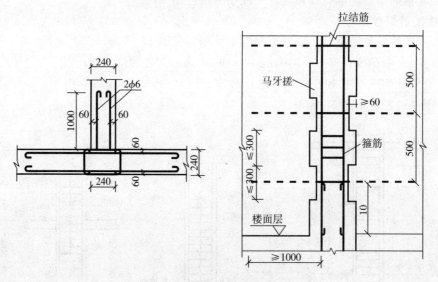

图 11-19　构造柱拉结钢筋的设置

3）6、7 度时底部 1/3 楼层，8 度时底部 1/2 楼层，9 度时全部楼层，上述拉结钢筋网片应沿墙体水平通长设置。

（3）构造柱与圈梁连接处（见图 11-20），构造柱的纵筋应在圈梁纵筋内侧穿过，保证构造柱纵筋上下贯通。

（4）构造柱可不单独设置基础，但应伸入室外地面下 500mm，或与埋深小于 500mm 的基础圈梁相连（见图 11-21）。

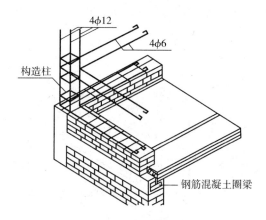

图 11 - 20  构造柱与圈梁的连接

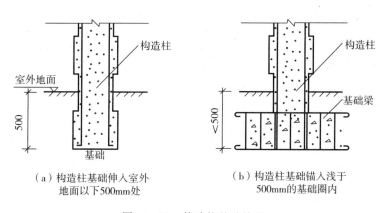

（a）构造柱基础伸入室外          （b）构造柱基础锚入浅于
地面以下500mm处                    500mm的基础圈内

图 11 - 21  构造柱基础处理

**（二）多层砖砌体房屋现浇混凝土圈梁的构造要求**

（1）圈梁应闭合，遇有洞口圈梁应上下搭接。

（2）圈梁的截面高度不应小于120mm，按规范要求增设的基础圈梁，截面高度不应小于180mm，配筋不应少于4φ12。

**（三）楼梯间构造要求**

（1）顶层楼梯间墙体应沿墙高每隔500mm设2φ6通长钢筋和φ4分布拉结网片；7～9度时其他各层楼梯间墙体应在休息平台或楼层半高处设置60mm厚的钢筋混凝土带或配筋砖带。

（3）8、9度时不应采用装配式楼梯段。

（4）突出屋顶的楼梯间、电梯间，构造柱应伸到顶部，并与顶部圈梁连接，所有墙体应沿墙高每隔500mm设2φ6通长钢筋和φ4分布拉结网片。

**（四）多层小砌块房屋的芯柱构造要求**

（1）小砌块房屋芯柱截面不宜小于120mm×120mm。

（2）芯柱混凝土强度等级，不应低于Cb20。

（3）芯柱的竖向插筋不应小于1φ12；6、7度时超过五层、8度时超过四层和9度时，插筋不应小于 1φ14（见图 11 - 22）。

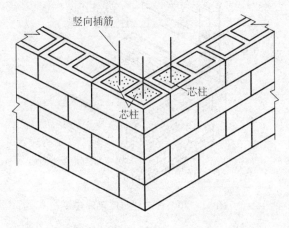

图 11 - 22  芯柱的竖向插筋

（4）芯柱应伸入室外地面下 500mm 或与埋深小于 500mm 的基础圈梁相连。

（5）为提高墙体抗震受剪承载力而设置的芯柱，宜在墙体内均匀布置，最大净距不宜大于 2.0m。

（6）多层小砌块房屋墙体交接处或芯柱与墙体连接处应设置拉结钢筋网片（见图 11 - 23）。沿墙高间距不大于 600mm，并应沿墙体水平通长设置。6、7 度时底部 1/3 楼层，8 度时底部 1/2 楼层，9 度时全部楼层，上述拉结钢筋网片沿墙高间距不大于 400mm。

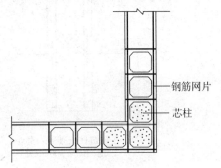

图 11 - 23  多层小砌块房屋墙体
交接处设置拉结钢筋网片

# 第二节  建筑结构技术要求

## (2A311020)

## 2A311021  房屋结构平衡技术要求

### 一、荷载的分类

（一）按随时间的变异分类

（1）永久作用（永久荷载或恒载）

（2）可变作用（可变荷载或活荷载）

（3）偶然作用（偶然荷载、特殊荷载）

（二）按结构的反应分类

（1）静态作用或静力作用

（2）动态作用或动力作用

（三）按荷载作用面大小分类

（1）均布面荷载（见图 11-24）

（2）线荷载

（3）集中荷载

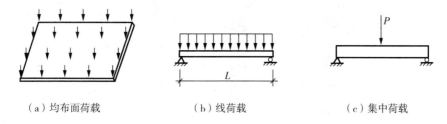

（a）均布面荷载　　　　　　　（b）线荷载　　　　　　　（c）集中荷载

图 11-24　按荷载作用面大小分类

（四）按荷载作用方向分类

（1）垂直荷载：如结构自重，雪荷载等。

（2）水平荷载：如风荷载、水平地震作用等。

（五）建筑结构设计时不同荷载采用的代表值

（1）对永久荷载应采用标准值作为代表值。

（2）对可变荷载应根据设计要求采用标准值、组合值、频遇值或准永久值作为代表值。

（3）对偶然荷载应按建筑结构使用的特点确定其代表值。

确定可变荷载代表值时应采用 50 年设计基准期。

## 二、平面力系的平衡条件及其应用

一般平面力系的平衡条件：

$$\sum X = 0, \quad \sum Y = 0 \text{ 和 } \sum M = 0。$$

（三）结构的计算简化

**1. 杆件的简化**

内力只与杆件的长度有关，与截面的宽度和高度无关。

**2. 结点的简化**

（1）铰结点：受力不会引起杆端产生弯矩。例如：木屋架的结点（见图 11-25）。

（2）刚结点：杆端有弯矩、剪力和轴力。例如：现浇钢筋混凝土框架的结点（见图 11-26）。

**3. 支座的简化**

（1）可动铰支座：只能约束竖向运动的支座，例如：把梁放在柱顶上，不作任何处理。

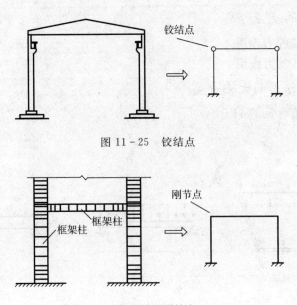

图 11-25 铰结点

图 11-26 刚结点

（2）固定铰支座：只能约束竖向和水平运动的支座，例如：把屋架放在柱顶上，并与柱顶的预埋件连接。

（3）固定支座：能约束竖向、水平和转动的支座，例如：柱子与基础完全现浇在一起，而且柱子的钢筋插入基础一定距离（见图 11-27）。

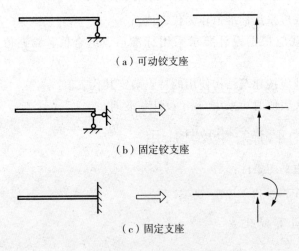

（a）可动铰支座

（b）固定铰支座

（c）固定支座

图 11-27 支座的简化

（四）杆件的受力与稳定

**1. 杆件的受力形式**

可归纳为以下五种：拉伸、压缩、弯曲、剪切和扭转（见图 11-28）。

**2. 材料强度的基本概念**

材料有抗拉强度、抗压强度、抗剪强度等。对有屈服点的钢材还有屈服强度和极限强度的区别。

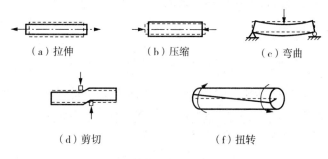

图 11 - 28　结构杆件的基本受力形式

# 2A311022　房屋结构的安全性、适用性及耐久性要求

## 一、结构的功能要求与极限状态

结构应具有以下几项功能：

（1）安全性。结构应能承受可能出现的各种荷载作用和变形而不发生破坏；在偶然事件发生后，结构仍能保持必要的整体稳定性。

（2）适用性。结构应具有良好的工作性能。如吊车梁变形过大，水池出现裂缝等。

（3）耐久性。

安全性、适用性和耐久性概括称为结构的可靠性。

## 二、结构的安全性要求

### 1. 建筑结构安全等级

根据结构破坏可能产生的后果（危及人的生命、造成经济损失、产生社会影响等）的严重性，采用不同的安全等级（见表 11 - 1）。

表 11 - 1　安全等级的划分

| 安全等级 | 破坏后果 | 建筑物类型 |
| --- | --- | --- |
| 一级 | 很严重 | 重要的房屋 |
| 二级 | 严重 | 一般的房屋 |
| 三级 | 不严重 | 次要的房屋 |

### 2. 建筑装饰装修荷载变动对建筑结构安全性的影响

装饰装修施工过程中常见的荷载变动主要有：

（1）在楼面上加铺任何材料属于对楼板增加了面荷载；

（2）在室内增加隔墙、封闭阳台属于增加的线荷载；

（3）在室内增加装饰性的柱子，特别是石柱，悬挂较大的吊灯，房间局部增加假山盆景，这些装修做法就是对结构增加了集中荷载。

# 三、结构的适用性要求

## （一）杆件刚度与梁的位移计算

限制过大变形的要求即为刚度要求，或称为正常使用下的极限状态要求。

梁的变形主要是弯矩引起的弯曲变形。剪力所引起的变形很小。

如图 11 - 29 所示的简支梁，其跨中最大位移为：

$$f = \frac{5ql^4}{384EI}$$

从公式中可以看出，影响梁变形的因素除荷载外，还有：

图 11 - 29 简支梁的最大位移

（1）材料性能：与材料的弹性模量 $E$ 成反比；

（2）构件的截面：与截面的惯性矩 $I$ 成反比。

（3）构件的跨度：与跨度 $l$ 的 $n$ 次方成正比，此因素影响最大。

## （二）混凝土结构的裂缝控制

裂缝控制主要针对混凝土梁（受弯构件）及受拉构件。裂缝控制分为三个等级：

（1）构件不出现拉应力；

（2）构件虽有拉应力，但不超过混凝土的抗拉强度；

（3）允许出现裂缝，但裂缝宽度不超过允许值。

对（1）、（2）等级的混凝土构件，一般只有预应力构件才能达到。

# 四、结构的耐久性要求

## （一）结构设计使用年限（见表 11 - 2）

是指不需进行大修即可按预定目的使用的年限。

表 11 - 2 结构设计使用年限

| 类别 | 设计使用年限（年） | 示例 |
|---|---|---|
| 1 | 5 | 临时性结构 |
| 2 | 25 | 易于替换的结构构件 |
| 3 | 50 | 普通房屋和构筑物 |
| 4 | 100 | 纪念性建筑和特别重要的建筑结构 |

## （二）混凝土结构的环境类别（见表 11 - 3）

## （三）混凝土结构环境作用等级

表 11-3　混凝土结构的环境类别

| 环境类别 | 名称 | 腐蚀机理 |
|---|---|---|
| I | 一般环境 | 保护层混凝土碳化引起钢筋锈蚀 |
| II | 冻融环境 | 反复冻融导致混凝土损伤 |
| III | 海洋氯化物环境 | 氯盐引起钢筋锈蚀 |
| IV | 除冰盐等其他氯化物环境 | 氯盐引起钢筋锈蚀 |
| V | 化学腐蚀环境 | 硫酸盐等化学物质对混凝土的腐蚀 |

（四）混凝土结构耐久性的要求

**1. 混凝土最低强度等级**

**2. 保护层厚度**

【注】基础纵向受力钢筋保护层厚度不应小于 40mm；当无垫层时不应小于 70mm（见图 11-30）。

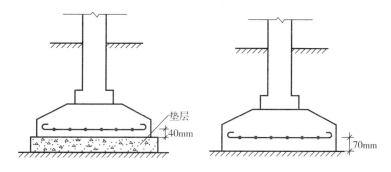

图 11-30　基础纵向受力钢筋的保护层厚度

**3. 水灰比、水泥用量的要求**

# 五、既有建筑的可靠度评定

既有结构的可靠性评定可分为：安全性评定、适用性评定和耐久性评定，必要时尚应进行抗灾害能力评定。

**1. 安全性评定**

既有结构的安全性评定应包括：结构体系和构件布置、连接和构造、承载力三个评定项目。其承载力可根据结构的不同情况采取下列方法进行评定：

（1）基于结构良好状态的评定方法；

（2）基于分项系数或安全系数的评定方法；

（3）基于可靠指标调整抗力分项系数的评定方法；

（4）基于荷载检验的评定方法；

（5）其他适用的评定方法。

**2. 适用性评定**

在结构安全性得到保证的情况下，对影响结构正常使用的变形、裂缝、位移、振动等适用性问题进行评定。

**3. 耐久性评定**

**4. 抗灾害能力评定**

既有结构的抗灾害能力宜从：结构体系和构件布置、连接和构造、承载力、防灾减灾和防护措施等方面进行综合评定。对可确定作用的地震、台风、雨雪和水灾等自然灾害，宜通过结构安全性校核评定其抗灾害能力。

## 2A311023　钢筋混凝土梁、板、柱的特点及配筋要求

钢筋混凝土结构如下优点：

（1）就地取材

（2）耐久性好

（3）整体性好

（4）可模性好

（5）耐火性好

钢筋混凝土缺点主要是自重大，抗裂性能差，现浇结构模板用量大、工期长等。

# 一、钢筋混凝土梁的受力特点及配筋要求

## （一）钢筋混凝土梁的受力特点

受弯构件是指截面上通常有弯矩和剪力作用的构件（见图 11-31）。梁和板为典型的受弯构件。

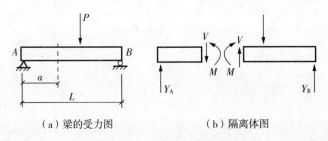

（a）梁的受力图　　　　　　（b）隔离体图

图 11-31　简支梁受力图

**1. 梁的正截面破坏**

（1）梁的正截面破坏形式与配筋率、混凝土强度等级、截面形式等有关，影响最大的是配筋率。

（2）钢筋混凝土梁正截面可能出现适筋、超筋、少筋等三种不同性质的破坏。

（3）适筋破坏为塑性破坏，适筋梁钢筋和混凝土均能充分利用，既安全又经济；超筋破坏和少筋破坏均为脆性破坏，既不安全又不经济。

（4）为避免工程中出现超筋梁或少筋梁，规范对梁的最大和最小配筋率均做出了明确的规定。

（梁的正截面受力简图见图 11-32）

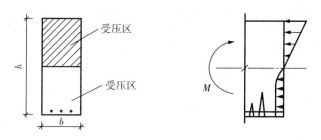

图 11 - 32　梁正截面受力简图

## 2. 梁的斜截面破坏（见图 11 - 33）

影响斜截面破坏形式的因素很多，如截面尺寸、混凝土强度等级、荷载形式、箍筋和弯起钢筋的含量等，其中影响较大的是配箍率。

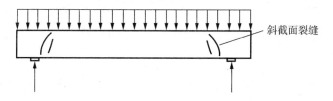

图 11 - 33　梁在弯矩和剪力共同作用下产生斜截面裂缝

## （二）钢筋混凝土梁的配筋要求

梁中一般配制下面几种钢筋：纵向受力钢筋、箍筋、弯起钢筋、架立钢筋、纵向构造钢筋（见图 11 - 34）。

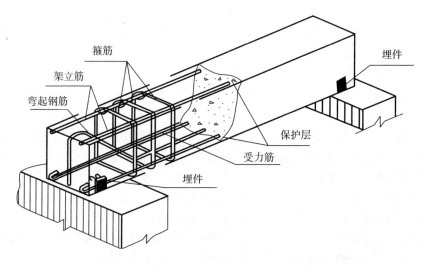

图 11 - 34　梁的配筋

## 1. 纵向受力钢筋

纵向受力钢筋布置在梁的受拉区，承受由于弯矩作用而产生的拉力。钢筋应采用 HRB400、HRB500、HRBF400、HRBF500 钢筋。梁的纵向受力钢筋应符合下列规定：

（1）伸入梁支座范围内的钢筋不应少于两根。

（3）梁上部钢筋水平方向的净间距不应小于 30mm 和 1.5d；梁下部钢筋水平方向的净间距不应小于 25mm 和 1.0d（见图 11-35）。

（4）在梁的配筋密集区域宜采用并筋的配筋形式（见图 11-36）。

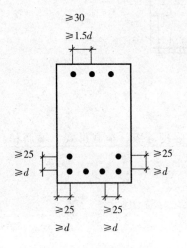

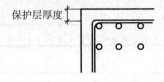

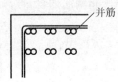

图 11-35　梁钢筋的净距　　　　　　　图 11-36　并筋的配筋形式

在室内干燥环境，设计使用年限 50 年的条件下：

1）当混凝土强度等级≤C25 时，钢筋保护层厚度不小于 25mm；

2）当混凝土强度等级＞C25 时，钢筋保护层厚度不小于 20mm；且不小于受力钢筋直径。

**2. 箍筋**

箍筋主要是承担剪力的，在构造上还能固定受力钢筋的位置，以便绑扎成钢筋骨架。箍筋宜采用 HRB400、HRBF400、HPB300、HRB500、HRBF500 钢筋，也可采用 HRB335、HRBF335 钢筋。

（1）箍筋设置要求：

1）当截面高度大于 300mm 时，应沿梁全长设置构造箍筋；

2）当截面高度 h=150~300mm 时，可仅在构件端部 1/4 跨度范围内设置构造箍筋；

3）但当在构件中部 1/2 跨度范围内有集中荷载作用时，则应沿梁全长设置箍筋；

4）当截面高度小于 150mm 时，可以不设置箍筋。

（4）当梁中配有纵向受压钢筋时，箍筋应符合以下规定：

1）箍筋应做成封闭式，且弯钩直线段长度不应小于 5d；

2）箍筋的间距不应大于 15d，并不应大于 400mm；

3）当梁的宽度大于 400mm 且一层内的纵向受压钢筋多于 3 根时，或当梁的宽度不大于 400mm 但一层内的纵向受压钢筋多于 4 根时，应设置复合箍筋。

## 二、钢筋混凝土板的受力特点及配筋要求

### （一）钢筋混凝土板的受力特点

#### 1. 单向板与双向板的受力特点

两对边支承的板是单向板，一个方向受弯（见图 11-37）；而双向板为四边支承，双

向受弯（见图 11 - 38）。

若板两边均布支承：

1）当长边与短边之比≤2 时，应按双向板计算；

2）当长边与短边之比＞2，但＜3 时，宜按双向板计算；

3）当长边与短边长度之比≥3 时，可按沿短边方向受力的单向板计算。当按沿短边方向受力的单向板计算时，应沿长边方向布置足够数量的构造筋。

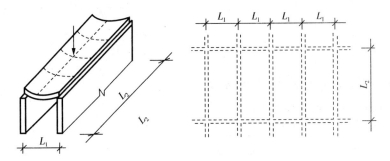

图 11 - 37　单向板

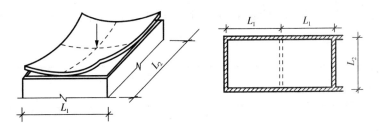

图 11 - 38　双向板

### 2. 连续板的受力特点

连续梁、板的受力特点是，跨中有正弯矩，支座有负弯矩。因此，跨中按最大正弯矩计算正筋，支座按最大负弯矩计算负筋（见图 11 - 39、图 11 - 40）。

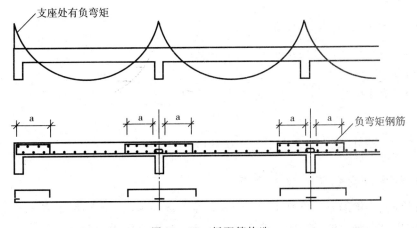

图 11 - 39　板配筋构造

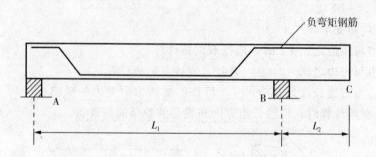

图 11-40 梁支座处配负弯矩钢筋

**（二）钢筋混凝土板的配筋构造要求**

（1）现浇钢筋混凝土板的最小厚度：

1）单向受力屋面板和民用建筑楼板 60mm；

2）单向受力工业建筑楼板 70mm，双向板 80mm；

3）无梁楼板 150mm，现浇空心楼盖 200mm。

（3）采用分离式配筋（见图 11-41）的多跨板，板底钢筋宜全部伸入支座；简支板或连续板下部纵向受力钢筋伸入支座的锚固长度不应小于钢筋直径的 5 倍，且宜伸过支座中心线。

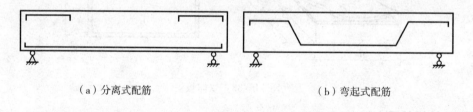

（a）分离式配筋　　　　　　　　　　（b）弯起式配筋

图 11-41　分离式配筋与弯起式配筋

（6）在温度、收缩应力较大的现浇板区域，应在板的表面双向配置防裂构造钢筋，间距不宜大于 200mm。

**（三）板的钢筋混凝土保护层**

在室内干燥环境，设计使用年限 50 年的条件下：

（1）当混凝土强度等级≤C25 时，钢筋保护层厚度为 20mm；

（2）当混凝土强度等级＞C25 时，钢筋保护层厚度为 15mm；且不小于受力钢筋直径 d。

# 三、钢筋混凝土柱的受力特点及配筋要求

**（一）柱中纵向钢筋的配置要求**

（1）纵向受力钢筋直径不宜小于 12mm；全部纵向钢筋的配筋率不宜大于 5%。

（2）柱中纵向钢筋的净间距不应小于 50mm，且不宜大于 300mm。

（4）圆柱中纵向钢筋不宜少于 8 根，不应少于 6 根；且宜沿周边均匀布置。

# 2A311024　砌体结构的特点及技术要求

## 一、砌体结构的特点

(1) 容易就地取材，比使用水泥、钢筋和木材造价低；

(2) 具有较好的耐久性、良好的耐火性；

(3) 保温隔热性能好，节能效果好；

(4) 施工方便，工艺简单；

(5) 具有承重与围护双重功能；

(6) 自重大，抗拉、抗剪、抗弯能力低；

(7) 抗震性能差；

(8) 砌筑工程量繁重，生产效率低。

## 二、砌体结构的主要技术要求

(1) 预制钢筋混凝土板在混凝土圈梁上的支承长度不应小于80mm，在墙上的支承长度不应小于100mm，并应按下列方法进行连接：

1) 板支承于内墙时，板端钢筋伸出长度不应小于70mm；

2) 板支承于外墙时，板端钢筋伸出长度不应小于100mm；

3) 预制混凝土板与现浇板对接时，预制板端钢筋应伸入现浇板中进行连接后，再浇筑现浇板。

(2) 墙体转角处和从横墙交接处应沿竖向每隔400～500mm设拉结钢筋，或采用焊接钢筋网片，埋入长度，对实心砖墙每边不少于500mm，对多孔砖墙和砌块墙不小于700mm。

(3) 填充墙、隔墙应分别采取措施与周边主体结构构件可靠连接，连接构造和嵌缝材料应能满足传力、变形、耐久和防护要求。

(4) 在砌体中埋设管道时，不应在截面长边小于500mm的承重墙体、独立柱内埋设管线。

(5) 砌块砌体应分皮错缝搭砌，上下皮搭砌长度不得小于90mm。当搭砌长度不满足上述要求时，应在水平灰缝内设置焊接钢筋网片（见图11-42）。

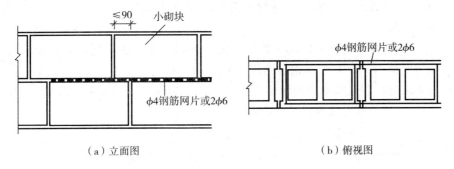

图11-42　小砌块的错缝长度达不到要求时，设置拉结钢筋或网片

（6）混凝土砌块房屋，宜将纵横墙交接处，距墙中心线每边不小于 300mm 范围内的孔洞，采用不低于 Cb20 混凝土沿全墙高灌实。

（7）框架填充墙墙体厚度不应小于 90mm，砌筑砂浆的强度等级不宜低于 M5。

# 第三节　建筑材料

## (2A311030)

### 2A311031　常用建筑金属材料的品种、性能和应用

钢材按化学成分分为碳素钢和合金钢两大类。

碳素钢又可分为低碳钢（含碳量小于 0.25%）、中碳钢和高碳钢。

合金钢是加入如硅（Si）、锰（Mn）、钛（Ti）、钒（V）等而得的钢种。又可分为低合金钢（总含量小于 5%）、中合金钢、高合金钢。

优质碳素结构钢，按冶金质量等级分为优质钢、高级优质钢（牌号后加"A"）和特级优质钢（牌号后加"E"）。优质碳素结构钢一般用于生产预应力混凝土用钢丝、钢绞线、锚具，以及高强度螺栓、重要结构的钢铸件等。低合金高强度结构钢质量等级分为 A、B、C、D、E 五级，牌号有 Q295、Q345、Q390、Q420、Q460 几种。

## 一、常用的建筑钢材

### （一）钢结构用钢

（1）主要有型钢、钢板和钢索等，其中型钢是钢结构中主要钢材。型钢又分热轧型钢和冷弯薄壁型钢。

（2）钢板分厚板（厚度大于 4mm）和薄板（厚度不大于 4mm）两种。厚板主要用于结构，薄板主要用于屋面板、楼板和墙板等。

### （二）钢筋混凝土结构用钢

主要品种有热轧钢筋、预应力混凝土用热处理钢筋、预应力混凝土用钢丝和钢绞线等。热轧钢筋是建筑工程中用量最大的钢材品种之一（见表 11-4）。

● 热轧光圆钢筋强度较低，与混凝土的黏结强度也较低，主要用作板的受力钢筋、箍筋以及构造钢筋。

● 热轧带肋钢筋与混凝土之间的握裹力大，共同工作性能较好，是钢筋混凝土用的主要受力钢筋（见图 11-43）。（钢筋的代号见图 11-44）

有较高要求的抗震结构适用的钢筋牌号为：带肋钢筋牌号后加 E（例如：HRB400E、HRBF400E）。该类钢筋应满足以下要求：

（1）钢筋实测抗拉强度与实测屈服强度之比不小于 1.25；

（2）钢筋实测屈服强度与规定的屈服强度特征值之比不大于 1.30；

（3）钢筋的最大力总伸长率不小于 9%。

表 11 - 4    热轧钢筋的种类

| 表面形状 | 牌号 | 屈服强度 不小于 | 抗拉强度 不小于 |
|---|---|---|---|
| 光圆 | HPB300 | 300 | 420 |
| 带肋 | HRB335 | 335 | 455 |
| | HRBF335 | | |
| | HRB400 | 400 | 540 |
| | HRBF400 | | |
| | HRB500 | 500 | 630 |
| | HRBF500 | | |

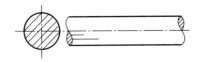

（a）光圆钢筋

（b）带肋钢筋

图 11 - 43    光圆钢筋与带肋钢筋

## （三）建筑装饰用钢材制品

### 1. 不锈钢及其制品

不锈钢是指含铬量在 12％以上的铁基合金钢。铬的含量越高，钢的抗腐蚀性越好。

### 2. 轻钢龙骨

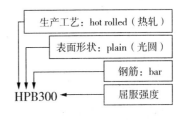

图 11 - 44    钢筋的代号

# 二、建筑钢材的力学性能

钢材的主要性能包括力学性能和工艺性能。

● 力学性能包括：拉伸性能、冲击性能、疲劳性能等。
● 工艺性能包括：弯曲性能和焊接性能等。

## （一）拉伸性能

钢材拉伸性能的指标包括：屈服强度、抗拉强度和伸长率。

（1）屈服强度是结构设计中钢材强度的取值依据。

（2）抗拉强度与屈服强度之比（强屈比）是评价钢材使用可靠性的一个参数。强屈比愈大，钢材安全性越高；但强屈比太大，钢材强度利用率偏低，浪费材料。

（3）钢材的塑性指标通常用伸长率表示。伸长率越大，说明钢材的塑性越大。对常用的热轧钢筋而言，还有一个最大力总伸长率的指标要求。

## （二）冲击性能

钢的冲击性能受温度的影响较大，冲击性能随温度的下降而减小；脆性临界温度的数值愈低，钢材的低温冲击性能愈好。所以，在负温下使用的结构，应选用脆性临界温度较使用温度为低的钢材。

**（三）疲劳性能**

受交变荷载反复作用时，钢材突然发生脆性断裂破坏的现象，称为疲劳破坏。钢材的疲劳极限与其抗拉强度有关，一般抗拉强度高，其疲劳极限也较高。

## 2A311032　无机胶凝材料的性能和应用

无机胶凝材料又可分为气硬性和水硬性两类。
- 只能在空气中硬化、发展强度的称气硬性胶凝材料，如石灰、石膏和水玻璃等；
- 既能在空气中，还能在水中硬化、发展强度的称水硬性胶凝材料，如各种水泥。

气硬性胶凝材料一般只适用于干燥环境中，而不宜用于潮湿环境。

### 一、石灰

**（一）石灰的熟化与硬化**

生石灰（$CaO$）与水反应生成氢氧化钙（熟石灰，又称消石灰）的过程，称为石灰的熟化。石灰熟化过程中会放出大量的热，同时体积增大 $1\sim2.5$ 倍。

**（二）石灰的技术性质**

（1）保水性好。在水泥砂浆中掺入石灰膏，配成混合砂浆，可显著提高砂浆的和易性。

（2）硬化较慢、强度低。

（3）耐水性差。石灰不宜在潮湿的环境中使用，也不宜单独用于建筑物基础。

（4）硬化时体积收缩大。工程上通常要掺入砂、纸筋、麻刀等材料以减小收缩，并节约石灰。

（5）生石灰吸湿性强。储存生石灰要防止受潮。

**（三）石灰的应用**

（1）石灰乳。主要用于内墙和顶棚的粉刷。

（2）砂浆。配成石灰砂浆或水泥混合砂浆，用于抹灰或砌筑。

（3）硅酸盐制品。

### 二、石膏

石膏胶凝材料是一种以硫酸钙（$CaSO_4$）为主要成分的气硬性无机胶凝材料。以半水石膏（$CaSO_4 \cdot 1/2H_2O$）为主要成分的建筑石膏和高强石膏在建筑工程中应用较多。

**（一）建筑石膏的技术性质**

（1）凝结硬化快。

（2）硬化时体积微膨胀。

（3）硬化后孔隙率高。因而石膏制品具有表观密度较小、强度较低、导热系数小、吸声性强、吸湿性大、可调节室内温度和湿度的特点。

（4）防火性能好。石膏制品在遇火灾时，二水石膏将脱出结晶水，吸热蒸发。

（5）耐水性和抗冻性差。不宜用于潮湿部位。

## （二）建筑石膏的应用

除石膏砂浆用于室内抹面粉刷外，更主要的用途是制成各种石膏制品，如石膏板、石膏砌块等。

# 三、水泥

我国通用硅酸盐水泥主要有：硅酸盐水泥（P.Ⅰ、P.Ⅱ）、普通硅酸盐水泥（P.O）、矿渣硅酸盐水泥（P.S）、火山灰质硅酸盐水泥（P.P）、粉煤灰硅酸盐水泥（P.F）和复合硅酸盐水泥。（P.C）

## （一）常用水泥的技术要求

### 1. 凝结时间

水泥的凝结时间分初凝时间和终凝时间。六大常用水泥的初凝时间均不得短于45min，硅酸盐水泥的终凝时间不得长于6.5h，其他五类常用水泥的终凝时间不得长于10h。

### 2. 体积安定性

水泥的体积安定性是指水泥在凝结硬化过程中，体积变化的均匀性。施工中必须使用安定性合格的水泥。

### 3. 强度及强度等级

采用胶砂法来测定水泥的3d和28d的抗压强度和抗折强度，根据测定结果来确定该水泥的强度等级。

### 4. 其他技术要求

包括标准稠度用水量、水泥的细度及化学指标。

（1）水泥的细度属于选择性指标。

（2）化学指标中的碱含量属于选择性指标。水泥中的碱含量高时，如果配制混凝土的骨料具有碱活性，可能产生碱骨料反应，导致混凝土因不均匀膨胀而破坏。

## （二）常用水泥的特性及应用

# 2A311033　混凝土（含外加剂）的技术性能和应用

# 一、混凝土的技术性能

## （一）混凝土拌合物的和易性

（1）和易性，又称工作性。包括流动性、凝聚性和保水性等三方面的含义。

（2）流动性指标，常用"坍落度"表示（坍落度越大，流动性愈大）；对坍落度小于10mm的干硬性混凝土，采用"维勃稠度"作为流动性指标。凝聚性和保水性主要通过目测结合经验进行评定。（坍落度的测量见图11-45）

（3）和易性的影响因素包括：单位体积用水量（最主要因素）、砂率、组成材料的性质、时间和温度等。

## （二）混凝土的强度

### 1. 混凝土立方体抗压强度

制作边长为 150mm 的立方体试件，在标准条件（温度 20±2℃，相对湿度 95％以上）下，养护到 28d 龄期，测得的抗压强度值为混凝土立方体试件抗压强度，以 $f_{cu}$ 表示，单位为 N/mm² 或 MPa。

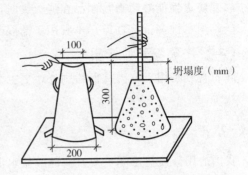

图 11-45　混凝土坍落度测量

### 2. 混凝土立方体抗压标准强度与强度等级

（1）定义：立方体抗压标准强度（或称立方体抗压强度标准值）是指边长为 150mm 的立方体试件，在 28d 龄期，测得的抗压强度总体分布中具有不低于 95％保证率的抗压强度值，以 $f_{cu,k}$ 表示。

（2）强度等级划分：混凝土强度等级是按混凝土立方体抗压标准强度来划分的，普通混凝土划分为 C15、C20、C25、C30、C35、C40、C45、C50、C55、C60、C65、C70、C75 和 C80 共 14 个等级，C30 即表示立方体抗压强度标准值30MPa≤$f_{cu,k}$<35MPa。

### 3. 混凝土的轴心抗压强度

（1）轴心抗压强度的测定采用150mm×150mm×300mm 棱柱体作为标准试件。

（2）试验表明，在立方体抗压强度 $f_{cu}$＝10～55MPa 的范围内，轴心抗压强度 $f_c$＝(0.70－0.80) $f_{cu}$。

（3）结构设计中混凝土受压构件的计算采用混凝土的轴心抗压强度，更加符合工程实际。

### 4. 混凝土的抗拉强度

（1）混凝土抗拉强度只有抗压强度的1/10～1/20，且随着混凝土强度等级的提高，比值有所降低。抗拉强度是确定混凝土抗裂度的重要指标，有时也用它来间接衡量混凝土与钢筋的黏结强度等。

（2）我国采用立方体的劈裂抗拉试验来测定混凝土的劈裂抗拉强度 $f_{ts}$，并可换算得到混凝土的轴心抗拉强度 $f_t$。（混凝土的三种强度见图 11-46）

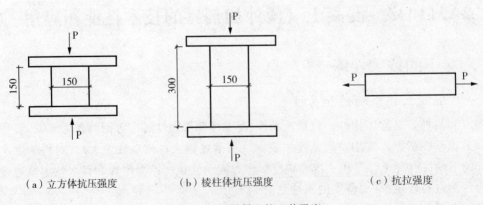

（a）立方体抗压强度　　　　　（b）棱柱体抗压强度　　　　　（c）抗拉强度

图 11-46　混凝土的三种强度

### 5. 混凝土强度的因素

主要有原材料及生产工艺方面的因素。

（1）原材料因素包括：水泥强度与水灰比，骨料，外加剂和掺合料；

（2）生产工艺因素包括：搅拌与振捣，养护的温度和湿度，龄期。

### （三）混凝土的耐久性

耐久性包括：抗渗、抗冻、抗侵蚀、碳化、碱骨料反应及混凝土中的钢筋锈蚀等性能。

（1）抗渗性。直接影响到混凝土的抗冻性和抗侵蚀性。用抗渗等级表示，分 P4、P6、P8、P10、P12 共五个等级。

（2）抗冻性。用抗冻等级表示，分 F10、F15、F25、F50、F100、F150、F200、F250 和 F300 共九个等级。抗冻等级 F50 以上的混凝土简称抗冻混凝土。

（3）抗侵蚀性。

（4）碳化（中性化）。

1）碳化导致钢筋锈蚀；

2）碳化使混凝土抗压强度增大；

3）碳化可能产生细微裂缝，而使混凝土抗拉强度、抗折强度降低。

（5）碱骨料反应。指水泥中的碱性氧化物与骨料中的二氧化硅反应，生成碱—硅酸凝胶，吸水后体积膨胀，导致混凝土胀裂的现象。

## 二、混凝土外加剂、掺合料的种类与应用

### （一）外加剂的分类

（1）改善混凝土拌合物流动性能的外加剂。包括各种减水剂、引气剂和泵送剂等。

（2）调节混凝土凝结时间、硬化性能的外加剂。包括缓凝剂、早强剂和速凝剂等。

（3）改善混凝土耐久性的外加剂。包括引气剂、防水剂和阻锈剂等。

（4）改善混凝土其他性能的外加剂。包括加气剂、膨胀剂、防冻剂、着色剂、防水剂和泵送剂等。

### （二）外加剂的应用

目前应用较多的外加剂有：减水剂、早强剂、缓凝剂、引气剂、膨胀剂、防冻剂等。

（1）减水剂，若不减少拌合用水量，能显著提高拌合物的流动性；当减水而不减少水泥时，可提高混凝土强度；若减水的同时适当减少水泥用量，则可节约水泥。同时，混凝土的耐久性也能得到显著改善。

（2）早强剂，用于冬期施工或紧急抢修工程。

（3）缓凝剂，主要用于高温季节混凝土、大体积混凝土、泵送与滑模方法施工以及远距离运输的商品混凝土等，不宜用于日最低气温 5℃ 以下施工的混凝土，也不宜用于有早强要求的混凝土和蒸汽养护的混凝土。

（4）引气剂，可改善混凝土拌合物的和易性，减少泌水离析，并能提高混凝土的抗渗性和抗冻性。同时，含气量的增加，混凝土弹性模量降低，对提高混凝土的抗裂性有利。由于大量微气泡的存在，混凝土的抗压强度会有所降低。引气剂适用于抗冻、防渗、抗硫酸盐、泌水严重的混凝土等。

（三）混凝土掺合料

（1）为了节约水泥、改善混凝土性能、调节混凝土强度等级，而加入粉状矿物质，统称为混凝土掺合料。

（2）掺合料可分为活性、非活性两大类。

非活性掺合料，如磨细石英砂、石灰石、硬矿渣之类材料。

活性掺合料，如粒化高炉矿渣，火山灰质材料、粉煤灰、硅灰等。

通常使用的掺合料多为活性矿物掺合料。

## 2A311034　砂浆、砌块的技术性能和应用

## 一、砂浆

● 按胶凝材料分：水泥砂浆、石灰砂浆、水泥石灰混合砂浆等；

● 按用途不同分：砌筑砂浆、抹面砂浆等。

（一）砂浆的组成材料

包括胶凝材料、细集料、掺合料、水和外加剂。

### 1. 胶凝材料（有水泥、石灰、石膏等）

（1）在干燥条件下使用的砂浆既可选用气硬性胶凝材料（石灰、石膏），也可选用水硬性胶凝材料（水泥）。

（2）若在潮湿环境或水中使用的砂浆，则必须选用水泥作为胶凝材料。

### 2. 细集料

（1）对于砌筑砂浆用砂，优先选用中砂，既可满足和易性要求，又可节约水泥。

（2）毛石砌体宜选用粗砂。另外，砂的含泥量也应受到控制。

（3）在保温砂浆、吸声砂浆和装饰砂浆中，还采用轻砂（如膨胀珍珠岩）、白色砂或彩色砂等。

### 3. 掺合料

指为改善砂浆和易性而加入的无机材料，例如：石灰膏、电石膏、黏土膏、粉煤灰、沸石粉等。掺加料对砂浆强度无直接贡献。

（二）砂浆的主要技术性质

### 1. 流动性（稠度）

（1）对于吸水性强的砌体材料和高温干燥的天气，要求砂浆稠度要大些；反之，稠度可小些（砂浆稠度测定仪见图 11－47）。

（2）影响砂浆稠度的因素有：所用胶凝材料种类及数量；用水量；掺合料的种类与数量；砂的形状、粗细与级配；外加剂的种类与掺量；搅拌时间。

### 2. 保水性

（1）砂浆的保水性用分层度表示。砂浆的分层度不得

图 11－47　砂浆稠度测定仪

大于 30mm。

（2）通过保持一定数量的胶凝材料和掺合料，或采用较细砂并加大掺量，或掺入引气剂等，可改善砂浆保水性。

### 3. 抗压强度与强度等级

（1）砂浆强度等级是以边长为 70.7mm 的立方体试件，在标准养护条件下，用标准试验方法测得 28d 龄期的抗压强度值（单位为 MPa）确定。（砂浆试块制作模件见图 11-48）

（2）砌筑砂浆的强度等级宜采用 M20、M15、M10、M7.5、M5、M2.5 六个等级。

（4）影响砂浆强度的因素很多，除了砂浆的组成材料、配合比、施工工艺、施工及硬化时的条件等因素外，砌体材料的吸水率也会对砂浆强度产生影响。

图 11-48　砂浆试块制作模件

## 二、砌块

空心率小于 25% 或无孔洞的砌块为实心砌块；空心率大于或等于 25% 的砌块为空心砌块。

常用的砌块有：普通混凝土小型空心砌块、轻集料混凝土小型空心砌块和蒸压加气混凝土砌块等（见图 11-49）。

（a）普遍混凝土小型空心砌块 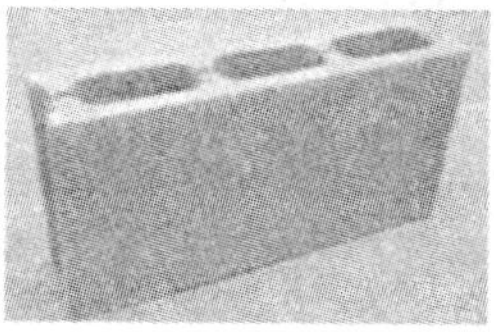　　（b）轻集料混凝土小型空心砌块　　（c）蒸压加气混凝土砌块

图 11-49

### 1. 普通混凝土小型空心砌块

（1）砌块的主规格尺寸为 390mm×190mm×190mm。其孔洞设置在受压面，可用于承重结构和非承重结构。

（2）混凝土砌块的吸水率小，吸水速度慢，砌筑前不允许浇水，以免发生"走浆"现象，影响砂浆饱满度和砌体的抗剪强度。但在气候特别干燥炎热时可在砌筑前稍喷水湿润。

（3）与烧结砖砌体相比，混凝土砌块墙体较易产生裂缝，应注意在构造上采取抗裂措施。

### 2. 轻集料混凝土小型空心砌块

密度较小、热工性能较好，但干缩值较大，使用时更容易产生裂缝，目前主要用于非承重的隔墙和围护墙。

**3. 蒸压加气混凝土砌块**

(1) 按尺寸偏差与外观质量、干密度、抗压强度和抗冻性分为优等品（A）、合格品（B）两个等级。

(2) 加气混凝土砌块广泛用于一般建筑物墙体，还用于多层建筑物的非承重墙及隔墙，也可用于低层建筑的承重墙。

# 2A311035  饰面石材、陶瓷的特性和应用

## 一、饰面石材

### （一）天然花岗石

（1）特性

1）花岗石构造致密、强度高、密度大、吸水率极低、质地坚硬、耐磨，属酸性石材。耐酸、抗风化、耐久性好；

2）花岗石所含石英在高温下会发生晶变，体积膨胀而开裂，因此不耐火。

（2）应用：主要应用于大型公共建筑或装饰等级要求较高的室内外装饰工程。

### （二）天然大理石

（1）特性：质地较密实、抗压强度较高、吸水率低、质地较软，属中硬石材。天然大理石易加工、开光性好，常被制成抛光板材，其色调丰富、材质细腻、极富装饰性。

（2）应用：大理石由于耐酸腐蚀能力较差，除个别品种外，一般只适用于室内。

### （三）人造饰面石材

聚酯型人造石材和微晶玻璃型人造石材是目前应用较多的人造饰面石材品种。

## 二、建筑陶瓷

### （一）陶瓷砖

（1）按成型方法分类：挤压砖（A类）、干压砖（B类）和其他方法成型的砖（C类）。

（2）按材质特性分类：

● I类砖（基本属于瓷质）：瓷质砖（吸水率≤0.5%）和炻瓷砖（0.5%～3%）；

● II类砖（基本属于炻质）：细炻砖（3%～6%）、炻质砖（6%～10%）；

● III类砖：陶质砖（吸水率>10%）。

（3）按吸水率（$E$）分类：低吸水率砖（I类）（$E$≤3%）；中吸水率砖（II类）（3%<$E$≤10%）和高吸水率砖（III类）（$E$>10%）。

（4）按应用特性分类：釉面内墙砖、陶瓷墙地砖、陶瓷锦砖。

### （二）陶瓷卫生产品

（1）根据材质分为瓷质卫生陶瓷（吸水率要求不大于0.5%）和陶质卫生陶瓷（吸水

率大于或等于 8.0％，小于 15.0％）。

（2）陶瓷卫生产品的主要技术指标是吸水率，它直接影响到洁具的清洗性和耐污性。

# 2A311036　木材、木制品的特性和应用

## 一、木材的含水率与湿胀干缩变形

木材主要的含水率指标是纤维饱和点和平衡含水率。

（1）纤维饱和点是木材仅细胞壁中的吸附水达饱和而细胞腔和细胞间隙中无自由水存在时的含水率。一般为 25％～35％，平均值为 30％。它是木材物理力学性质是否随含水率而发生变化的转折点。

（2）只有木材细胞壁内吸附水的含量发生变化才会引起木材的变形，即湿胀干缩。

（3）木材的变形，顺纹方向最小，径向较大，弦向最大（见图 11-50）。

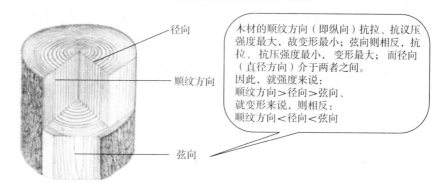

径向
顺纹方向
弦向

木材的顺纹方向（即纵向）抗拉、抗议压强度最大，故变形最小；弦向则相反，抗拉、抗压强度最小，变形最大；而径向（直径方向）介于两者之间。因此，就强度来说：顺纹方向＞径向＞弦向、就变形来说，则相反：顺纹方向＜径向＜弦向

图 11-50　木材的三个变形方向

（4）湿胀干缩将影响木材的使用。所以木材在加工或使用前应预先进行干燥，使其接近于与环境湿度相适应的平衡含水率。

## 二、木制品的特性与应用

### （一）实木地板

（1）实木地板是指用木材直接加工而成的地板。

（2）性能指标有：含水率（7％≤含水率≤我国各地区的平衡含水率）、漆板表面耐磨、漆膜附着力和漆膜硬度等。

### （二）人造木地板

#### 1. 实木复合地板

适用于家庭居室、客厅、办公室、宾馆的中高档地面铺设。

#### 2. 浸渍纸层压木质地板

强化木地板表面耐磨性高，有较高的阻燃性能，耐污染腐蚀能力强，抗压、抗冲击性能好。不易起拱。铺设方便。价格较便宜，但密度较大、脚感较生硬、可修复性差。

### 3. 软木地板

特点：绝热、隔振、防滑、防潮、阻燃、耐水、不霉变、不易翘曲和开裂、脚感舒适有弹性。属于绿色建材。

### （三）人造木板

#### 1. 胶合板

（1）普通胶合板按使用环境条件分为Ⅰ类、Ⅱ类、Ⅲ类胶合板，Ⅰ类胶合板即耐气候胶合板，供室外条件下使用；Ⅱ类胶合板即耐水胶合板，供潮湿条件下使用；Ⅲ类胶合板即不耐潮胶合板，供干燥条件下使用。

（2）室内用胶合板按甲醛释放限量分为 $E_0$（可直接用于室内）、$E_1$（可直接用于室内）、$E_2$（必须饰面处理后方可允许用于室内）三个级别。

#### 2. 纤维板

纤维板构造均匀，完全克服了木材的各种缺陷，不易变形、翘曲和开裂，各向同性。

#### 3. 刨花板

刨花板密度小、材质均匀，但易吸湿，强度不高，可用于保温、吸声或室内装饰等。

#### 4. 细木工板

## 2A311037　玻璃的特性和应用

# 一、净片玻璃

（1）有良好的透视、透光性能。

（2）对太阳光中热射线的透过率较高，可产生明显的"暖房效应"，夏季空调能耗加大。

（3）太阳光中紫外线对净片玻璃的透过率较低。

# 二、装饰玻璃（略）

# 三、安全玻璃

#### 1. 钢化玻璃

（1）特性：机械强度高；弹性好；热稳定性好；在受急冷急热作用时，不易发生炸裂，碎后不易伤人。用于大面积玻璃幕墙时要采取必要技术措施，以免受震动而自爆。

（2）应用：常用作门窗、隔墙、幕墙及橱窗、家具等。

#### 2. 防火玻璃

（1）防火玻璃按耐火性能指标分为 A（隔热型）、C（非隔热型）两类。A 类防火玻璃要同时满足耐火完整性、耐火隔热性的要求；C 类防火玻璃要满足耐火完整性的要求。

（2）以上两类防火玻璃按耐火等级可分为五级，其相应的耐火时间分别对应 ≥3h、≥2h、≥1.5h、≥1h、≥0.5h。

#### 3. 夹层玻璃

（1）多片玻璃原片之间，用 PVB 树脂胶片粘合而成，层数有 2、3、5、7 层，最多可达 9 层。

（2）即使破碎，碎片也不会伤人。可制成抗冲击性极高的安全玻璃。

（3）夹层玻璃不能切割，需要选用定型产品或按尺寸定制。

## 四、节能装饰型玻璃

包括着色玻璃、镀膜玻璃和中空玻璃。

### 1. 着色玻璃（也称为着色吸热玻璃）

（1）吸收太阳辐射热，产生"冷室效应"，蔽热节能。

（2）吸收太阳的紫外线，防止室内物品褪色、变质。

（3）凡既需采光又须隔热之处均可采用。

### 2. 镀膜玻璃

分为：阳光控制镀膜玻璃和低辐射镀膜玻璃。

（1）阳光控制镀膜玻璃。控制太阳光、良好的隔热性能、可以避免暖房效应、有单向透视性，故又称为单反玻璃。

（2）低辐射镀膜玻璃。又称"Low－E"玻璃，对可见光有较高的透过率，但对阳光的热射线却可有效阻挡，还具有阻止紫外线透射的功能，一般不单独使用，往往与普通平板玻璃、浮法玻璃、钢化玻璃等配合，制成高性能的中空玻璃。

### 3. 中空玻璃

玻璃层间有干燥气体，具有良好的隔声性能。中空玻璃主要用于保温隔热、隔声等功能要求的建筑物。

## 2A311038　防水材料的特性和应用

常用的防水材料有四类：防水卷材、防水涂料、刚性防水材料、建筑密封材料。

## 一、防水卷材

防水卷材分为：

● SBS、APP 改性沥青防水卷材；

● 聚乙烯丙纶（涤纶）防水卷材；

● PVC、TPO 高分子防水卷材；

● 自粘复合防水卷材等。

### 1. SBS、APP 改性沥青防水卷材

（1）特性：不透水性能强，抗拉强度高，延伸率大，耐高低温性能好，施工方便。

（2）应用：屋面、地下防水；桥梁、停车场、游泳池、隧道防水。

### 2. 聚乙烯丙纶（涤纶）防水卷材

（1）特性：具有优良的机械强度、抗渗性能、低温性能、耐腐蚀性和耐候性。

（2）应用：屋面、墙体、厕浴间、地下室、冷库、桥梁、水池、地下管道等工程。

### 3. PVC、TPO 高分子防水卷材

（1）PVC 是一种性能优异的高分子防水卷材。具有拉伸强度大、延伸率高、收缩率

小、低温柔性好、使用寿命长等特点。广泛应用于多个领域的防水工程。

（2）TPO 防水卷材具有超强的耐紫外线、耐自然老化能力，优异的抗穿刺性能，高撕裂强度、高断裂延伸性等特点。主要适用于各类屋面防水工程。

**4. 自粘复合防水卷材**

（1）特性：强度高、延伸性强，自愈性好，施工简便、安全性高。

（2）应用：室内、屋面、地下防水，蓄水池、游泳池及地铁隧道防水工程。

## 二、建筑防水涂料

适用于屋面、墙面、地下室及较为复杂结构的防水。

**1. JS 聚合物水泥基防水涂料**

**2. 聚氨酯防水涂料**

以其优异的性能在建筑防水涂料中占有重要地位，素有"液体橡胶"的美誉。应用广泛。

**3. 水泥基渗透结晶型防水涂料**

是一种刚性防水材料。具有独特的呼吸、防腐、耐老化、保护钢筋能力，环保、无毒、无公害。应用广泛。

## 三、刚性防水材料

通常指防水混凝土与防水砂浆。

**1. 防水混凝土**

（1）是以调整混凝土的配合比、掺外加剂或使用新品种水泥等方法提高自身的密实性、憎水性和抗渗性，使其满足抗渗压力大于 0.6MPa 的不透水性的混凝土。

（2）防水混凝土兼有结构层和防水层的双重功效。

**2. 防水砂浆**

（1）仅适用于结构刚度大、建筑物变形小、基础埋深小、抗渗要求不高的工程，不适用于有剧烈振动、处于侵蚀性介质及环境温度高于 100℃ 的工程。

（2）防水砂浆，主要依靠特定的某种外加剂，如防水剂、膨胀剂、聚合物等，以提高水泥砂浆的密实性。

## 四、建筑密封材料（略）

## 2A311039  其他常用建筑材料的特性和应用

## 一、建筑塑料

（一）塑料装饰板材

**1. 三聚氰胺层压板**

耐热性优良（100℃不软化、不开裂、不起泡）、耐烫、耐燃、耐磨、耐污、耐湿、耐擦洗、耐酸、碱侵蚀、经久耐用。

2. **铝塑板**

重量轻、坚固耐久、比铝合金强得多的抗冲击性和抗凹陷性、可自由弯曲且弯后不反弹、较强的耐候性、较好的可加工性。

3. **聚碳酸酯采光板**

**（二）塑料壁纸（略）**

**（三）塑料管道**

1. **硬聚氯乙烯（PVC－U）管（见图 11－51）**

（1）特性：内壁光滑阻力小、不结垢、耐腐蚀。使用温度不大于 40℃，故为冷水管。

（2）应用：用于给水管道（非饮用水）、排水管道、雨水管道。

图 11－51　硬聚氯乙烯（PVC—U）管

2. **氯化聚氯乙烯（PVC－C）管**

（1）特性：强度高，适于受压的场合。使用温度高达 90℃ 左右。安装方便，连接方法为熔剂粘接、螺纹连接、法兰连接和焊条连接。

（2）应用：冷热水管、消防水管系统、工业管道系统。

3. **无规共聚聚丙烯管（PP－R 管）（见图 11－52）**

（1）特性：有高度的耐酸性和耐氯化物性，耐热性能好，耐腐蚀性好，使用寿命长。

PP—R 管的缺点是抗紫外线能力差，在阳光的长期照射下易老化。属于可燃性材料，不得用于消防给水系统。

（2）应用：饮用水管、冷热水管。

4. **丁烯管（PB 管）（见图 11－53）**

（1）特性：其长期工作水温为 90℃ 左右，最高使用温度可达 110℃。易燃、热胀系数大、价格高。

（2）应用：饮用水、冷热水管。特别适用于薄壁小口径压力管道，如地板辐射采暖系统的盘管。

图 11-52　PP－R 冷热水管

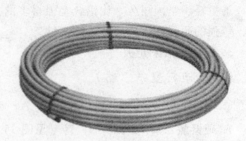

图 11-53　PB 地暖管

**5. 交联聚乙烯管（PEX 管）**

（1）特性：有折弯记忆性，不可热熔连接，热蠕动性较小，低温抗脆性较差，原料较便宜。使用寿命可达 50 年。

（2）应用：PEX 管主要用于地板辐射采暖系统的盘管。

## 二、建筑涂料

**（一）木器涂料**

溶剂型涂料用于家具饰面或室内木装修，又常称为油漆。

**（二）内墙涂料**

内墙涂料可分为乳液型内墙涂料和其他类型内墙涂料。

**（三）外墙涂料**

外墙涂料分为溶剂型外墙涂料、乳液型外墙涂料、水溶性外墙涂料、其他类型外墙涂料。

# 第二章 建筑工程专业施工技术

## (2A312000)

## 第一节 施工测量技术

### (2A312010)

### 2A312011 常用测量仪器的性能与应用

### 一、钢尺 (略)

### 二、水准仪

（1）主要功能是测量两点间的高差，它还可以测量两点间的大致水平距离。

（2）水准仪分为 $DS_{05}$、$DS_1$、$DS_3$ 等几个等级。其中 $DS_{05}$ 型和 $DS_1$ 型为精密水准仪，$DS_3$ 型称为普通水准仪。

（3）水准仪主要由望远镜、水准器和基座三个部分组成。

### 三、经纬仪

（1）经纬仪是一种能进行水平角和竖直角测量的仪器，它还可以测出两点间的大致水平距离和高差，也可以进行点位的竖向传递测量。

（2）在工程中常用的经纬仪有 $DJ_2$ 和 $DJ_6$ 两种，$DJ_6$ 型进行普通等级测量，而 $DJ_2$ 型则可进行高等级测量工作。

（3）经纬仪主要由照准部、水平度盘和基座三部分组成。

### 四、激光铅直仪

（1）主要用来进行点位的竖向传递，如高层建筑施工中轴线点的竖向投测等。

（2）有的工程也采用激光经纬仪来进行点位的竖向传递测量。

### 五、全站仪

（1）是一种可以同时进行角度测量和距离测量的仪器，由电子测距仪、电子经纬仪和电子记录装置三部分组成。

（2）操作方便、快捷，几乎是在同一时间测得平距、高差、点的坐标和高程。

# 2A312012 施工测量的内容与方法

## 一、施工测量的工作内容

(1) 对已知长度的测设；

(2) 已知角度的测设；

(3) 建筑物细部点平面位置的测设；

(4) 建筑物细部点高程位置的测设；

(5) 倾斜线的测设。

一般建筑工程，通常先布设施工控制网，再开展建筑物轴线测量和细部放样等施工测量工作。

## 二、施工控制网测量

### （一）建筑物施工平面控制网

平面控制网的主要测量方法有：直角坐标法、极坐标法、角度交会法、距离交会法等。随着全站仪的普及，一般采用极坐标法建立平面控制网。

极坐标法是根据水平角和水平距离测设点的平面位置的方法。

### （二）建筑物施工高程控制网

建筑物高程控制，应采用水准测量。主要建筑物附近的高程控制点，不应少于三个。高程控制点的高程值一般采用工程±0.000 高程值。

建筑物高程测设：

设 $B$ 为待测点，设计高程为 $H_B$，$A$ 为水准点，已知高程为 $H_A$。后视读数为 $a$，前视读数等于 $b$（见图 11-54）。$H_B = H_A + a - b$。

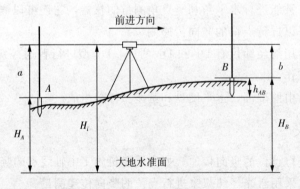

图 11-54 高程测设

【2010 年真题】对某一施工现场进行高程测设，$M$ 点为水准点，已知高程为 12.000m，$N$ 点为待测点，安置水准仪于 $M$、$N$ 之间，先在 $M$ 点立尺，读得后视读数为 4.500m，然后在 $N$ 点立尺，读得前视读数为 3.500m。$N$ 点高程为（D）m。

A、11.000    B、12.000    C、12.500    D、13.000

## 三、结构施工测量

主要包括：

● 主轴线内控基准点的设置；

● 施工层的放线与抄平；

● 建筑物主轴线的竖向投测；

● 施工层标高的竖向传递等。

建筑物主轴线的竖向投测，主要有外控法和内控法两类。多层建筑可采用外控法或内控法，高层建筑一般采用内控法。

（1）外控法：应将控制轴线引测至首层结构外立面上，作为各施工层主轴线竖向投测的基准（见图11-55）。

（2）内控法：在首层底板上预埋钢板，划"十"字线，并在"十"字线中心钻孔，作为基准点，且在各层楼板对应位置预留200mm×200mm孔洞，以便传递轴线（见图11-56）。

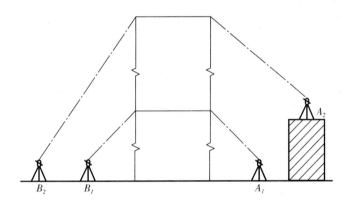

图11-55 外控法

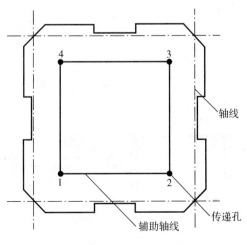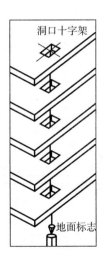

图11-56 内控法

# 第二节 地基与基础工程施工技术

## （2A312020）

## 2A312021 土方工程施工技术

土方工程包括：土方开挖、土方回填和填土的压实。

## 一、土方开挖

（1）开挖前，制定施工方案、环境保护措施、监测方案，经审批后方可施工。

（2）土方工程施工前，应对降水、排水措施进行设计。

（3）围护结构的施工质量验收，验收合格后方可进行土方开挖。

（4）无支护土方工程采用放坡挖土，有支护土方工程可采用中心岛式（也称墩式）挖土（见图11-57）、盆式挖土（见图11-58）和逆作法挖土（见图11-59）等方法。

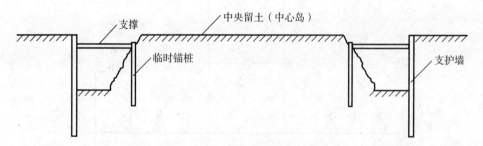

图11-57 中心岛式挖土

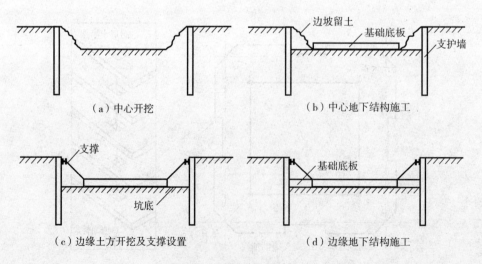

（a）中心开挖　　　　　　　（b）中心地下结构施工

（c）边缘土方开挖及支撑设置　　　（d）边缘地下结构施工

图11-58 盆式挖土

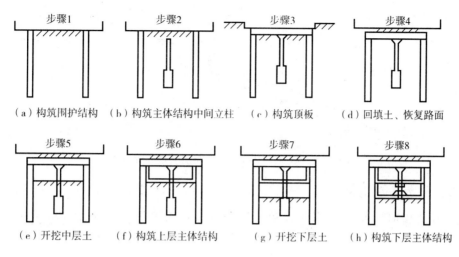

（a）构筑围护结构　　（b）构筑主体结构中间立柱　　（c）构筑顶板　　（d）回填土、恢复路面

（e）开挖中层土　　（f）构筑上层主体结构　　（g）开挖下层土　　（h）构筑下层主体结构

图 11-59　逆作法挖土

（5）当基坑开挖深度不大、周围环境允许，经验算能确保土坡的稳定性时，可采用放坡开挖。

（6）中心岛式挖土，具有挖土和运土的速度快的优点。但支护结构受荷时间长，有可能增大支护结构的变形量，对于支护结构受力不利。

（7）盆式挖土，是先开挖基坑中间部分的土，周围四边留土坡，土坡最后挖除。盆式挖土方法可使周边的土坡对围护墙有支撑作用，有利于减少围护墙的变形。其缺点是大量的土方不能直接外运，需集中提升后装车外运。

（8）基坑边缘堆置土方和建筑材料，一般应距基坑上部边缘不少于 2m，堆置高度不应超过 1.5m（见图 11-60）。

（9）开挖时应对平面控制桩、水准点、基坑平面位置、水平标高、边坡坡度等经常进行检查。

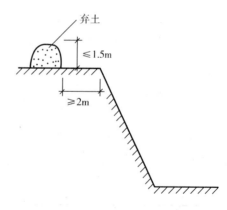

图 11-60　弃土的高度及与边坡的距离

## 二、土方回填

### （一）土料要求与含水量控制

一般不能选用淤泥、淤泥质土、膨胀土、有机质大于 8% 的土、含水溶性硫酸盐大于 5% 的土、含水量不符合压实要求的黏性土。填方土应尽量采用同类土。土料含水量一般以手握成团、落地开花为适宜。

### （二）基底处理

当填土场地地面陡于 1:5 时，应先将斜坡挖成阶梯形，阶高 0.2~0.3m，阶宽大于 1m，然后分层填土，以利接合和防止滑动（见图 11-61）。

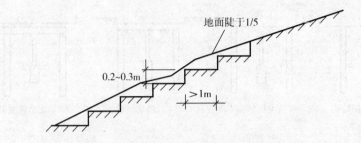

图 11-61　地面陡于 1/5 时先将斜坡挖成阶梯形

**（三）土方填筑与压实**

（1）对使用时间较长的临时性填方边坡坡度，当填方高度小于 10m 时，可采用 1：1.5；超过 10m，可作成折线形，上部采用 1：1.5，下部采用 1：1.75（见图 11-62）。

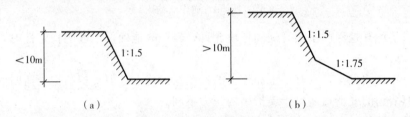

图 11-62　边坡高度不同采用不同的坡度

（2）填土应从场地最低处开始，由下而上整个宽度分层铺填。每层虚铺厚度如表 11-5。

表 11-5　每层虚铺厚度与压实遍数

| 压实机具 | 分层厚度（mm） | 每层压实遍数 |
| --- | --- | --- |
| 平碾 | 250～300 | 6～8 |
| 振动压实机 | 250～350 | 3～4 |
| 柴油打夯机 | 200～250 | 3～4 |
| 人工打夯 | <200 | 3～4 |

（3）填方应在相对两侧或周围同时进行回填和夯实。

（4）填方的密实度要求和质量指标通常以压实系数表示。压实系数为土的控制（实际）干土密度和与最大干土密度的比值。最大干土密度是当最优含水量时，通过标准的击实方法确定的。

## 2A312022　基坑验槽与局部不良地基处理方法

### 一、验槽时必须具备的资料

（1）详勘阶段的岩土工程勘察报告；

（2）附有基础平面和结构总说明的施工图阶段的结构图；

（3）其他必须提供的文件或记录。

## 二、验槽前的准备工作（略）

## 三、验槽程序

（1）施工单位确认自检合格后提出验收申请。

（2）由总监理工程师或建设单位项目负责人组织建设、监理、勘察、设计及施工单位的项目负责人、技术质量负责人，共同按设计要求和有关规定进行。

## 四、验槽的主要内容

（1）根据设计图纸检查基槽的开挖平面位置、尺寸、槽底深度，检查是否与设计图纸相符，开挖深度是否符合设计要求。

（2）仔细观察槽壁、槽底土质类型、均匀程度和有关异常土质是否存在，核对基坑土质及地下水情况是否与勘察报告相符。

（3）检查基槽之中是否有旧建筑物基础、古井、古墓、洞穴、地下掩埋物及地下人防工程等。

（4）检查基槽边坡外缘与附近建筑物的距离，基坑开挖对建筑物稳定是否有影响。

（5）分析钎探资料，对存在的异常点位进行复合检查。

## 五、验槽方法

地基验槽通常采用观察法。对于基底以下的土层不可见部位，通常采用钎探法。

### （一）观察法

（1）槽壁、槽底的土质情况，验证基槽开挖深度；重点观察柱基、墙角、承重墙下或其他受力较大部位。

（2）基槽边坡是否稳定。

（3）基槽内有无旧的房基、洞穴、古井、掩埋的管道和人防设施等。

### （二）钎探法

（1）钎探是用锤将钢钎打入坑底以下的土层内一定深度，根据锤击次数和入土难易程度来判断土的软硬情况及有无古井、古墓、洞穴、地下掩埋物等。

（5）打钎时，每贯入30cm（通常称为一步），记录一次锤击数（见图11-63）。

（7）钎探后的孔要用砂灌实。

### （三）轻型动力触探

遇到下列情况之一时，应在基底进行轻型动力触探：

（1）持力层明显不均匀；

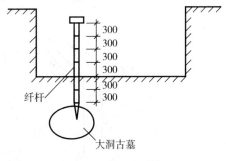

图11-63 基坑钎探

（2）浅部有软弱下卧层；

（3）有浅埋的坑穴、古墓、古井等，直接观察难以发现时；

（4）勘察报告或设计文件规定应进行轻型动力触探时。

## 六、局部不良地基的处理

（1）局部硬土的处理：挖掉硬土部分，以免造成不均匀沉降。

（2）局部软土的处理：如软土厚度不大时，通常采取清除软土的换土垫层法处理，一般采用级配砂石垫层；当厚度较大时，一般采用现场钻孔灌注桩、混凝土或砌块石支撑墙进行局部地基处理。

## 2A312023　砖、石基础施工技术

## 一、施工准备工作要点

（1）砖应提前 1d～2d 浇水湿润，烧结普通砖含水率宜为 60%～70%。

（2）在砖砌体转角处、交接处应设置皮数杆，皮数杆上标明砖皮数、灰缝厚度以及竖向构造的变化部位（见图 11-64）。皮数杆间距不应大于 15m。

（3）如第一层砖的水平灰缝大于 20mm，毛石大于 30mm 时，应用细石混凝土找平，不得用砂浆或在砂浆中掺细砖或碎石处理。

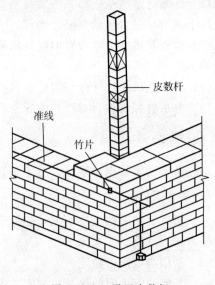

图 11-64　设置皮数杆

## 二、砖基础施工技术要求

（1）砖基础的下部为大放脚、上部为基础墙。

（3）砖基础大放脚一般采用一顺一丁砌筑形式，上下皮垂直灰缝相互错开 60mm（见图 11-65）。

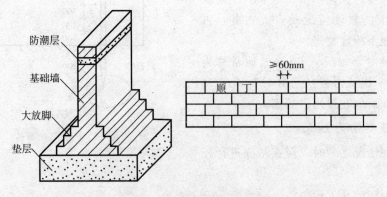

图 11-65　砖基础大放脚的砌筑方法

（5）砖基础的水平灰缝厚度和垂直灰缝宽度宜为10mm。水平灰缝的砂浆饱满度不得小于80%。

（6）砖基础底标高不同时，应从低处砌起，并应由高处向低处搭砌。

（7）砖基础的转角处和交接处应同时砌筑，当不能同时砌筑时，应留置斜槎。

（8）基础墙的防潮层，当设计无具体要求，宜用1:2水泥砂浆加适量防水剂铺设，其厚度宜为20mm。防潮层位置宜在室内地面标高以下一皮砖处（见图11-66）。

## 三、石基础施工技术要求

（1）基础上部宽一般比墙厚大20cm以上。

（2）为保证毛石基础的整体刚度和传力均匀，每阶宽度应不小于20cm，每阶高度不小于40cm（见图11-67）。

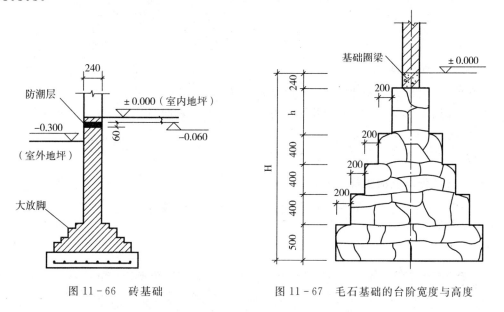

图11-66 砖基础　　　　　图11-67 毛石基础的台阶宽度与高度

（7）毛石基础必须设置拉结石。

（8）墙基需留槎时，不得留在外墙转角或纵墙与横墙的交接处，至少应离开1.0～1.5m的距离。接槎应做成阶梯式，不得留直槎或斜槎。

# 2A312024　混凝土基础与桩基施工技术

## 一、混凝土基础施工技术

混凝土基础工程中，分项工程主要有钢筋、模板、混凝土、后浇带混凝土和混凝土结构缝处理。

### （一）单独基础浇筑（见图11-68a）

（1）台阶式基础施工，按台阶分层一次浇筑完毕，不允许留设施工缝。顺序是先边角后中间。

## （二）条形基础浇筑（见图 11-68b）

宜分段分层连续浇筑混凝土，一般不留施工缝。每段间浇筑长度控制在 2000～3000mm 距离，做到逐段逐层呈阶梯形向前推进。

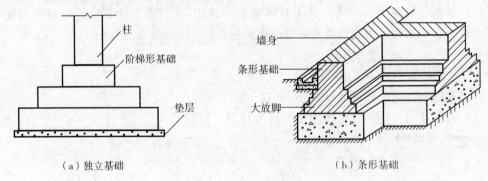

（a）独立基础　　　　　　　（b）条形基础

图 11-68　单独基础与条形基础

## （三）设备基础浇筑

一般应分层浇筑，并保证上下层之间不留施工缝，每层混凝土的厚度为 200～300mm。每层浇筑顺序应从低处开始，沿长边方向自一端向另一端浇筑，也可采取中间向两端或两端向中间浇筑的顺序。

## （四）基础底板大体积混凝土工程

### 1. 大体积混凝土的浇筑

采用分层浇筑时，应保证在下层混凝土初凝前将上层混凝土浇筑完毕。可以选择全面分层、分段分层、斜面分层等方式之一（见图 11-69）。

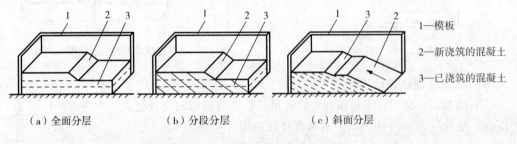

（a）全面分层　　　　（b）分段分层　　　　（c）斜面分层

1—模板
2—新浇筑的混凝土
3—已浇筑的混凝土

图 11-69　大体积混凝土浇筑方案

### 2. 大体积混凝土的振捣

（1）混凝土应采取振捣棒振捣。

（2）在振动初凝以前对混凝土进行二次振捣，提高混凝土与钢筋的握裹力，防止因混凝土沉落而出现的裂缝，增加混凝土密实度，使混凝土抗压强度提高，从而提高抗裂性。

### 3. 大体积混凝土的养护

（1）养护方法分为保温法和保湿法两种。

（2）养护时间。大体积混凝土浇筑完毕后，应在12h内加以覆盖和浇水。对有抗渗要求的混凝土，采用普通硅酸盐水泥拌制的混凝土养护时间不得少于14d；采用矿渣水泥、火山灰水泥等拌制的混凝土养护时间不得少于21d。

#### 4. 大体积混凝土裂缝的控制

（1）优先选用低水化热的矿渣水泥拌制混凝土，并适当使用缓凝减水剂。

（2）在保证强度等级前提下，适当降低水灰比，减少水泥用量。

（3）降低混凝土的入模温度，控制混凝土内外的温差（当设计无要求时，控制在25℃以内）。

（4）及时对混凝土覆盖保温、保湿材料。

（5）可在基础内预埋冷却水管，通入循环水，强制降低混凝土水化热产生的温度。

（6）掺入适量的微膨胀剂或膨胀水泥，使混凝土得到补偿收缩，减少混凝土的收缩变形。

（7）设置后浇缝。当大体积混凝土平面尺寸过大时，可以适当设置后浇缝，以减小外应力和温度应力；同时，也有利于散热，降低混凝土的内部温度。

（8）大体积混凝土可采用二次抹面工艺，减少表面收缩裂缝。

## 二、混凝土预制桩、灌注桩的技术

### （一）钢筋混凝土预制桩施工技术

打桩施工方法通常有：锤击沉桩法、静力压桩法及振动法等，以锤击沉桩法和静力压桩法应用最为普遍。

（1）锤击沉桩法施工程序：确定桩位和沉桩顺序→桩机就位→吊桩喂桩→校正→锤击沉桩→接桩→再锤击沉桩→送桩→收锤→切割桩头。

（2）静力压桩法施工程序（略）。

### （二）钢筋混凝土灌注桩施工技术

按其成孔方法不同，可分为：钻孔灌注桩、沉管灌注桩和人工挖孔灌注桩等几类。

#### 1. 钻孔灌注桩

分为：干作业法钻孔灌注桩、泥浆护壁法钻孔灌注桩及套管护壁法钻孔灌注桩。

泥浆护壁法工艺流程：场地平整→桩位放线→开挖浆池、浆沟→护筒埋设→钻机就位、孔位校正→成孔、泥浆循环、清除废浆、泥渣→第一次清孔→质量验收→下钢筋笼和钢导管→第二次清孔→浇筑水下混凝土→成桩（见图11-70）。

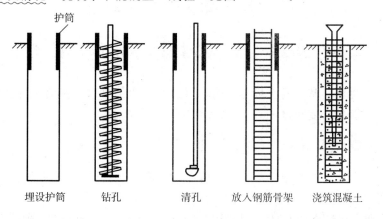

图11-70　钻孔灌注桩施工工艺

### 2. 沉管灌注桩（见图 11-71）

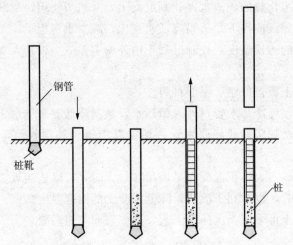

(a)就位　(b)沉套管　(c)初灌混凝土　(d)放置钢筋笼　(e)拔管成柱

图 11-71　沉管灌注桩施工工艺

### 3. 人工挖孔灌注桩（见图 11-72）

施工时必须考虑预防孔壁坍塌和流沙现象发生，应制定合理安全的护壁措施。

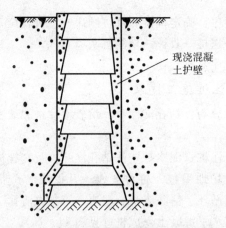

图 11-72　现浇混凝土护壁人工挖孔桩

## 2A312025　人工降排地下水施工技术

基坑开挖深度浅，基坑涌水量不大时，可边开挖边用排水沟和集水井进行集水明排。在软土地区基坑开挖深度超过 3m，一般就要采用井点降水。

### 一、明沟、集水井排水（见图 11-73）

（1）明沟、集水井排水指在基坑的两侧或四周设置排水明沟，在基坑四角或每隔 30m～40m 设置集水井。

（2）排水明沟宜布置在拟建建筑基础边 0.4m 以外，沟边缘离开边坡坡脚应不小于 0.3m。

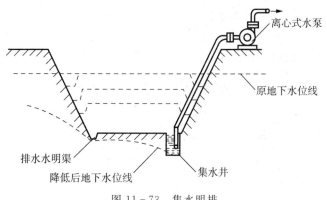

图 11-73　集水明排

# 二、降水

有：真空（轻型）井点（见图 11-74）、喷射井点或管井（见图 11-75）。

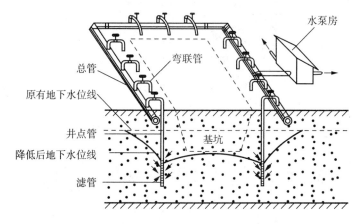

图 11-74　真空（轻型）井点降水全貌

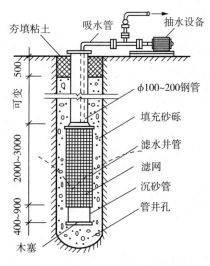

图 11-75　管井井点构造

（1）基坑降水应编制降水施工方案。

（3）滤管不得紧靠井孔壁或插入淤泥中。

（6）基坑内明排水应设置排水沟及集水井，排水沟纵坡宜控制在 1‰～2‰。

## 三、防止或减少降水影响周围环境的技术措施

（1）采用回灌技术（见图 11-76）。

采用回灌井点时，回灌井点与降水井点的距离不宜小于 6m。

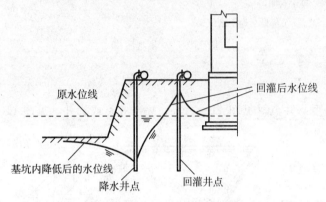

原水位线

回灌后水位线

基坑内降低后的水位线

降水井点

回灌井点

图 11-76　回灌井点布置

（2）采用砂沟、砂井回灌。

（3）减缓降水速度。

# 2A312026　岩土工程与基坑监测技术

## 一、岩土工程

（1）土的工程类别可分为八类，其中一～四类为土，五～八类为石。

一类土（松软土）、二类土（普通土）、三类土（坚土）、四类土（沙砾坚土）。

（2）土按颗粒级配或塑性指数一般分为碎石土、砂土、粉土、黏性土、特殊性土。特殊性土通常指湿陷性黄土、膨胀土、软土、盐渍土等。

（3）其坑侧壁的安全等级分为三级，不同等级采用相对应的重要性系数（见表 11-6）。

表 11-6　坑侧壁的安全等级

| 安全等级 | 破坏后果 | 重要性系数 |
|---|---|---|
| 一级 | 支护结构破坏、土体失稳或过大变形对基坑周边环境及地下结构施工影响很严重 | 1.10 |
| 二级 | 支护结构破坏、土体失稳或过大变形对基坑周边环境及地下结构施工影响严重 | 1.00 |
| 三级 | 支护结构破坏、土体失稳或过大变形对基坑周边环境及地下结构施工影响不严重 | 0.90 |

## 二、基坑监测

（1）挖深度大于等于5m或开挖深度小于5m但现场地质情况和周围环境较复杂的应实施基坑监测。

（2）监测单位应编制监测方案，经建设方、设计方、监理方等认可后方可实施。

（4）基坑监测点应沿基坑周边布置，周边中部、阳角处应布置监测点。监测点水平间距不宜大于20m，每边监测点数不宜少于3个。水平和竖向监测点宜为共用点，监测点宜设置在围护墙或基坑坡顶上。

（5）基坑内采用深井降水时，水位监测点宜布置在基坑中央和两相邻降水井的中间部位；采用轻型井点、喷射井点降水时，水位监测点宜布置在基坑中央和周边拐角处。

# 第三节　主体结构工程施工技术

## （2A312030）

## 2A312031　钢筋混凝土结构工程施工技术

## 一、模板工程

模板工程：由面板、支架和连接件三部分组成。

（一）常见模板体系及其特性

（1）木模板体系：

1）优点：是制作、拼装灵活，较适用于外形复杂或异形混凝土构件，以及冬期施工的混凝土工程；

2）缺点：是制作量大，木材资源浪费大等。

（2）组合钢模板体系（见图11-77）：

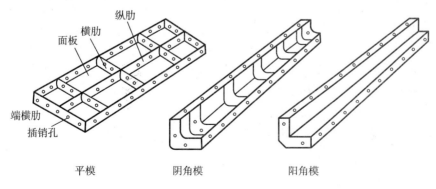

图11-77　组合钢模板

1）优点：是轻便灵活、拆装方便、通用性强、周转率高等；

2）缺点：接缝多且严密性差，导致混凝土成型后外观质量差。

（3）钢框木（竹）胶合板模板体系：特点：自重轻、用钢量少、面积大、模板拼缝少、维修方便等。

（4）大模板体系：它由板面结构、支撑系统、操作平台和附件等组成。是现浇墙、壁结构施工的一种工具式模板（见图 11 - 78）。

1）优点：模板整体性好、抗震性强、无拼缝等；

2）缺点：模板重量大，移动安装需起重机械吊运。

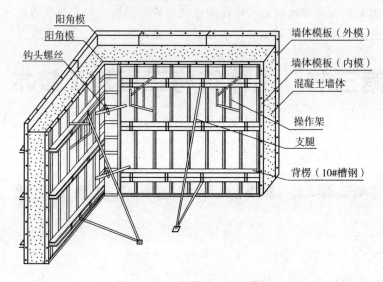

图 11 - 78　拼装式全钢大模板

（5）散支散拆胶合板模板体系：面板采用高耐候、耐水性的Ⅰ类木胶合板或竹胶合板。优点是自重轻、板幅大、板面平整、施工安装方便简单等。

（6）早拆模板体系：优点是部分模板可早拆，加快周转，节约成本。

（7）其他：滑升模板、爬升模板、飞模、模壳模板、胎模及永久性压型钢板模板等。

**（二）模板工程设计的主要原则**

（1）实用性

（2）安全性（足够的强度、刚度和稳定性）

（3）经济性

**（三）模板及支架设计应包括的主要内容**

（1）模板及支架的选型及构造设计。

（2）模板及支架上的荷载及其效应计算。

（3）模板及支架的承载力、刚度和稳定性验算。

（4）绘制模板及支架施工图。

**（四）模板工程安装要点**

（1）木杆、钢管、门架等支架立柱不得混用。

（2）在基土上安装支架立柱支承部分时，基土应坚实，并有排水措施；对冻胀性土，应有防冻融措施。

（3）应根据混凝土一次浇筑高度和浇筑速度，采取合理的竖向模板抗侧移、抗浮和抗倾覆措施。

（4）对跨度不小于4m的现浇钢筋混凝土梁、板，其模板应按设计要求起拱；当设计无具体要求时，起拱高度应为跨度的1/1000～3/1000。

（6）上、下层支架的立柱应对准，并铺设垫板。

（7）模板的接缝不应漏浆；在浇筑混凝土前，木模板应浇水润湿，但模板内不应有积水。

（8）模板与混凝土的接触面应清理干净并涂刷隔离剂。

（9）梁柱节点的模板宜在钢筋安装后安装。

（14）后浇带的模板及支架应独立设置。

## （五）模板的拆除

（1）模板拆除时，可采取先支的后拆、后支的先拆，先拆非承重模板、后拆承重模板的顺序，并应从上而下进行拆除。

（2）当混凝土强度达到设计要求时，方可拆除底模及支架；当设计无具体要求时，同条件养护试件的混凝土抗压强度应符合表11-7的规定。

表 11-7　底模及支架拆除的依据

| 构件类型 | 构件跨度（m） | 达到混凝土立方体抗压强度标准值的百分率（%） |
|---|---|---|
| 板 | ≤2 | ≥50 |
| | >2，≤8 | ≥75 |
| | >8 | ≥100 |
| 梁、拱、壳 | ≤8 | ≥75 |
| | >8 | ≥100 |
| 悬臂结构 | | ≥100 |

（3）当混凝土强度能保证其表面及棱角不受损伤时，方可拆除侧模。

（4）快拆支架体系的支架立杆间距不应大于2m。拆模时应保留立杆并顶托支承楼板，拆模时的混凝土强度可取构件跨度为2m按表11-7的规定确定（见图11-79、图11-80）。

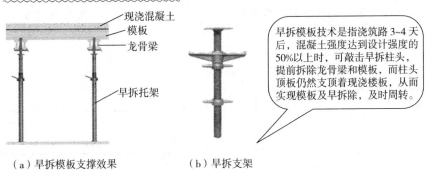

现浇混凝土
模板
龙骨梁
早拆托架

早拆模板技术是指浇筑路3~4天后，混凝土强度达到设计强度的50%以上时，可敲击早拆柱头，提前拆除龙骨梁和模板，而柱头顶托仍然支承着现浇楼板，从而实现模板及早拆除，及时周转。

（a）早拆模板支撑效果　　　（b）早拆支架

图 11-79　快拆支架体系

图 11-80  拆模后效果

## 二、钢筋工程

可分为热轧钢筋和冷加工钢筋两类。

（1）热轧钢筋按屈服强度（MPa）分为 335 级、400 级和 500 级。

（2）纵向受力普通钢筋宜采用 HRB400、HRB500、HRBF400、HRBF500 钢筋，也可采用 HPB300、HRB335、HRBF335、RRB400 钢筋。

（3）梁柱纵向受力普通钢筋应采用 HRB400、HRB500、HRBF400、HRBF500 钢筋。

（4）箍筋宜采用 HRB400、HRBF400、HPB300、HRB500、HRBF500 钢筋，也可采用 HRB335、HRBF335 钢筋。

### （一）原材进场检验

应检查产品合格证、出厂检验报告，并按规定抽取试件作力学性能检验，合格后方准使用。

### （二）钢筋配料

直钢筋下料长度＝构件长度－保护层厚度＋弯钩增加长度。

如图 11-81，直钢筋下料长度＝$l_0$－2×$b$＋2×180 度弯钩尺寸。

弯起钢筋下料长度＝直段长度＋斜段长度－弯曲调整值＋弯钩增加长度。

如图 11-82，弯起钢筋下料长度＝$l_1$＋2×$l_2$＋2×$l_3$－4×45 度弯曲调整值＋2×180 度弯钩尺寸。

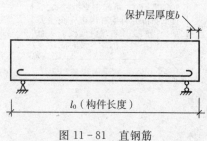

图 11-81  直钢筋

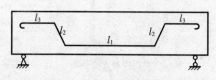

图 11-82  弯起钢筋

箍筋下料长度＝箍筋周长＋箍筋调整值。

上述钢筋如需要搭接，还要增加钢筋搭接长度。

（三）钢筋代换

钢筋代换时，应征得设计单位的同意，相应费用按有关合同规定（一般应征得建设单位同意）并办理相应手续。

（四）钢筋连接

**1. 钢筋的连接方法**

焊接、机械连接和绑扎连接三种。

**2. 钢筋的焊接**

（1）常用的焊接方法有：电阻点焊、闪光对焊、电弧焊（包括帮条焊、搭接焊、熔槽焊、坡口焊、预埋件角焊和塞孔焊等）、电渣压力焊、气压焊、埋弧压力焊等（见图11-83）。

（2）其中：电渣压力焊适用于现浇钢筋混凝土结构中竖向或斜向（倾斜度在4：1范围内）钢筋的连接。

（3）直接承受动力荷载的结构构件中，纵向钢筋不宜采用焊接接头。

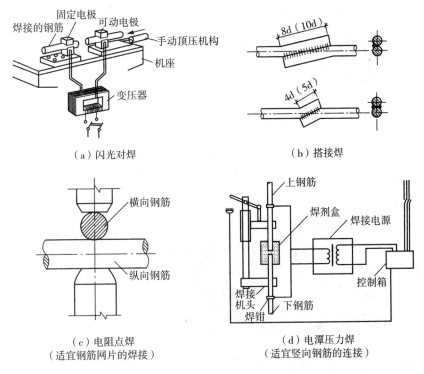

图11-83 钢筋的焊接方法

**3. 钢筋机械连接**

（1）有钢筋套筒挤压连接、钢筋直螺纹套筒连接（包括钢筋镦粗直螺纹套筒连接、钢筋剥肋滚压直螺纹套筒连接）等三种方法（见图11-84、图11-85、图11-86）。

（2）目前最常见的方式是钢筋剥肋滚压直螺纹套筒连接。其通常适用的钢筋级别为

HRB335、HRB400、RRB400；适用的钢筋直径范围通常为16~50mm。

冷挤压套筒连接是通过挤压力使钢套筒塑性变形与带肋钢筋紧密咬合形成整体的连接方式。

缺点是挤压机具笨重，固定调整困难，施工人员劳动强度大，成本也高于螺纹套筒连接。

图11-84　钢筋套筒挤压连接

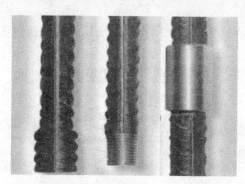

钢筋镦粗后再制成螺纹，所得截面积大于钢筋原截面积，即螺纹不消弱截面，从而确保接头强度大于钢筋母材强度。

但钢筋端头镦粗加工要高，钢筋镦粗后其内部结构发生变化，影响钢筋的性能。

（a）端头镦粗　（b）切削螺纹　（c）套筒连接

图11-85　钢筋镦粗直螺纹套筒连接

剥肋滚压直螺纹连接是在专用设备上将钢筋端头通过剥肋、滚压螺纹一次形成。该连接方式具有加工工序少、操作简单、连接质量可靠的特点。

图11-86　钢筋剥肋滚压直螺纹套筒连接

**4. 钢筋绑扎连接（或搭接）**

（1）当受拉钢筋直径大于28mm、受压钢筋直径大于32mm时，不宜采用绑扎搭接接头。

（2）轴心受拉及小偏心受拉杆件（如桁架和拱架的拉杆等）的纵向受力钢筋和直接承受动力荷载结构中的纵向受力钢筋均不得采用绑扎搭接接头。

### 5. 钢筋接头位置

（1）钢筋接头位置宜设置在受力较小处。

（2）同一纵向受力钢筋不宜设置两个或两个以上接头。

（3）接头末端至钢筋弯起点的距离不应小于钢筋直径的 10 倍（见图 11 - 87）。

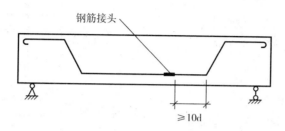

图 11 - 87　接头末端至钢筋弯起点的距离不应小于钢筋直径的 10 倍

6. 在施工现场，应按标准抽取钢筋机械连接接头、焊接接头试件作力学性能检验。

### （五）钢筋加工

（1）钢筋加工包括调直、除锈、下料切断、接长、弯曲成型等。

（2）钢筋宜采用无延伸功能的机械设备进行调直，也可采用冷拉调直。当采用冷拉调直时，HPB300 光圆钢筋的冷拉率不宜大于 4%；HRB335、HRB400、HRB500、HRBF335、HRBF400、HRBF500 及 RRB400 带肋钢筋的冷拉率不宜大于 1%。

### （六）钢筋安装

### 1. 准备工作

### 2. 柱钢筋绑扎

（1）柱钢筋的绑扎应在柱模板安装前进行。

（3）每层柱第一个钢筋接头位置距楼地面高度不宜小于 500mm、柱高的 1/6 及柱截面长边（或直径）的较大值（见图 11 - 88）。

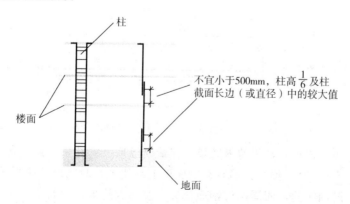

图 11 - 88　每层柱第一个钢筋接头位置

（4）框架梁、牛腿及柱帽等钢筋，应放在柱子纵向钢筋的内侧。

（5）柱中的竖向钢筋搭接时，角部箍筋的弯钩应与模板成 45°，中间箍筋的弯钩应与模板成 90°（见图 11 - 89）。

（7）如设计无特殊要求，当柱中纵向受力钢筋直径大于 25mm 时，应在搭接接头两个端面外 100mm 范围内各设置二个箍筋，其间距宜为 50mm（见图 11-90）。

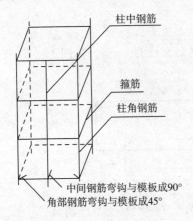

图 11-89　柱中竖向钢筋弯钩的角度

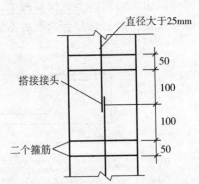

图 11-90　搭接接头两个端面外 100mm
范围内各设置二个箍筋

### 3. 墙钢筋绑扎

（1）墙钢筋绑扎也应在墙模板安装前进行。

（2）墙的垂直钢筋每段长度不宜超过 4m（直径不大于 12mm）或 6m（直径大于 12mm）或层高加搭接长度，水平钢筋每段长度不宜超过 8m，以利绑扎。钢筋的弯钩应朝向混凝土内。

（3）采用双层钢筋网时，在两层钢筋间应设置撑铁或绑扎架，以固定钢筋间距。

### 4. 梁、板钢筋绑扎

（1）连续梁、板的上部钢筋接头位置宜设置在跨中 1/3 跨度范围内，下部钢筋接头位置宜设置在梁端 1/3 跨度范围内（见图 11-91）。

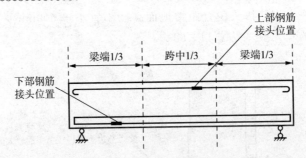

图 11-91　梁的上部、下部钢筋接头位置

（2）当梁的高度较小时，梁的钢筋架空在梁模板顶上绑扎，然后再落位；当梁的高度较大（不小于 1.0m）时，梁的钢筋宜在梁底模上绑扎，其两侧或一侧模板后安装。

（4）板的钢筋网绑扎，四周两行钢筋交叉点应每点扎牢，中间部分交叉点可相隔交错扎牢，双向主筋的钢筋网，则须将全部钢筋相交点扎牢（见图 11-92）。

（6）板、次梁与主梁交叉处，板的钢筋在上，次梁的钢筋居中，主梁的钢筋在下；当有圈梁或垫梁时，主梁的钢筋在上。

（7）框架节点处钢筋穿插十分稠密时，应特别注意梁顶面主筋间的净距要有 30mm，以利浇筑混凝土。

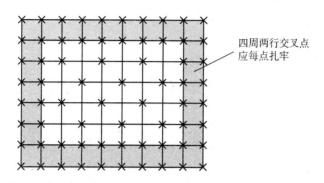

图 11-92 四周两行钢筋交叉点应每点扎牢

**5. 细部构造钢筋处理**

（5）梁及柱中箍筋、墙中水平分布钢筋及暗柱箍筋、板中钢筋距构件边缘的距离宜为 50mm。

（6）框架节点处梁纵向受力钢筋宜置于柱纵向钢筋内侧；次梁钢筋宜放在主梁钢筋内侧；剪力墙中水平分布钢筋宜放在外部，并在墙边弯折锚固。

# 三、混凝土工程

## （一）混凝土用原材料

（2）普通混凝土结构宜选用通用硅酸盐水泥；对于有抗渗、抗冻融要求的混凝土，宜选用硅酸盐水泥或普通硅酸盐水泥；处于潮湿环境的混凝土结构，当使用碱活性骨料时，宜采用低碱水泥。

（3）粗骨料最大粒径不应超过构件截面最小尺寸的 1/4，且不应超过钢筋最小净间距的 3/4；对实心混凝土板，粗骨料的最大粒径不宜超过板厚的 1/3，且不应超过 40mm。

（4）细骨料宜选用Ⅱ区中砂；当选用Ⅰ区砂时，应提高砂率，并应保持足够的胶凝材料用量，满足混凝土的工作性要求；当采用Ⅲ区砂时，宜适当降低砂率。

（5）对于有抗渗、抗冻融或其他特殊要求的混凝土，宜选用连续级配的粗骨料，最大粒径不宜大于 40mm，含泥量不应大于 1.0%，泥块含量不应大于 0.5%；所用细骨料含泥量不应大于 3.0%，泥块含量不应大于 1.0%。

（8）混凝土外加剂应检验外加剂与水泥的适应性。对于含有尿素、氨类等有刺激性气味成分的外加剂，不得用于房屋建筑工程中。

## （二）混凝土配合比

（1）混凝土配合比应根据原材料性能及对混凝土的技术要求（强度等级、耐久性和工作性等），由具有资质的试验室进行计算，并经试配、调整后确定。

（2）混凝土配合比应采用重量比，且每盘混凝土试配量不应小于 20L。

## （三）混凝土的搅拌与运输

（2）混凝土在运输中不应发生分层、离析现象，否则应在浇筑前二次搅拌。

（3）确保混凝土在初凝前运至现场并浇筑完毕。

（4）采用搅拌运输车运送混凝土，当坍落度损失较大不能满足施工要求时，可在运输车罐内加入适量的与原配合比相同成分的减水剂。

**（四）泵送混凝土**

（2）泵送混凝土配合比设计：

1）泵送混凝土的入泵坍落度不宜低于 100mm；

2）用水量与胶凝材料总量之比不宜大于 0.6；

3）泵送混凝土的胶凝材料总量不宜小于 300kg/m³；

4）泵送混凝土宜掺用适量粉煤灰或其他活性矿物掺合料；

5）泵送混凝土掺用引气型外加剂时，其含气量不宜大于 4%。

（3）泵送混凝土搅拌时，粉煤灰宜与水泥同步，外加剂的添加宜滞后于水和水泥。

**（五）混凝土浇筑**

（1）做好相关隐蔽验收后，才可浇筑混凝土。

（2）现场环境温度高于 35℃时宜对金属模板进行洒水降温。

（4）在浇筑竖向结构混凝土前，应先在底部填以 50～100mm 厚与混凝土中相同的水泥砂浆（见图 11-93）。

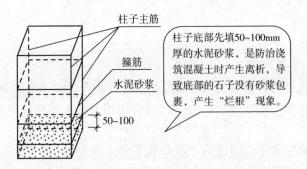

图 11-93　底部填以 50～100mm 厚水泥砂浆

（5）柱、墙模板内的混凝土浇筑时，其自由倾落高度应符合如下规定，当不能满足时，应加设串筒、溜管、溜槽等装置（见图 11-94）。

1）粗骨料粒径大于 25mm 时，不宜超过 3m；

2）粗骨料粒径不大于 25mm 时，不宜超过 6m。

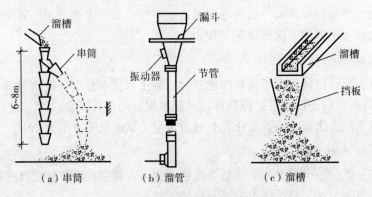

（a）串筒　　　　（b）溜管　　　　（c）溜槽

图 11-94　设置串筒、溜管、溜槽

（6）应在前层混凝土初凝之前，将次层混凝土浇筑完毕，否则应留置施工缝。

（7）混凝土宜分层浇筑，分层振捣。应使混凝土不再往上冒气泡，表面呈现浮浆和不再沉落时为止。当采用插入式振捣器时，应快插慢拔，移动间距不宜大于振捣器作用半径的1.4倍，与模板的距离不应大于其作用半径的0.5倍，振捣器插入下层混凝土内的深度应不小于50mm（见图11-95）。

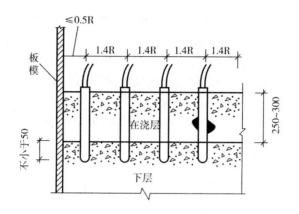

图 11-95　插入式振捣器的间距

（9）梁和板宜同时浇筑混凝土，有主次梁的楼板宜顺着次梁方向浇筑（见图11-96），单向板宜沿着板的长边方向浇筑（见图11-97）；拱和高度大于1m时的梁等结构，可单独浇筑混凝土。

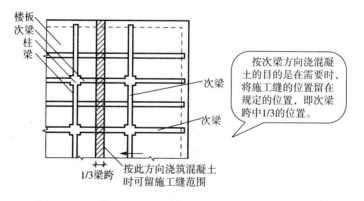

图 11-96　有主次梁的楼板宜顺着次梁方向浇筑混凝土

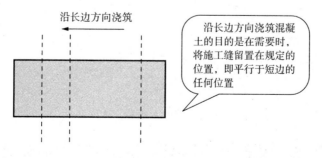

图 11-97　单向板宜沿着板的长边方向浇筑混凝土

(10) 混凝土浇筑后，在混凝土初凝前和终凝前宜分别对混凝土表面进行抹面处理。

**（六）施工缝**

(1) 施工缝的位置应在混凝土浇筑之前确定，并宜留置在结构受剪力较小且便于施工的部位。施工缝的留置位置应符合下列规定：

1）柱、墙水平施工缝可留设在基础、楼层结构顶面（见图11-98），柱施工缝与结构上表面的距离宜为0~100mm，墙施工缝与结构上表面的距离宜为0~300mm；

2）柱、墙水平施工缝也可留设在楼层结构底面，施工缝与结构下表面的距离宜为0~50mm；当板下有梁托时，可留设在梁托下0~20mm；

3）高度较大的柱、墙、梁以及厚度较大的基础可在其中部留设水平施工缝；

4）有主次梁的楼板垂直施工缝应留设在次梁跨度中间的1/3范围内（见图11-101）；

5）单向板施工缝应留设在平行于板短边的任何位置（见图11-99）；

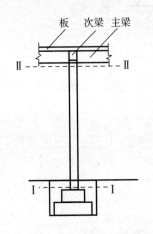
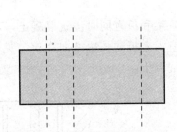

图11-98　柱施工缝留置位置　　　　　　图11-99　单向板施工方留设位置

6）楼梯梯段施工缝宜设置在梯段板跨度端部的1/3范围内（见图11-100）；

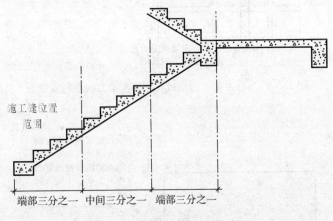

图11-100　楼梯梯段施工缝位置

7）墙的垂直施工缝宜设置在门洞口过梁跨中1/3范围内，也可留设在纵横交接处（见图11-102）；

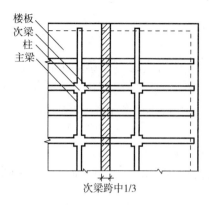

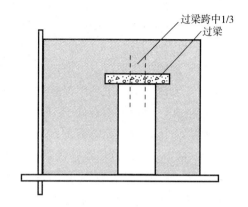

图 11-101　有主次梁的楼板施工缝留设位置　　　　　图 11-102　墙体施工缝留设位置

8）特殊结构部位留设水平或垂直施工缝应征得设计单位同意。

（2）在施工缝处继续浇筑混凝土时，应符合下列规定：

1）已浇筑的混凝土，其抗压强度不应小于 $1.2N/mm^2$；

2）在已硬化的混凝土表面上，应清除水泥薄膜和松动石子以及软弱混凝土层，并加以充分湿润和冲洗干净，且不得积水；

3）在浇筑混凝土前，宜先在施工缝处铺一层水泥浆或与混凝土内成分相同的水泥砂浆；

4）混凝土应细致捣实，使新旧混凝土紧密结合。

（七）后浇带的设置和处理

（1）后浇带通常根据设计要求留设，并保留一段时间（若设计无要求，则至少保留 28d）后再浇筑。

（2）后浇带应采取钢筋防锈或阻锈等保护措施。

（3）填充后浇带，可采用微膨胀混凝土，强度等级比原结构强度提高一级，并保持至少 14d 的湿润养护。

（八）混凝土的养护

（2）对已浇筑完毕的混凝土，应在混凝土终凝前（通常为混凝土浇筑完毕后 8～12h 内）开始进行自然养护。

（3）混凝土的养护时间，应符合下列规定：

1）采用硅酸盐水泥、普通硅酸盐水泥或矿渣硅酸盐水泥的混凝土，不应少于 7d；

2）采用缓凝剂、大掺量矿物掺合料配制的混凝土，不应少于 14d；

3）抗渗混凝土、强度等级 C60 及以上的混凝土，不应少于 14d；

4）后浇带混凝土的养护时间不应少于 14d。

（九）大体积混凝土施工

（1）大体积混凝土施工应编制施工组织设计或施工技术方案。

（2）温控指标宜符合下列规定：

1）混凝土在入模温度基础上的温升值不宜大于 50℃；

2）混凝土的里表温差不宜大于 25℃；

3）混凝土的降温速率不宜大于 2.0℃/d；

4）混凝土表面与大气温差不宜大于 20℃。

（4）配制大体积混凝土所用水泥应选用中、低热硅酸盐水泥或低热矿渣硅酸盐水泥。

（5）大体积混凝土采用混凝土 60d 或 90d 强度作为指标时，应将其作为混凝土配合比的设计依据。坍落度不宜低于 160mm。水胶比不宜大于 0.55；砂率宜为 38%～42%。

（7）大体积混凝土的施工：

1）宜采用整体分层连续浇筑施工或推移式连续浇筑施工；

2）大体积混凝土的浇筑厚度应根据所用振捣器的作用深度及混凝土的和易性确定，整体连续浇筑时宜为 300～500mm；

3）当层间间隔时间超过混凝土的初凝时间时，层面应按施工缝处理；

4）混凝土浇筑宜从低处开始，沿长边方向自一端向另一端进行；

5）混凝土宜采用二次振捣工艺。

（8）超长大体积混凝土施工，应选用下列方法控制结构不出现有害裂缝：

1）留置变形缝；

2）后浇带施工；

3）跳仓法施工：跳仓的最大分块尺寸不宜大于 40m，跳仓间隔施工的时间不宜小于 7d，跳仓接缝处按施工缝的要求设置和处理（见图 11-103）。

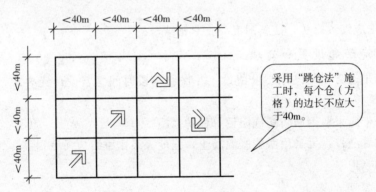

图 11-103　跳仓法施工

（9）大体积混凝土施工采取分层间歇浇筑混凝土时，水平施工缝的处理应符合下列规定：

1）清除浇筑表面的浮浆、软弱混凝土层及松动的石子，并均匀的露出粗骨料；

2）在上层混凝土浇筑前，应用压力水冲洗混凝土表面的污物，充分润湿，但不得有积水；

3）对非泵送及低流动度混凝土，在浇筑上层混凝土时，应采取接浆措施。

（10）大体积混凝土浇筑面应及时进行二次抹压处理。

（11）大体积混凝土应进行保温保湿养护。

保湿养护的持续时间不得少于 14d，保温覆盖层的拆除应分层逐步进行，当混凝土的表面温度与环境最大温差小于 20℃时，可全部拆除。

# 2A312032　砌体结构工程施工技术

## 一、砌筑砂浆

### （一）砂浆原材料要求

（1）水泥：应对其品种、等级、包装或散装仓号、出厂日期等进行检查，并应对其强度、安定性进行复验，水泥砂浆宜采用砌筑水泥，当采用其他品种水泥时，其强度等级不宜大于32.5级；水泥混合砂浆采用的水泥，其强度等级不宜大于42.5级。

（2）砂：宜用过筛中砂。

（3）水泥混合砂浆的生石灰、生石灰粉熟化为石灰膏，其熟化时间分别不得少于7d和2d。

（4）水：宜采用自来水。

### （二）砂浆配合比

（1）砌筑砂浆配合比应满足稠度、分层度和抗压强度的要求。

（3）砌筑砂浆的稠度通常为30～90mm；在粗糙多孔且吸水较大的块料或在干热条件下砌筑时，应选用较大稠度值的砂浆，反之应选用稠度值较小的砂浆。

（4）砌筑砂浆的分层度不得大于30mm，确保砂浆具有良好的保水性。

（5）施工中不应采用强度等级小于M5水泥砂浆替代同强度等级水泥混合砂浆，如需替代，应将水泥砂浆提高一个强度等级。

### （三）砂浆的拌制及使用

（3）现场拌制的砂浆应随拌随用，拌制的砂浆应在3h内使用完毕；当施工期间最高气温超过30℃时，应在2h内使用完毕。

### （四）砂浆强度

（1）由边长为7.07cm的正方体试件，经过28d标准养护，测得一组三块试件的抗压强度值来评定。

（2）每检验一批不超过250m³砌体的砌筑砂浆，每台搅拌机应至少抽验一次。

## 二、砖砌体工程

### （一）砌筑用砖

（2）烧结普通砖根据尺寸偏差、外观质量、泛霜和石灰爆裂的程度分为优等品、一等品、合格品三个质量等级。优等品适用于清水墙，一等品、合格品可用于混水墙。

（3）烧结普通砖的外形尺寸为：长240mm、宽115mm、高53mm。

### （二）砖砌体施工

（1）烧结普通砖、烧结多孔砖、蒸压灰砂砖、蒸压粉煤灰砖砌体时，砖应提前1～2d适度湿润，严禁采用干砖或处于吸水饱和状态的砖砌筑。

1）烧结类块体的相对含水率60%～70%；

2）混凝土多孔砖及混凝土实心砖不需浇水湿润，但在气候干燥炎热的情况下，宜在砌筑前对其喷水湿润。其他非烧结类块体的相对含水率40%～50%。

（2）砌筑方法有"三一"砌筑法、挤浆法（铺浆法）、刮浆法和满口灰法四种。通常宜采用"三一"砌筑法，即一铲灰、一块砖、一揉压的砌筑方法。当采用铺浆法砌筑时，铺浆长度不得超过750mm，施工期间气温超过30℃时，铺浆长度不得超过500mm。

（3）设置皮数杆：在砖砌体转角处、交接处应设置皮数杆，皮数杆间距不应大于15m。

（5）240mm厚承重墙的每层墙的最上一皮砖，砖砌体的阶台水平面上及挑出层的外皮砖，应整砖丁砌（见图11-104）。

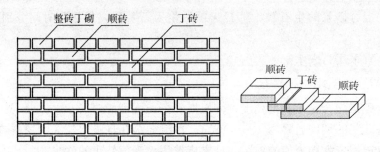

图11-104 承重墙的最上一皮砖应整砖丁砌

（6）弧拱式及平拱式过梁的灰缝应砌成楔形缝，拱底灰缝宽度不宜小于5mm，拱顶灰缝宽度不应大于15mm。

（7）砖过梁底部的模板及其支架拆除时，灰缝砂浆强度不应低于设计强度的75%。

（8）砖墙灰缝宽度宜为10mm，且不应小于8mm，也不应大于12mm（见图11-105）。砖墙的水平灰缝砂浆饱满度不得小于80%；垂直灰缝不得出现透明缝、瞎缝和假缝。

（9）在砖墙上留置临时施工洞口，其侧边离交接处墙面不应小于500mm，洞口净宽不应超过1m（见图11-106）。

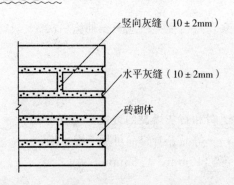

图11-105 砖砌体水平灰缝和竖向灰缝宽度

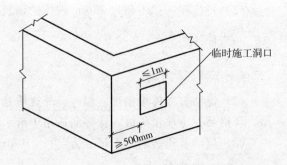

图11-106 临时施工洞口的位置

（10）不得在下列墙体或部位设置脚手眼：

1）120mm厚墙、清水墙、料石墙、独立柱和附墙柱（见图11-107）；

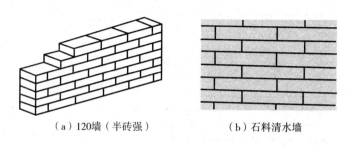

（a）120墙（半砖强）　　　　　（b）石料清水墙

图 11-107　120 墙、料石清水墙不得留脚手眼

2）过梁上与过梁成 60°角的三角形范围及过梁净跨度 1/2 的高度范围内（见图 11-108）；

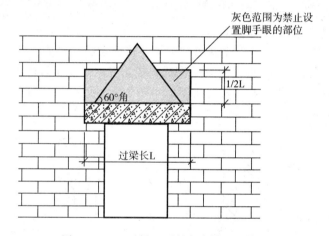

图 11-108　过梁上不得留脚手眼的范围

3）宽度小于 1m 的窗间墙；

4）门窗洞口两侧石砌体 300mm，其他砌体 200mm 范围内；转角处石砌体 600mm，其他砌体 450mm 范围内（见图 11-109）；

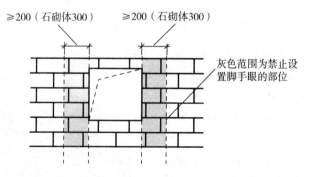

图 11-109　门窗洞口两侧不得留脚手眼的范围

5）梁或梁垫下及其左右 500mm 范围内（见图 11-110）；

6）设计不允许设置脚手眼的部位；

7）轻质墙体；

8）夹心复合墙外叶墙。

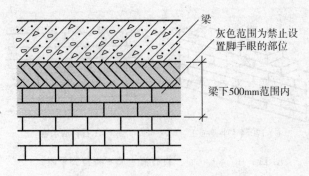

图 11 - 110　梁下不得留脚手眼的范围

（12）宽度超过300mm的洞口上部，应设置钢筋混凝土过梁。不应在截面长边小于500mm的承重墙体、独立柱内埋设管线。

（13）砖砌体的转角处和交接处应同时砌筑，抗震设防烈度为8度及以上地区，对不能同时砌筑而又必须留置的临时间断处应砌成斜槎，普通砖砌体斜槎水平投影长度不应小于高度的2/3，多孔砖砌体的斜槎长高比不应小于1/2（见图11 - 111）。斜槎高度不得超过一步脚手架的高度。

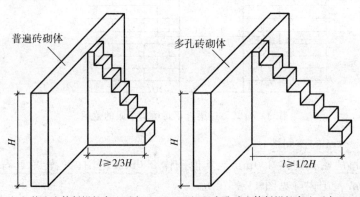

（a）普遍砌体斜槎长高比不小于2/3　　　（b）多孔砖砌体斜槎长高比不小于1/2

图 11 - 111　普通砖砌体、多孔砖砌体斜槎留置示意图

（14）非抗震设防及抗震设防烈度为6度、7度地区的临时间断处，当不能留斜槎时，除转角处外，可留直槎，但直槎必须做成凸槎，且应加设拉结钢筋。拉结钢筋应符合下列规定（见图11 - 112）：

1）每120mm墙厚放置1$\phi$6拉结钢筋（240mm厚墙放置2$\phi$6拉结钢筋）；

2）间距沿墙高不应超过500mm；

3）埋入长度每边均不应小于500mm，抗震设防烈度6度、7度地区，不应小于1000mm；

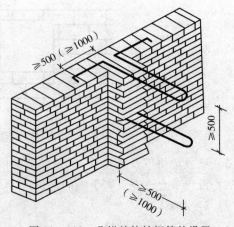

图 11 - 112　凸槎处拉结钢筋的设置

4）末端应有90°弯钩。

（15）设有钢筋混凝土构造柱的抗震多层砖房，应先绑扎钢筋，然后砌砖墙，最后浇筑混凝土。墙与柱应沿高度方向每500mm设2φ6拉筋（一砖墙），每边伸入墙内不应少于1m；构造柱应与圈梁连接；砖墙应砌成马牙槎，每一马牙槎沿高度方向的尺寸不超过300mm，马牙槎从每层柱脚开始，先退后进。

（16）相邻工作段的砌筑高度不得超过一个楼层高度，也不宜大于4m。

（17）砖砌体每日砌筑高度宜控制在1.5m或一步脚手架高度内。

**（三）砖柱**

（2）砖柱砌筑应保证砖柱外表面上下皮垂直灰缝相互错开1/4砖长，砖柱不得采用包心砌法（见图11-113）。

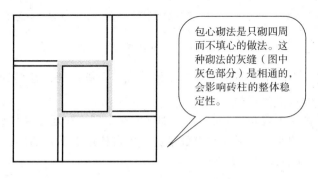

包心砌法是只砌四周而不填心的做法。这种砌法的灰缝（图中灰色部分）是相通的，会影响砖柱的整体稳定性。

图 11-113 包心砌法

**（四）砖垛（略）**

**（五）多孔砖**

多孔砖的孔洞应垂直于受压面砌筑（见图11-114）。

# 三、混凝土小型空心砌块砌体工程

（1）混凝土小型空心砌块分普通混凝土小型空心砌块和轻骨料混凝土小型空心砌块（简称小砌块）两种。

（2）施工采用的小砌块的产品龄期不应小于28d。

（3）普通混凝土小型空心砌块砌体，不需对小砌块浇水湿润；如遇天气干燥炎热，宜在砌筑前对其喷水湿润；对轻骨料混凝土小砌块，应提前浇水湿润，块体的相对含水率宜为40%～50%。

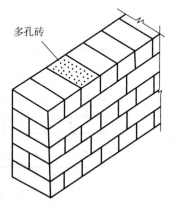

图 11-114 多孔砖的孔洞应
垂直于受压面砌筑

（5）小砌块应将生产时的底面朝上反砌于墙上。

（6）底层室内地面以下或防潮层以下的砌体，应采用强度等级不低于C20（或Cb20）的混凝土灌实小砌块的孔洞。

## 四、填充墙砌体工程

(1)填充墙砌体工程通常采用烧结空心砖、蒸压加气混凝土砌块、轻骨料混凝土小型空心砌块等（见图11-115）。

（a）烧结空心砖　　　　（b）蒸压加气混凝土砌块　　（c）轻骨料混凝土小型空心砌块

图11-115　填充墙体常用砌块

(2)轻骨料混凝土小型空心砌块和蒸压加气混凝土砌块的产品龄期不应小于28d，蒸压加气混凝土砌块的含水率宜小于30%。

(3)砌块堆置高度不宜超过2m。蒸压加气混凝土砌块在运输及堆放中应防止雨淋。

(5)加气混凝土砌块墙如无切实有效措施，不得使用于下列部位：

1）建筑物室内地面标高以下部位；

2）长期浸水或经常受干湿交替部位；

3）受化学环境侵蚀（如强酸、强碱）或高浓度二氧化碳等环境；

4）砌块表面经常处于80C以上的高温环境。

(6)在厨房、卫生间、浴室等处采用轻骨料混凝土小型空心砌块、蒸压加气混凝土砌块砌筑墙体时，墙底部宜现浇混凝土坎台，其高度宜为150mm（见图11-116）。

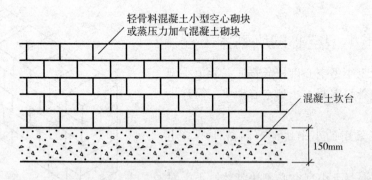

图11-116　厨房、卫生间、浴室轻质隔墙下部处理

(7)填充墙拉结筋处的下皮小砌块宜用盲孔小砌块或用混凝土灌实孔洞的小砌块。

(8)蒸压加气混凝土砌块、轻骨料混凝土小型空心砌块不应与其他块体混砌，不同强度等级的同类块体也不得混砌。

(9)加气混凝土墙上不得留设脚手眼。

(10)蒸压加气混凝土砌块搭砌长度不应小于砌块长度的1/3。轻骨料混凝土小型空心砌块搭砌长度不应小于90mm。竖向通缝不应大于2皮。

# 2A312033 钢结构工程施工技术

## 一、钢结构构件的制作加工（略）

## 二、钢结构构件的连接

钢结构的连接方法有焊接、普通螺栓连接、高强度螺栓连接和铆接。

（一）焊接

（1）按焊接的自动化程度分为：手工焊接、半自动焊接和全自动化焊接。

（3）被焊构件将不可避免地产生焊接应力和焊接变形，尽可能把焊接应力和焊接变形控制到最小。

（4）焊缝缺陷通常分为：裂纹、孔穴、固体夹杂、未熔合、未焊透、形状缺陷和其他缺陷（见图 11-117）。

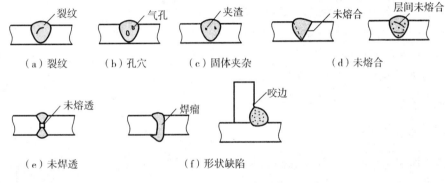

（a）裂纹　（b）孔穴　（c）固体夹杂　（d）未熔合

（e）未焊透　　　（f）形状缺陷

图 11-117　焊缝缺陷

1）裂纹：通常有热裂纹和冷裂纹之分。产生热裂纹的主要原因是：母材抗裂性能差、焊接材料质量不好、焊接工艺参数选择不当、焊接内应力过大等；

2）孔穴；

3）固体夹杂：有夹渣和夹钨两种缺陷。产生夹渣的主要原因是：焊接材料质量不好、焊接电流太小、焊接速度太快、熔渣密度太大、阻碍熔渣上浮、多层焊时熔渣未清除干净等；

4）未熔合、未焊透：产生的主要原因是：焊接电流太小、焊接速度太快、坡口角度间隙太小、操作技术不佳等；

5）形状缺陷：包括咬边、焊瘤、下塌、根部收缩、错边、角度偏差、焊缝超高、表面不规则等。

（二）螺栓连接

一般分为普通螺栓和高强度螺栓两种。

（1）普通螺栓：

2）制孔可采用钻孔、冲孔、铣孔、铰孔、镗孔和锪孔等方法，对直径较大或长形孔也可采用气割制孔。严禁气割扩孔。

实际加工时一般直径在 80mm 以上的圆孔，钻孔不能实现时可采用气割制孔。

（2）高强度螺栓：

1）高强度螺栓按连接形式通常分为：摩擦连接、张拉连接和承压连接等，其中摩擦连接最广泛；

2）高强度螺栓连接处的摩擦面的抗滑移系数必须满足设计要求；

5）安装环境气温不宜低于 −10℃。

（3）高强度螺栓长度应以螺栓连接副终拧后外露 2～3 扣丝为标准计算。

（4）普通螺栓的紧固次序应从中间开始，对称向两边进行。

（5）高强度大六角头螺栓连接副（见图 11-118）施拧可采用扭矩法或转角法。同一接头中，高强度螺栓连接副的初拧、复拧、终拧应在 24h 内完成。高强度螺栓连接副初拧、复拧和终拧的顺序原则上是从接头刚度较大的部位向约束较小的部位、从螺栓群中央向四周进行。

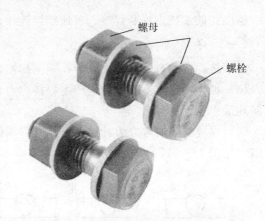

图 11-118　高强度大六角头螺栓连接副

（6）高强度螺栓和焊接并用的连接节点，宜按先螺栓紧固后焊接的施工顺序。

## 三、钢结构涂装

钢结构涂装工程通常分为防腐涂装和防火涂装两类。通常情况下，先进行防腐涂装，再进行防火涂装。

（一）防腐涂料涂装

（1）施工流程：基面处理→底漆涂装→中间漆涂装→面漆涂装→检查验收。

（3）防腐涂装可采用涂刷法、手工滚涂法、空气喷涂法和高压无气喷涂法。

（4）钢结构防腐涂装施工宜在钢构件组装和预拼装工程检验批的施工质量验收合格后进行。

（二）防火涂料涂装

（1）钢结构防火涂装施工应在钢结构安装工程和防腐涂装工程检验批施工质量验收合格后进行。

（2）防火涂料按涂层厚度可分 B、H 两类：

1）B 类：薄涂防火涂料，又称膨胀防火涂料，涂层厚度一般为 2～7mm，耐火极限可达 0.5～2h。

2）H 类：厚涂防火涂料，又称防火隔热涂料。涂层厚度一般为 8～50mm，耐火极限可达 0.5～3h。

（4）防火涂料施工可采用喷涂、抹涂或滚涂等方法。通常采用喷涂方法施涂。

（6）厚涂型防火涂料，在下列情况之一时，宜在涂层内设置与钢构件相连的钢丝网或其他相应的措施：

1）承受冲击、振动荷载的钢梁；

2）涂层厚度等于或大于 40mm 的钢梁和桁架；

3）涂料黏结强度小于或等于 0.05MPa 的钢构件；

4）钢板墙和腹板高度超过 1.5m 的钢梁（见图 11-119）。

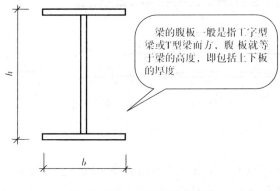

> 梁的腹板一般是指工字型梁或T型梁而方，腹板就等于梁的高度，即包括上下板的厚度

图 11-119　钢梁的腹板高度

# 2A312034　预应力混凝土工程施工技术

## 一、预应力混凝土的分类

分为先张法和后张法预应力混凝土。

（1）先张法特点：先张拉预应力筋后，再浇筑混凝土；预应力是靠预应力筋与混凝土之间的黏结力传递给混凝土，并使其产生预压应力（见图 11-120）。

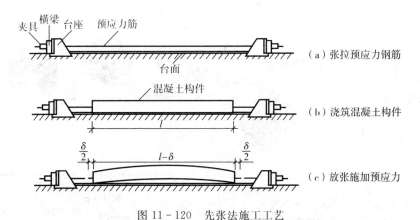

图 11-120　先张法施工工艺

（2）后张法特点：先浇筑混凝土，达到一定强度后，再在其上张拉预应力筋；预应力是靠锚具传递给混凝土，并使其产生预压应力。在后张法中，又可分为：有黏结预应力混凝土和无黏结预应力混凝土（见图 11-121）。

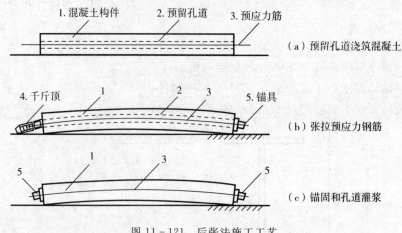

图 11-121 后张法施工工艺

## 二、预应力筋

(1) 按材料可分为：钢丝、钢绞线、钢筋、非金属预应力筋等。

(2) 金属类预应力筋下料应采用砂轮锯或切断机切断，不得采用电弧切割。

## 三、预应力筋用锚具、夹具和连接器

按锚固方式不同，可分为（见表 11-8）：

(1) 夹片式（单孔与多孔夹片锚具）。

(2) 支撑式（墩头锚具、螺母锚具等）。

(3) 锥塞式（钢质锥形锚具等）。

(4) 握裹式（挤压锚具、压花锚具等）。

表 11-8 锚具、夹具按锚固方式分类

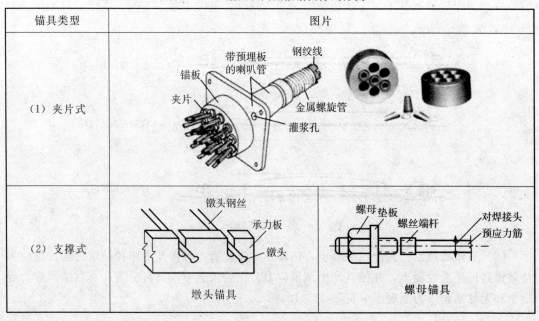

（续表）

| 锚具类型 | 图片 |
|---|---|
| （3）锥塞式 | 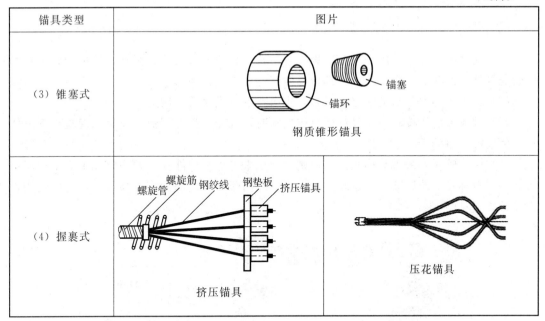 |
| （4）握裹式 | |

四、预应力筋用张拉设备

有液压张拉设备和电动简易张拉设备。常用的是液压张拉设备。

五、预应力筋的下料长度

计算时应考虑：构件孔道长度或台座长度、锚（夹）具厚度、千斤顶工作长度、墩头预留量、预应力筋外露长度等。

六、预应力损失

可分为：瞬间损失和长期损失。

（1）张拉阶段瞬间损失包括：孔道摩擦损失、锚固损失、弹性压缩损失等。

（2）张拉以后长期损失包括：预应力筋应力松弛损失和混凝土收缩徐变损失等。对先张法施工，有时还有热养护损失；对后张法施工，有时还有锚口摩擦损失、变角张拉损失等；对平卧重叠生产的构件，还有叠层摩阻损失等。

七、先张法预应力施工

（1）在先张法中，施加预应力宜采用一端张拉工艺，当采用单根张拉时，其张拉顺序宜由下向上，由中到边（对称）进行。全部张拉工作完毕，应立即浇筑混凝土。超过 24h 尚未浇筑混凝土时，必须对预应力筋进行再次检查。

（2）先张法预应力筋张拉后与设计位置的偏差不得大于 5mm，且不得大于构件界面短边边长的 4％。

（3）预应力筋放张时，当设计无要求时，混凝土强度不应低于设计的混凝土立方体抗压强度标准值的75%。

## 八、后张法预应力（有黏结）施工

（1）孔道的留设可采用预埋金属螺旋管留孔、预埋塑料波纹管留孔、抽拔钢管留孔和胶管充气抽芯留孔等方法。尚应合理留设灌浆孔、排气孔和泌水管。

（2）穿束可在混凝土浇筑之前进行，也可在混凝土浇筑之后进行。

（3）预应力筋张拉时，当设计无具体要求时，混凝土强度不低于设计的混凝土立方体抗压强度标准值的75%。

（4）张拉顺序：采用对称张拉的原则。对于平卧重叠构件张拉顺序宜先上后下逐层进行，每层对称张拉的原则，为了减少因上下层之间摩擦引起的预应力损失，可逐层适当加大张拉力（见图11-122）。

对于平卧重叠构件，张拉顺序宜先上后下逐层进行，应逐层适当加大张拉力。

图11-122　平卧重叠构件

（6）预应力筋的张拉以控制张拉力值为主，以预应力筋张拉伸长值作校核。对后张法，断裂或滑脱的预应力筋数量严禁超过同一截面预应力筋总数的3%，且每束钢丝不得超过一根。

（7）预应力筋张拉完毕后应及时进行孔道灌浆（见图11-123）。

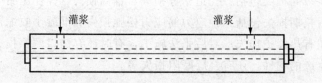

灌浆　　　　　　　　灌浆

图11-123　预应力筋张拉完毕后进行孔道灌浆

## 九、无黏结预应力施工

特点是不需预留孔道和灌浆，施工简单等。

# 第四节　防水工程施工技术

## （2A312040）

## 2A312041　屋面与室内防水工程施工技术

## 一、屋面防水工程施工技术

### （一）屋面防水等级和设防要求（见表11-9）

表 11-9　屋面防水等级和设防要求

| 防水等级 | 建筑类别 | 设防要求 |
|---|---|---|
| Ⅰ级 | 重要建筑和高层 | 两道防水设防 |
| Ⅱ级 | 一般建筑 | 一道防水设防 |

### （二）防水材料选择的基本原则

（2）上人屋面，应选用耐霉变、拉伸强度高的防水材料。

（3）长期处于潮湿环境的屋面，应选用耐腐蚀、耐霉变、耐穿刺、耐长期水浸等性能的防水材料。

（4）薄壳、装配式结构、钢结构及大跨度建筑屋面，应选用耐候性好、适应变形能力强的防水材料。

（5）倒置式屋面（见图11-124）应选用适应变形能力强、接缝密封保证率高的防水材料。

（6）坡屋面应选用与基层黏结力强、感温性小的防水材料。

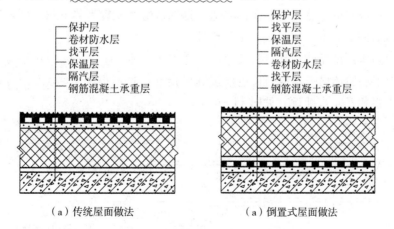

（a）传统屋面做法　　　　　　　（a）倒置式屋面做法

图 11-124　传统屋面与倒置式屋面做法

## （三）屋面防水基本要求

（1）以防为主，以排为辅。

混凝土结构层宜采用结构找坡，坡度不应小于 3%；当采用材料找坡时，坡度宜为 2%（见图 11-125）。找坡层最薄处厚度不宜小于 20mm。

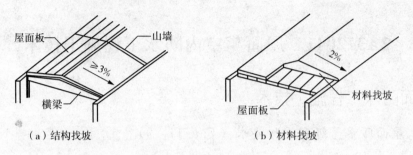

图 11-125　屋面找坡形式

（2）保温层上的找平层应在水泥初凝前压实抹平，并应留设分格缝，缝宽宜为 5～20mm，纵横缝的间距不宜大于 6m（见图 11-126）。养护时间不得少于 7d。卷材防水层的基层与突出屋面结构的交接处，以及基层的转角处，找平层均应做成圆弧形。

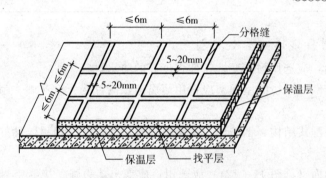

图 11-126　找平层设置分隔缝

（3）严寒和寒冷地区屋面热桥部位，应采取节能保温等隔断热桥措施。

（4）找平层设置的分格缝可兼作排汽道，排汽道的宽度宜为 40mm；排汽道纵横间距宜为 6m，屋面面积每 36m² 宜设置一个排汽孔。

（5）涂膜防水层的胎体增强材料长边搭接宽度不应小于 50mm，短边搭接宽度不应小于 70mm；上下层胎体增强材料的长边搭接缝应错开，且不得小于幅宽的 1/3；上下层胎体增强材料不得相互垂直铺设（见图 11-127）。

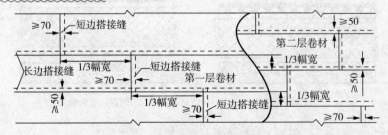

图 11-127　屋面涂膜防水层的胎体增强材料铺贴要求

**（四）卷材防水层屋面施工**

（1）卷材防水层铺贴顺序和方向应符合下列规定：

1）应先进行细部构造处理，然后由屋面最低标高向上铺贴（见图 11-128）；

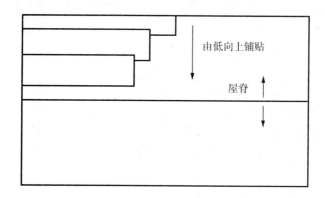

图 11-128　屋面卷材铺贴由最低标高向上铺贴

2）檐沟、天沟卷材施工时，宜顺檐沟、天沟方向铺贴，搭接缝应顺流水方向；

3）卷材宜平行屋脊铺贴，上下层卷材不得相互垂直铺贴。

（2）立面或大坡面铺贴卷材时，应采用满粘法，并宜减少卷材短边搭接。

（3）卷材搭接缝应符合下列规定：

1）平行屋脊的搭接缝应顺流水方向；

2）同一层相邻两幅卷材短边搭接缝错开不应小于 500mm；

3）上下层卷材长边搭接缝应错开，且不应小于幅宽的 1/3；

4）在天沟与屋面的交接处，接缝宜留在屋面与天沟侧面，不宜留在沟底。

（5）热粘法铺贴卷材应符合下列规定：

1）熔化热熔型改性沥青胶结料时，加热温度不应高于 200℃，使用温度不宜低于 180℃。

（6）厚度小于 3mm 的高聚物改性沥青防水卷材，严禁采用热熔法施工（见图 11-129）。

（7）机械固定法铺贴卷材应符合下列规定：

2）固定件间距应不宜大于 600mm；

3）卷材防水层周边 800mm 范围内应满粘。

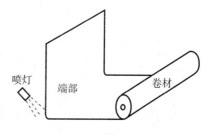

图 11-129　卷材热熔法铺贴

**（五）涂膜防水层屋面施工**

（1）当采用溶剂型、热熔型和反应固化型防水涂料时，基层应干燥。

（3）涂膜防水层施工工艺应符合下列规定：

1）水乳型及溶剂型防水涂料宜选用滚涂或喷涂施工；

2）反应固化型防水涂料宜选用刮涂或喷涂施工；

3）热熔型防水涂料宜选用刮涂施工；

4）聚合物水泥防水涂料宜选用刮涂法施工；

5）所有防水涂料用于细部构造时，宜选用刷涂或喷涂施工（见图 11 - 130）。

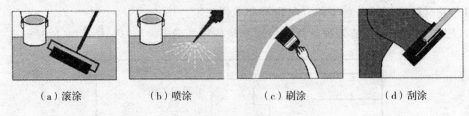

（a）滚涂　　　　（b）喷涂　　　　（c）刷涂　　　　（d）刮涂

图 11 - 130　涂膜施工的形式

### （六）保护层和隔离层施工

（2）块体材料保护层铺设应符合下列规定：

1）在砂结合层上铺设块体时，块体间应预留 10mm 的缝隙，缝内应填砂，并应用 1∶2 水泥砂浆勾缝；

2）在水泥砂浆结合层上铺设块体时，应先在防水层上做隔离层，块体间应预留 10mm 的缝隙，缝内应用 1∶2 水泥砂浆勾缝（见图 11 - 131）。

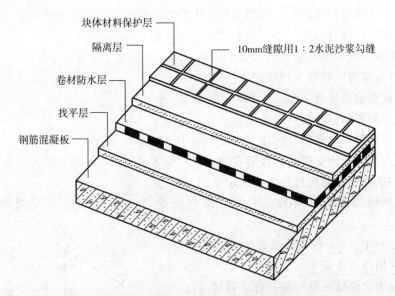

图 11 - 131　在水泥砂浆结合层上铺设块体材料保护层

（3）水泥砂浆及细石混凝土保护层铺设应符合下列规定：

1）水泥砂浆及细石混凝土保护层铺设前，应在防水层上做隔离层。

### （七）檐口、檐沟、天沟、水落口等细部的施工

（1）卷材防水屋面檐口800mm 范围内的卷材应满粘。

（2）檐沟和天沟的防水层下应增设附加层，附加层伸入屋面的宽度不应小于 250mm；女儿墙泛水处的防水层下应增设附加层，附加层在平面和立面的宽度均不应小于 250mm（见图 11 - 132）。

（3）水落口周围直径 500mm 范围内坡度不应小于 5%，防水层下应增设涂膜附加层；防水层和附加层伸入水落口杯内不应小于 50mm。

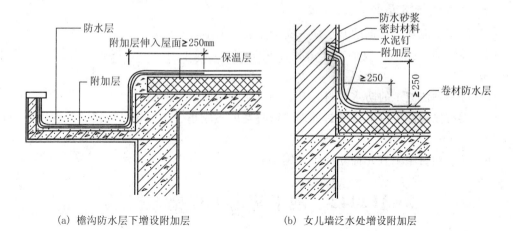

(a) 檐沟防水层下增设附加层　　(b) 女儿墙泛水处增设附加层

图 11－132　檐沟、女儿墙防水层下增设附加层

# 二、室内防水工程施工技术

## （一）施工流程

防水材料进场复试→技术交底→清理基层→结合层→细部附加层→防水层→试水试验。

## （二）防水混凝土施工

（1）防水混凝土必须按配合比准确配料。当坍落度损失后应加入原水灰比的水泥浆或二次掺加减水剂进行搅拌，严禁直接加水。

（2）防水混凝土应采用高频机械分层振捣密实，振捣时间宜为 $10\sim30s$。

（3）防水混凝土应连续浇筑，少留施工缝。当留设施工缝时，宜留置在受剪力较小处，墙体水平施工缝应留在高出楼板表面不小于 300mm 的墙体上。

（4）防水混凝土养护时间不得少于 14d。

（5）防水混凝土冬期施工时，其入模温度不应低于 5℃。

## （三）防水水泥砂浆施工

（2）防水砂浆每层宜连续施工。当需留茬时，上下层接茬位置应错开 150mm 以上，离转角 250mm 内不得留接茬。

（3）防水砂浆施工，环境温度不应低于 5℃。养护温度不应低于 5℃，养护时间不应小 14d。

（4）聚合物水泥防水砂浆未达到硬化状态时，不得浇水养护或直接受水冲刷，硬化后应采用干湿交替的养护方法。

## （四）涂膜防水层施工

（2）施工环境温度：溶剂型涂料宜为 $0\sim35℃$，水乳型涂料宜为 $5\sim35℃$。

（5）铺贴胎体增强材料长短边搭接不应小于 50mm，相邻短边接头应错开不小于 500mm。

（五）卷材防水层施工

（1）采用水泥基胶粘剂的基层应先充分湿润，但不得有明水。

（2）卷材铺贴施工环境温度：采用冷粘法施工不应低于5℃，热熔法施工不应低于－10℃。

（3）以粘贴法施工的防水卷材，其与基层应采用满粘法铺贴。

（5）卷材接缝部位应进行密封处理，密封宽度不应小于10mm。搭接缝位置距阴阳角应大于300mm。

（6）防水卷材施工宜先铺立面，后铺平面。

## 2A312042　地下防水工程施工技术

### 一、地下防水工程的一般要求

（1）地下工程的防水等级分为四级。防水混凝土的环境温度不得高于80℃。

（3）地下防水工程必须由有相应资质的专业防水队伍进行施工，主要施工人员应持有执业资格证书。

### 二、防水混凝土施工

（1）防水混凝土可通过调整配合比，或掺加外加剂、掺合料等措施配制而成，其抗渗等级不得小于P6。其试配混凝土的抗渗等级应比设计要求提高0.2MPa。

（2）品种宜采用硅酸盐水泥、普通硅酸盐水泥，最大粒径不宜大于40mm。

（3）防水混凝土胶凝材料总用量不宜小于320kg/m³，在满足抗渗等级、强度等级和耐久性条件下，水泥用量不宜小于260kg/m³；砂率宜为35%～40%，水胶比不得大于0.50，有侵蚀性介质时水胶比不宜大于0.45；入泵坍落度宜控制在120～160mm，掺引气剂或引气型减水剂时含气量应控制在3%～5%；预拌混凝土的初凝时间宜为6～8h。

（5）防水混凝土应分层连续浇筑，分层厚度不得大于500mm。

（6）防水混凝土应连续浇筑，宜少留施工缝。当留设施工缝时，应符合下列规定：

1）墙体水平施工缝不应留在剪力最大处或底板与侧墙的交接处，应留在高出底板表面不小于300mm的墙体上。拱（板）墙结合的水平施工缝，宜留在拱（板）墙接缝线以下150～300mm处（见图11-133）。墙体有预留孔洞时，施工缝距孔洞边缘不应小于300mm；

2）垂直施工缝应避开地下水和裂隙水较多的地段，并宜与变形缝相结合。

（8）大体积防水混凝土的规定：

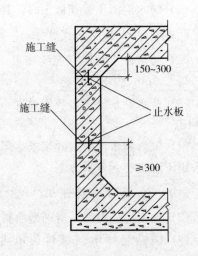

图11-133　墙体水平施工缝留设位置

1）宜选用水化热低和凝结时间长的水泥，宜掺入减水剂、缓凝剂等外加剂和粉煤灰、磨细矿渣粉等掺合料；

2）掺粉煤灰混凝土设计强度等级的龄期宜为 60d 或 90d；

3）炎热季节施工时，入模温度不应大于 30℃；

4）混凝土中心温度与表面温度的差值不应大于 25℃，表面温度与大气温度的差值不应大于 20℃；

5）养护时间不得少于 14d。

## 三、水泥砂浆防水层施工

（2）水泥砂浆防水层可用于地下工程主体结构的迎水面或背水面，不应用于受持续振动或温度高于 80℃ 的地下工程防水。

（3）聚合物水泥防水厚度单层施工宜为 6～8mm，双层施工宜为 10～12mm；掺外加剂或掺合料的水泥防水砂浆厚度宜为 18～20mm。

（4）水泥砂浆应使用硅酸盐水泥、普通硅酸盐水泥或特种水泥。砂宜采用中砂，含泥量不应大于 1%。

（8）水泥砂浆防水层必须留设施工缝时，应采用阶梯坡形槎（见图 11-134），但离阴阳角处的距离不得小于 200mm。

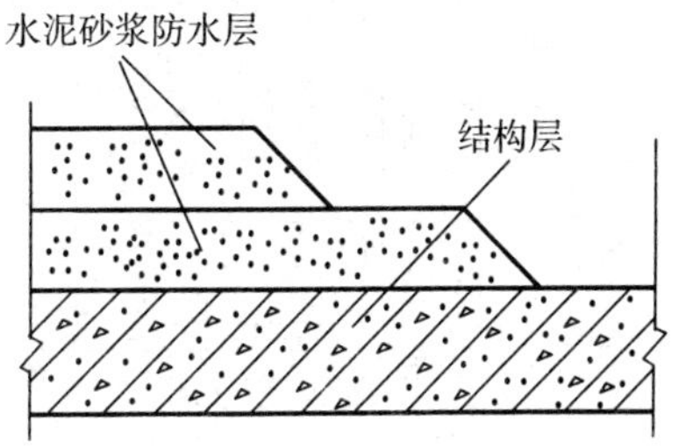

（9）水泥砂浆防水层不得在雨天、五级及以上大风中施工。冬期施工时，气温不应低于 5℃。夏季不宜在 30℃ 以上或烈日照射下施工。

（10）养护温度不宜低于 5℃，养护时间不得少于 14d。

图 11-134　水泥砂浆防水层施工缝采用阶梯坡形槎

## 四、卷材防水层施工

（1）卷材防水层宜用于经常处于地下水环境，且受侵蚀介质作用或受震动作用的地下工程。

（2）铺贴卷材严禁在雨天、雪天、五级及以上大风中施工；冷粘法、自粘法施工的环境气温不宜低于 5℃，热熔法、焊接法施工的环境气温不宜低于 -10℃。

（3）卷材防水层应铺设在混凝土结构的迎水面上。

（4）当基面潮湿时，应涂刷湿固化型胶粘剂或潮湿界面隔离剂。

（5）如设计无要求时，阴阳角等特殊部位铺设的卷材加强层宽度宜为 300～500mm（见图 11-135）。

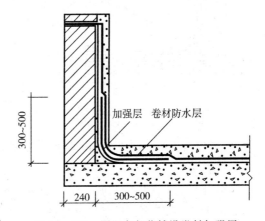

图 11-135　阴阳角部位铺设卷材加强层

（6）结构底板垫层混凝土部位的卷材可采用空铺法或点粘法施工，侧墙采用外防外贴法的卷材及顶板部位的卷材应采用满粘法施工。

（7）铺贴双层卷材时，上下两层和相邻两幅卷材的接缝应错开 1/3～1/2 幅宽，且两层卷材不得相互垂直铺贴。

（9）采用外防外贴法铺贴卷材防水层时（见图 11-136），应符合下列规定：

1）先铺平面，后铺立面，交接处应交叉搭接；

2）临时性保护墙宜采用石灰砂浆砌筑；

3）从底面折向立面的卷材与永久性保护墙的接触部位，应采用空铺法施工；

4）卷材接槎的搭接长度，高聚物改性沥青类卷材应为 150mm，合成高分子类卷材应为 100mm。

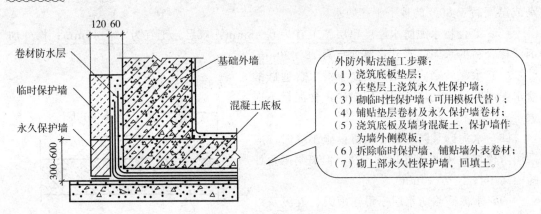

图 11-136 外防外贴法施工示意图

（10）采用外防内贴法铺贴卷材防水层时（见图 11-137），应符合下列规定：

2）卷材宜先铺立面，后铺平面。

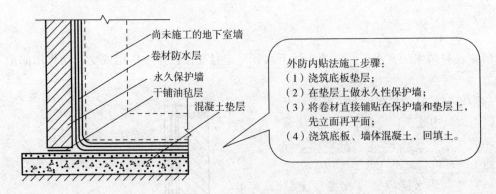

图 11-137 外防内贴法施工示意图

（11）顶板卷材防水层上的细石混凝土保护层采用人工回填土时厚度不宜小于 50mm，采用机械碾压回填土时厚度不宜小于 70mm，防水层与保护层之间宜设隔离层。底板卷材防水层上细石混凝土保护层厚度不应小于 50mm。侧墙卷材防水层宜采用软质保护材料或铺抹 20mm 厚 1：2.5 水泥砂浆层（见图 11-138）。

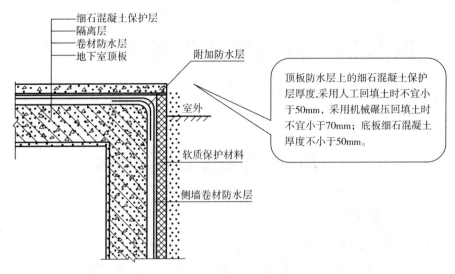

图 11-138 地下室顶板卷材防水保护层做法

# 五、涂料防水层施工

（1）无机防水涂料宜用于结构主体的背水面，有机防水涂料宜用于主体结构的迎水面，用于背水面的有机防水涂料应具有较高的抗渗性，且与基层有较好的黏结性。

（2）涂料防水层严禁在雨天、雾天、五级及以上大风时施工，不得在施工环境温度低于5℃；及高于35℃或烈日暴晒时施工。

（3）有机防水涂料基层表面应基本干燥，在底板转角部位应增加胎体增强材料，并应增涂防水涂料。

（4）防水涂料涂刷应等待前遍涂层干燥成膜后进行，每遍涂刷时应交替改变涂层的涂刷方向，同层涂膜的先后搭压宽度宜为30~50mm。甩槎处接缝宽度不应小于100mm。

（5）采用有机防水涂料时，胎体增强材料的搭接宽度不应小于100mm，上下两层和相邻两幅胎体的接缝应错开1/3幅宽，且上下两层胎体不得相互垂直铺贴（见图11-139）。

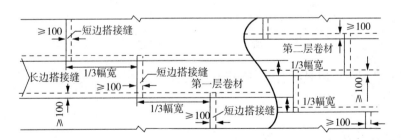

图 11-139 地下涂膜防水层的胎体增强材料铺贴要求

（6）涂料防水层完应及时做保护层。底板、顶板应采用20mm厚1:2.5水泥砂浆层和40~50mm厚的细石混凝土保护层，防水层与保护层之间宜设置隔离层。侧墙背水面保护层应采用20mm厚1:2.5水泥砂浆。侧墙迎水面保护层宜选用软质保护材料或20mm厚1:2.5水泥砂浆。

# 第五节　装饰装修工程施工技术

## （2A312050）

## 2A312051　吊顶工程施工技术

### 一、吊顶工程施工技术要求

（2）吊顶工程的木吊杆、木龙骨和木饰面板必须进行防火处理。

（3）吊顶工程中的预埋件、钢筋吊杆和型钢吊杆应进行防锈处理。

（5）吊杆距主龙骨端部的距离不应大于300mm。吊杆间距和主龙骨间距不应大于1200mm，当吊杆长度大于1.5m时，应设置反支撑（见图11-140）。

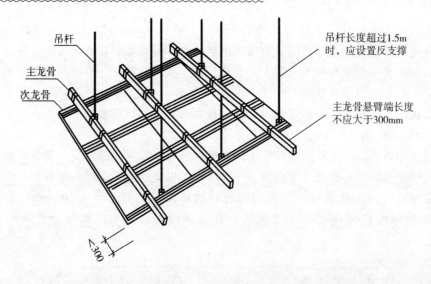

图11-140　吊顶的构造

（6）当石膏板吊顶面积大于100m²时，纵横方向每12～18m距离处宜做伸缩缝处理。

### 三、施工方法

（一）测量放线

（2）画龙骨分档线：主龙骨宜平行房间长向布置，分档位置线从吊顶中心向两边分，间距不宜大于1200mm。

（二）吊杆安装

（1）不上人的吊顶，吊杆可以采用φ6的吊杆；上人的吊顶，吊杆可以采用φ8吊杆；大于1500mm时，还应设置反向支撑。

（3）重型灯具、电扇及其他重型设备严禁安装在吊顶工程的龙骨上，必须增设附加吊杆。

（三）龙骨安装

**1. 安装边龙骨**

边龙骨用射钉固定，射钉间距应不大于吊顶次龙骨的间距。

**2. 安装主龙骨**

（1）主龙骨应吊挂在吊杆上。

（2）跨度大于 15m 的吊顶，应在主龙骨上每隔 15m 加一道大龙骨，并垂直主龙骨焊接牢固。

**3. 安装次龙骨**

次龙骨间距宜为 300～600mm，在潮湿地区和场所间距宜为 300～400mm（见图 11 - 141）。

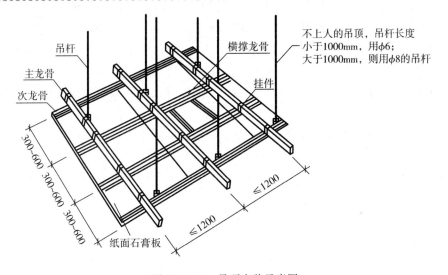

图 11 - 141　吊顶安装示意图

（四）饰面板安装

**1. 明龙骨吊顶饰面板安装**

安装方法有：搁置法、嵌入法、卡固法等。

**2. 暗龙骨吊顶饰面板安装**

安装方法有：钉固法、粘贴法、嵌入法、卡固法等。

# 四、吊顶工程应对下列隐蔽工程项目进行验收

（1）吊顶内管道、设备的安装及水管试压，风管的避光试验。

（2）木龙骨防火、防腐处理。

（3）预埋件或拉结筋。

（4）吊杆安装。

（5）龙骨安装。

（6）填充材料的设置。

# 2A312052　轻质隔墙工程施工技术

分为板材隔墙、骨架隔墙、活动隔墙、玻璃隔墙。

## 一、板材隔墙

板材隔墙不需设置隔墙龙骨，由隔墙板材自承重。

（1）在限高以内安装条板隔墙时，竖向接板不宜超过一次，相邻条板接头位置应错开300mm以上。

（2）采用单层条板做分户墙时，其厚度不应小于120mm。做户内卧室间隔墙时，其厚度不宜小于90mm。

（3）条板隔墙与顶板、结构梁的接缝处，钢卡间距应不大于600mm。条板隔墙与主体墙、柱的接缝处，钢卡可间断布置，间距应不大于1m，每块条板钢卡不少于2个。

（4）在抗震设防地区，条板隔墙安装长度超过6m，应设计构造柱并采取加固、防裂处理措施。

（5）在既有建筑改造工程中，条板隔墙与地面接缝处应间断布置抗震钢卡，间距应不大于1m。

（8）普通石膏条板隔墙及其他有防水要求的条板隔墙用于潮湿环境时，下端应做混凝土条形墙垫，墙垫高度不应小于100mm。

（10）采用空心条板做门、窗框板时，距板边120～150mm内不得有空心孔洞。

### （二）施工方法

（2）组装顺序：当有门洞口时，应从门洞口处向两侧依次进行；当无洞口时，应从一端向另一端顺序安装。

（3）配板：板的长度应按楼层结构净高尺寸减20mm。

（4）安装隔墙板：安装方法主要有刚性连接和柔性连接。刚性连接适用于非抗震设防，柔性连接适用于抗震设防区。

## 二、骨架隔墙

骨架隔墙是指在隔墙龙骨两侧安装墙面板以形成墙体的轻质隔墙。

### （二）施工方法

**2. 龙骨安装**

（1）沿弹线位置固定沿顶和沿地龙骨，固定点间距应不大于1000mm，安装竖向龙骨，间距300～400mm。

**3. 饰面板安装**

（2）石膏板安装：

2）石膏板应竖向铺设，长边接缝应落在竖向龙骨上。双层石膏板安装时两层板的接缝不应在同一根龙骨上；需进行隔声、保温、防火处理的应根据设计要求在一侧板安装好后，进行隔声、保温、防火材料的填充，再封闭另一侧板；

3）石膏板应采用自攻螺钉固定。周边螺钉的间距不应大于 200mm，中间部分螺钉的间距不应大于 300mm，螺钉与板边缘的距离应为 10～15mm（见图 11－142）。安装石膏板时，应从板的中部开始向板的四边固定；

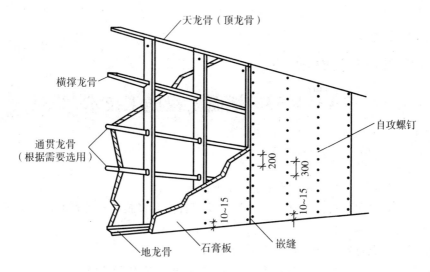

图 11－142　轻钢龙骨纸面石膏板安装示意图

4）隔墙端部的石膏板与周围的墙、柱应留有 3mm 的槽口，槽口处加注嵌缝膏，石膏板的接缝缝隙宜为 3～6mm；

5）接缝处理：轻质隔墙与顶棚和其他墙体的交接处应采取防开裂措施。设计无要求时，板缝处粘贴 50～60mm 宽的纤维布带，阴阳角处粘贴 200mm 宽纤维布（每边各100mm 宽），并用石膏腻子刮平，总厚度应控制在 3mm 内；

6）防腐处理：接触砖、石、混凝土的龙骨、埋置的木楔和金属型材应作防腐处理；

7）踢脚处理：当轻质隔墙下端用木踢脚覆盖时，饰面板应与地面留有 20～30mm 缝隙；当用大理石、瓷砖、水磨石等做踢脚板时，饰面板下端应与踢脚板上口齐平（见图11－143）。

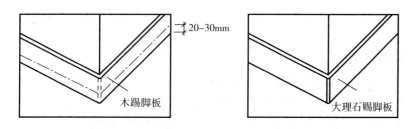

图 11－143　轻质隔墙下端的踢脚处理

# 三、活动隔墙（略）

# 四、玻璃隔墙

分为玻璃砖隔墙工程、玻璃板隔墙工程。

（一）玻璃砖隔墙

**2. 施工方法**

（1）玻璃砖砌体宜采用十字缝立砖砌法。

（2）玻璃砖墙宜以 1.5m 高为一个施工段。

（二）玻璃板隔墙

玻璃板隔墙应使用安全玻璃。

# 2A312053　地面工程施工技术

## 一、地面工程施工技术要求

（6）地面工程施工时，环境温度控制如下：

1）采用掺有水泥、石灰的拌合料铺设以及用石油沥青胶结料铺贴时，不应低于 5℃；

2）采用有机胶粘剂粘贴时，不宜低于 10℃；

3）采用砂、石材料铺设时，不应低于 0℃；

4）采用自流平、涂料铺设时，不应低于 5℃，也不应高于 30℃。

## 二、施工工艺

（一）整体面层地面施工工艺流程

**1. 混凝土、水泥砂浆、水磨石地面**

**2. 自流平地面**

清理基层→抄平设置控制点→设置分段条→涂刷界面剂→滚涂底层→批涂批刮层→研磨清洁批补层→漫涂面层→养护（保护成品）

（二）板、块面层施工工艺流程（略）

（三）木、竹面层施工工艺流程（略）

## 三、施工方法

（一）厚度控制

（1）水泥混凝土垫层的厚度不应小于 60mm。

（2）水泥砂浆面层的厚度不应小于 20mm。

（3）水磨石面层厚度，宜为 12～18mm，且按石粒粒径确定。

（4）水泥钢（铁）屑面层铺设时的水泥砂浆结合层厚度宜为 20mm。

（5）防油渗面层采用防油渗涂料时，涂层厚度宜为 5～7mm。

（二）变形缝设置

（1）建筑地面的沉降缝、伸缩缝和防震缝，应与结构相应缝的位置一致，且应贯通地面的各构造层。

（3）室内地面的水泥混凝土垫层，应设置纵向缩缝和横向缩缝；纵向缩缝间距不得大于 6m，横向缩缝不得大于 12m。

（4）水泥混凝土散水、明沟，应设置伸缩缝，其间距不得大于 10m；水泥混凝土散水、明沟和台阶等与建筑物连接处应设缝处理。缝宽度为 15～20mm，缝内填嵌柔性密封材料（见图 11-144）。

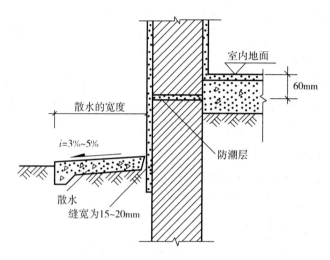

图 11-144 散水与建筑物连接处设缝处理

（5）地板铺设要求：

1）为防止实木地板面层、竹地板面层整体产生线膨胀效应，木搁栅应垫实钉牢，木搁栅与墙之间留出 30mm 的缝隙；

2）毛地板木材髓心应向上，其板间缝隙不应大于 3mm，与墙之间留出 8～12mm 的缝隙；

3）实木地板面层、竹地板面层铺设时，面板与墙之间留 8～12mm 缝隙（见图 11-145）；

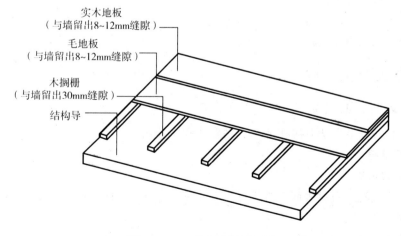

图 11-145 竹、木地板安装

4）实木复合地板面层铺设时，相邻板材接头位置应错开不小于 300mm 距离，与墙之间应留不小于 10mm 空隙；

5）中密度（强化）复合地板面层铺设时，相邻条板端头应错开不小于 300mm 距离，垫层及面层与墙之间应留有不小于 100mm 空隙。

**（三）防水处理**

（3）厕浴间和有防水要求的地面必须设置防水隔离层。楼层结构必须采用现浇混凝土或整块预制混凝土板，混凝土强度等级不应小于 C20；楼板四周除门洞外应做混凝土翻边，高度不应小于 200mm。

**（四）防爆处理**

不发火（防爆的）面层面层分格的嵌条应采用不发生火花的材料配制。

**（五）天然石材防碱背涂处理**

采用传统的湿作业铺设天然石材，由于水泥砂浆在水化时析出大量的氢氧化钙，透过石材孔隙泛到石材表面，产生不规则的花斑，俗称泛碱现象。因此，在大理石、花岗岩面层铺设前，应对石材背面和侧面进行防碱处理。

**（六）楼梯踏步的处理**

楼梯相邻踏步高度差不应大于 10mm；每踏步两端宽度差不应大于 10mm，旋转楼梯梯段的每踏步两端宽度差不应大于 5mm。

**（七）成品保护**

（1）整体面层施工后，养护时间不应小于 7d；抗压强度应达到 5MPa 后，方准上人行走；抗压强度应达到设计要求后，方可正常使用。

# 2A312054 饰面板（砖）工程施工技术

饰面板安装工程是指内墙饰面板安装工程和高度不大于 24m、抗震设防烈度不大于 7 度的外墙饰面板安装工程。

饰面砖工程是指内墙饰面砖和高度不大于 100m、抗震设防烈度不大于 8 度、满粘法施工方法的外墙饰面砖工程。

## 一、饰面板安装工程

**（一）石材饰面板安装**

石材饰面板安装方法有湿作业法、粘贴法和干挂法。

**1. 工艺流程**

**2. 施工方法**

石材表面处理。石材表面充分干燥（含水率小于 8%）的情况下用石材防护剂进行防碱背涂处理。

（6）灌浆。灌注砂浆宜用 1：2.5 水泥砂浆，灌注时应分层进行，每层灌注高度宜为 150～200mm，且不超过板高的 1/3，插捣应密实。待其初凝后方可灌注上层水泥砂浆（见图 11-146）。

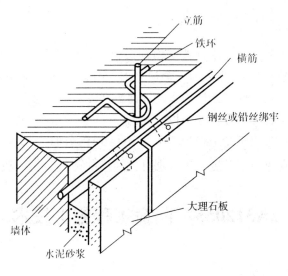

图 11 - 116　石材湿贴施工工艺

## 二、饰面砖粘贴工程

### （一）工艺流程

### （二）施工方法

饰面砖粘贴排列方式主要有"对缝排列"和"错缝排列"两种。

**2. 墙、柱面砖粘贴**

（1）墙、柱面砖粘贴前应进行挑选，并应浸水 2h 以上。

（2）非整砖应排放在次要部位或阴角处。每面墙不宜有两列（行）以上非整砖，非整砖宽度不宜小于整砖的 1/3。

（4）结合层砂浆宜采用 1∶2 水泥砂浆，砂浆厚度宜为 6～10mm。一面墙、柱不宜一次粘贴到顶，以防塌落。

## 三、饰面板（砖）工程

应对下列材料及其性能指标进行复验：

（1）室内用花岗石的放射性；

（2）粘贴用水泥的凝结时间、安定性和抗压强度；

（3）外墙陶瓷面砖的吸水率；

（4）寒冷地区外墙陶瓷面砖的抗冻性。

## 四、饰面板（砖）工程

应对下列隐蔽工程项目进行验收：

（1）预埋件（或后置埋件）。

（2）连接节点。

（3）防水层。

## 五、检验批的划分和抽检数量

（1）相同材料、工艺和施工条件的室内饰面板（砖）工程每 50 间（大面积房间和走廊按施工面积 30m² 为一间）应划分为一个检验批，不足 50 间也应划分为一个检验批。

（2）相同材料、工艺和施工条件的室外饰面板（砖）工程每 500～1000m² 应划分为一个检验批，不足 500m² 也应划分为一个检验批。

（3）室内每个检验批应至少抽查 10%，并不得少于 3 间；不足 3 间时应全数检查。

（4）室外每个检验批每 100m² 应至少抽查一处，每处不得小于 10m²。

# 2A312055　门窗工程施工技术

## 一、木门窗安装（略）

## 二、金属门窗

### （二）施工方法

金属门窗安装应采用预留洞口的方法施工，不得采用边安装边砌口或先安装后砌口的方法施工。在砌体上安装金属门窗严禁用射钉固定。

#### 1. 铝合金门窗框安装

铝合金门窗安装时，墙体与连接件、连接件与门窗框的固定方式，应按表 11 - 10 选择。

表 11 - 10　铝合金门窗安装的固定方式

| 序号 | 连接方式 | 适用范围 |
| --- | --- | --- |
| 1 | 连接件焊接连接 | 适用于钢结构 |
| 2 | 预埋件连接 | 适用于钢筋混凝土结构 |
| 3 | 燕尾铁脚连接 | 适用于砖墙结构 |
| 4 | 金属膨胀螺栓固定 | 适用于钢筋混凝土结构、砖墙结构 |
| 5 | 射钉固定 | 适用于钢筋混凝土结构 |

## 三、塑料门窗

### （二）施工方法

#### 2. 门窗框安装

（2）门窗框固定：

当门窗与墙体固定时，应先固定上框，后固定边框。固定方法如下：

1）混凝土墙洞口采用射钉或膨胀螺钉固定；

2）砖墙洞口应用膨胀螺钉固定，不得固定在砖缝处，并严禁用射钉固定；

3）轻质砌块或加气混凝土洞口可在预埋混凝土块上用射钉或膨胀螺钉固定；

4）设有预埋铁件的洞口应采用焊接的方法固定。

## 四、门窗玻璃安装

（二）施工方法

（1）单块玻璃大于 1.5m² 时应使用安全玻璃。

（2）门窗玻璃不应直接接触型材。单面镀膜玻璃的镀膜层及磨砂玻璃的磨砂面应朝向室内，但磨砂玻璃作为浴室、卫生间门窗玻璃时，则应注意将其花纹面朝外，以防表面浸水而透视。中空玻璃的单面镀膜玻璃应在最外层，镀膜层应朝向室内（见图 11－147）。

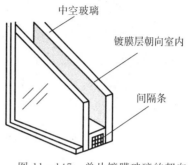

图 11－147　单片镀膜玻璃的朝向

# 2A312056　涂料涂饰、裱糊、软包与细部工程施工技术

## 一、涂饰工程的施工技术要求和方法

涂饰工程包括水性涂料涂饰工程、溶剂型涂料涂饰工程、美术涂饰工程。

（一）涂饰施工前的准备工作

（2）水性涂料涂饰工程施工的环境温度应在 5～35℃之间。

（3）基层处理要求：

1）新建筑物的混凝土或抹灰基层在涂料前应涂刷抗碱封闭底漆；

2）旧墙面在涂料前应清除疏松的旧装修层，并涂刷界面剂；

3）内墙腻子的黏结强度应符合规定。厨房、卫生间墙面必须使用耐水腻子；

4）混凝土或抹灰基层涂刷溶剂型涂料时，含水率不得大于 8%；涂刷乳液型涂料时，含水率不得大于 10%。木材基层的含水率不得大于 12%。

## 四、细部工程的施工技术要求和方法

（2）细部工程应对下列部位进行隐蔽工程验收：

1）预埋件（或后置埋件）；

2）护栏与预埋件的连接节点。

（3）护栏、扶手的技术要求：

1）民用建筑护栏高度不应小于表 11－11 要求的数值，高层建筑的护栏高度应再适当提高，但不宜超过 1.20m；栏杆离地面或屋面 0.10m 高度内不应留空。

表 11-11　民用建筑护栏高度

| 序号 | 项目 | | 要求 |
|---|---|---|---|
| 1 | 托儿所、幼儿园建筑 | 护栏 | 阳台、屋顶平台的护栏净高不应小于 1.20m |
| | | 栏杆 | 楼梯栏杆垂直杆件间的净距不应大于 0.11m，当楼梯井净宽度大于 0.20m 时，必须采取安全措施 |
| | | 扶手 | 楼梯除设成人扶手外，并应在靠窗一侧设幼儿园扶手，其高度不应大于 0.60m |
| 2 | 中小学校建筑 | 栏杆 | 室内楼梯栏杆的高度不应小于 0.90m，室外楼梯及水平栏杆的高度不应小于 1.10m |
| 3 | 居住建筑 | 护栏（阳台栏杆，外廊、内天井及上人屋面等临空处栏杆） | 低层、多层住宅的栏杆净高不应低于 1.05m |
| | | | 中高层、高层住宅的栏杆净高不应低于 1.10m |
| | | | 栏杆的垂直杆件间净距不应大于 0.11m |
| | | 栏杆 | 楼梯栏杆垂直杆件间净空不应大于 0.11m |
| | | 扶手 | 扶手高度不应小于 0.90m。楼梯水平段栏杆长度大于 0.50m 时，其扶手高度不应小于 1.05m |

# 2A312057　建筑幕墙工程施工技术

## 一、建筑幕墙工程分类

### （一）按建筑幕墙的面板材料分类

#### 1. 玻璃幕墙

（1）框支承玻璃幕墙。

（2）全玻幕墙：由玻璃肋和玻璃面板构成的玻璃幕墙（见图 11-151、图 11-152）。

（3）点支承玻璃幕墙（见图 11-153）。

（隐框、半隐框玻璃幕墙见图 11-148、图 11-149、图 11-150）

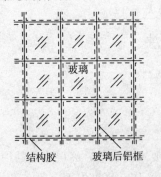

结构胶　　玻璃后铝框

图 11-148　隐框玻璃幕墙

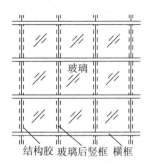

结构胶 玻璃后竖框 横框

图 11-149 半隐框玻璃幕墙（竖框隐）

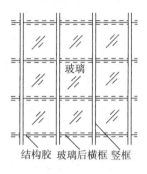

结构胶 玻璃后横框 竖框

图 11-150 半隐框玻璃幕墙（横框隐）

图 11-151 全玻幕墙

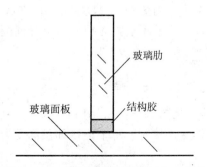

图 11-152 全玻幕墙面板玻璃与玻璃肋

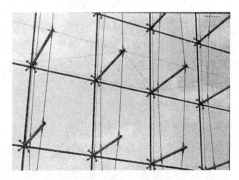

图 11-153 由单根钢管支承的点支承玻璃幕墙

2. **金属幕墙**

3. **石材幕墙**

**（二）按幕墙施工方法分类**

（1）单元式幕墙

（2）构件式幕墙

## 二、建筑幕墙的预埋件制作与安装

### （一）预埋件制作的技术要求

建筑幕墙预埋件有平板形和槽形两种，其中平板形预埋件应用最为广泛。

（1）锚板宜采用 Q235 级钢，锚筋应采用 HPB300、HRB335 或 HRB400 级热轧钢筋，严禁使用冷加工钢筋。

（2）直锚筋与锚板应采用 T 形焊。当锚筋直径不大于 20mm 时，宜采用压力埋弧焊；当锚筋直径大于 20mm 时，宜采用穿孔塞焊（见图 11-154）。不允许把锚筋弯成 Π 形或 L 形与锚板焊接。

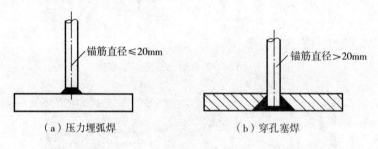

（a）压力埋弧焊　　　　　（b）穿孔塞焊

图 11-154　预埋件 T 型接头焊接

### （二）预埋件安装的技术要求

（3）为保证预埋件与主体结构连接的可靠性，连接部位的主体结构混凝土强度等级不应低于 C20。轻质填充墙不应作幕墙的支承结构。

## 三、框支承玻璃幕墙制作安装

框支承（明框、隐框、半隐框）玻璃幕墙

**1. 框支承玻璃幕墙构件的制作**

（2）玻璃板块加工应在洁净、通风的室内注胶。要求室内洁净，温度应在 15～30℃ 之间，相对湿度 50% 以上。应在温度 20℃、湿度 50% 以上的干净室内养护。单组分硅酮结构密封胶固化时间一般需 14～21d；双组分硅酮结构密封胶一般需 7～10d。

**2. 框支承玻璃幕墙的安装**

（1）立柱安装

1）立柱应先与角码连接，角码再与主体结构连接（见图 11-155、图 11-156）。立柱与主体结构连接必须具有一定的适应位移能力，采用螺栓连接时，每个连接部位的受力螺栓，至少需要布置 2 个，螺栓直径不宜少于 10mm；

2）凡是两种不同金属的接触面之间，除不锈钢外，都应加防腐隔离柔性垫片，以防止产生双金属腐蚀。

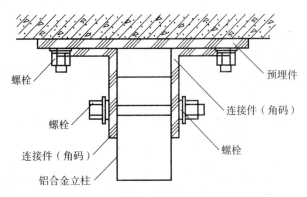

图 11 - 155    立柱与主体结构的连接示意图

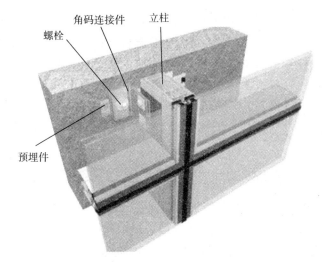

图 11 - 156    立柱与主体结构的连接实物图

（2）横梁安装

1）横梁与立柱之间的连接紧固件应采用不锈钢螺栓、螺钉等连接。为了横梁与立柱连接处应避免刚性接触，可设置柔性垫片（见图 11 - 157）。

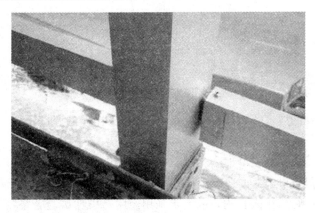

图 11 - 157    横梁与立柱的连接

（3）玻璃面板安装

1）明框玻璃幕墙的玻璃面板安装时，构件框槽底部应设两块橡胶块，长度不小于100mm；

2）不得采用自攻螺钉固定承受水平荷载的玻璃压条；

3）玻璃幕墙开启窗的开启角度不宜大于30°，开启距离不宜大于300mm。

（4）密封胶嵌缝

2）密封胶的施工厚度应大于3.5mm，一般控制在4.5mm以内。密封胶的施工宽度不宜小于厚度的2倍；

3）不宜在夜晚、雨天打胶；

4）严禁使用过期的密封胶；硅酮结构密封胶不宜作为硅酮耐候密封胶使用，两者不能互代。同一个工程应使用同一品牌的硅酮结构密封胶和硅酮耐候密封胶。

## 四、金属与石材幕墙工程框架安装的技术

（1）金属与石材幕墙的框架最常用的是钢管或钢型材框架，较少采用铝合金型材。

（3）幕墙构架立柱与主体结构的连接应有一定的相对位移的能力。立柱应采用螺栓与角码连接，并再通过角码与预埋件或钢构件连接。

（4）幕墙横梁应通过角码、螺钉或螺栓与立柱连接。螺钉直径不得小于4mm，每处连接螺钉不应少于3个，如用螺栓不应少于2个。横梁与立柱之间应有一定的相对位移能力。

## 五、金属与石材幕墙面板加工制作要求

（1）铝合金板（单层铝板、铝塑复合板、蜂窝铝板）表面氟碳树脂厚度应符合设计要求。海边及严重酸雨地区，可采用三道或是四道氟碳树脂涂层，其厚度应大于40um；其他地区，可采用两道氟碳树脂涂层，其厚度应大于25um。

（4）幕墙用单层铝板厚度不应小于2.5mm。

（5）铝塑复合板在打孔、切口等外露的聚乙烯塑料应采用中性硅酮耐候密封胶密封；在加工过程中，铝塑复合板严禁与水接触。

**（二）石板加工制作**

（1）石材幕墙的石板，厚度不应小于25mm，火烧石板的厚度应比抛光石板厚3mm。

## 六、金属、石材幕墙面板安装要求

（4）石材幕墙面板与骨架的连接有钢销式、通槽式、短槽式、背栓式、背挂式等方式。

（6）不锈钢挂件的厚度不宜小于3.0mm，铝合金挂件的厚度不宜小于4.0mm（见图11-158）。

（8）金属板、石板空缝安装时，必须有防水措施，并应有排水出口。

（10）金属与石材幕墙板面嵌缝应采用中性硅酮耐候密封胶。因石板内部有孔隙，为防止密封胶内的某些物质渗入板内，故要求采用经耐污染性试验合格的（石材专用）硅酮耐候密封胶。

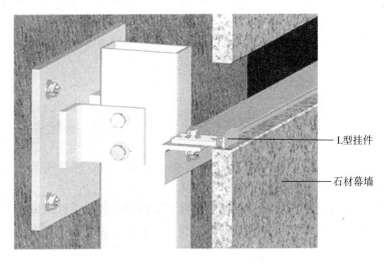

图 11-158 石材幕墙与挂件

## 七、建筑幕墙防火构造要求

（1）幕墙与各层楼板、隔墙外沿间的缝隙，应采用不燃材料或难燃材料封堵，填充材料可采用岩棉或矿棉，其厚度不应小于100mm。在楼层间和房间之间形成防火烟带。防火层应采用厚度不小于1.5mm的镀锌钢板承托。承托板与主体结构、幕墙结构及承托板之间的缝隙应采用防火密封胶密封（见图 11-159）。

（2）无窗槛墙的幕墙，应在每层楼板的外沿设置耐火极限不低于1.0h、高度不低于0.8m的不燃烧实体裙墙或防火玻璃墙（见图 11-160）。

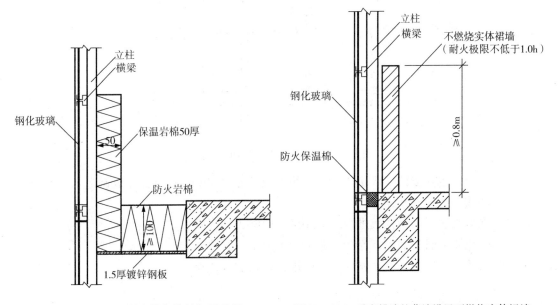

图 11-159 防火岩棉与镀锌钢板承托　　　　图 11-160 无窗槛墙的幕墙设置不燃烧实体裙墙

（3）当建筑设计要求防火分区分隔有通透效果时，可采用单片防火玻璃或由其加工成的中空、夹层防火玻璃。

（4）防火层不应与幕墙玻璃直接接触，防火材料朝玻璃面处宜采用装饰材料覆盖。

（5）同一幕墙玻璃单元不应跨越两个防火分区。

## 八、建筑幕墙的防雷构造要求

（2）幕墙的金属框架应与主体结构的防雷体系可靠连接，连接部位清除非导电保护层。

（3）幕墙的铝合金立柱，在不大于 10m 范围内宜有一根立柱采用柔性导线，把每个上柱与下柱的连接处连通（见图 11 - 161）。

（4）主体结构有水平均压环的楼层，对应导电通路的立柱预埋件或固定件应用圆钢或扁钢与均压环焊接连通，形成防雷通路。避雷接地一般每三层与均压环连接。

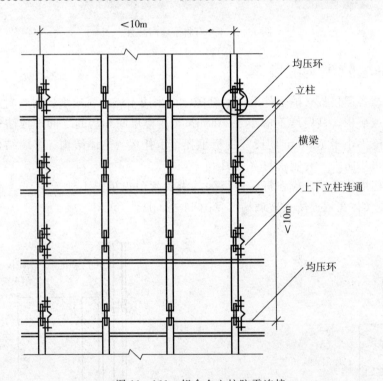

图 11 - 161 铝合金立柱防雷连接

（5）兼有防雷功能的幕墙压顶板宜采用厚度不小于 3mm 的铝合金板制造，与主体结构屋顶的防雷系统应有效连通。

（6）在有镀膜层的构件上进行防雷连接，应除去其镀膜层。

（7）使用不同材料的防雷连接应避免产生双金属腐蚀。

（8）防雷连接的钢构件在完成后都应进行防锈油漆处理。

## 九、建筑幕墙的保护和清洗

（6）幕墙外表面的检查、清洗作业不得在 4 级以上风力和大雨（雪）天气下进行。

# 第六节　建筑工程季节性施工技术

## （2A312060）

### 2A312061　冬期施工技术

冬期施工划分原则是：当室外日平均气温连续5d稳定低于5℃即进入冬期施工，当室外日平均气温连续5d高于5℃即解除冬期施工。

凡进行冬期施工的工程项目，应编制冬期施工专项方案。

## 一、建筑地基基础工程

（1）土方回填时：

1）每层铺土厚度应比常温施工时减少20%～25%，预留沉陷量应比常温施工时增加；

2）对于大面积回填土和有路面的路基及其人行道范围内的平整场地填方，可采用含有冻土块的土回填，但冻土块的粒径不得大于150mm，其含量不得超过30%；

3）室外的基槽（坑）或管沟可采用含有冻土块的土回填，冻土块粒径不得大于150mm，含量不得超过15%，且应均匀分布。

（2）填方上层部位应采用未冻的或透水性好的土方回填。填方边坡的表层1m以内，不得采用含有冻土块的土填筑。室外管沟底以上500mm的范围内不得用含有冻土块的土回填。

（3）室内的基槽（坑）或管沟不得采用含有冻土块的土回填，室内地面垫层下回填的土方，填料中不得含有冻土块。

（4）桩基施工时。当冻土层厚度超过500mm，冻土层宜采用钻孔机引孔，引孔直径不宜大于桩径20mm。

（5）桩基静荷载试验前，应将试桩周围的冻土融化或挖除。

## 二、砌体工程

（1）冬期施工所用材料应符合下列规定：

2）砌筑砂浆宜采用普通硅酸盐水泥配制，不得使用无水泥拌制的砂浆；

3）现场拌制砂浆所用砂中不得含有直径大于10mm的冻结块或冰块；

5）砂浆拌合水温不宜超过80℃，砂加热温度不宜超过40℃，且水泥不得与80℃以上热水直接接触；砂浆稠度宜较常温适当增大，且不得二次加水调整砂浆和易性。

（3）砌筑施工时，砂浆温度不应低于5℃。当设计无要求，且最低气温等于或低于－15℃时，砌体砂浆强度等级应较常温施工提高一级。

（4）砌体采用氯盐砂浆施工时，每日砌筑高度不宜超过1.2m，墙体留置的洞口，距交接墙处不应小于500mm。

（5）下列情况不得采用掺氯盐的砂浆砌筑砌体：

1）对装饰工程有特殊要求的建筑物；

2）配筋、钢埋件无可靠防腐处理措施的砌体；

3）接近高压电线的建筑物（如变电所、发电站等）；

4）经常处于地下水位变化范围内，以及在地下未设防水层的结构。

（6）暖棚法施工时，暖棚内的最低温度不应低于5℃。

## 三、钢筋工程

（1）钢筋调直冷拉温度不宜低于—20℃。预应力钢筋张拉温度不宜低于—15℃。当环境温度低于—20℃时，不宜进行施焊。当环境温度低于—20℃时，不得对 HRB335、HRB400 钢筋进行冷弯加工。

（2）雪天或施焊现场风速超过3级风焊接时，应采取遮蔽措施。

（3）钢筋负温电弧焊宜采取分层控温施焊；帮条接头或搭接接头的焊缝厚度不应小于钢筋直径的30%，焊缝宽度不应小于钢筋直径的70%。

（4）电渣压力焊焊接前，应进行现场负温条件下的焊接工艺试验，焊接完毕，应停歇20s以上方可卸下夹具回收焊剂。

## 四、混凝土工程

（1）冬期施工配制混凝土宜选用硅酸盐水泥或普通硅酸盐水泥。采用蒸汽养护时，宜选用矿渣硅酸盐水泥。

（2）冬期施工混凝土配合比应根据施工期间环境气温、原材料、养护方法、混凝土性能要求等经试验确定，并宜选择较小的水胶比和坍落度。

（3）冬期施工混凝土搅拌前，原材料的预热应符合下列规定：

1）宜加热拌合水。当仅加热拌合水不能满足要求时，可加热骨料；

2）水泥、外加剂、矿物掺合料不得直接加热，应事先贮于暖棚内预热。

（4）混凝土拌合物的出机温度不宜低于10℃，入模温度不应低于5℃；对预拌混凝土或需远距离输送的混凝土，混凝土拌合物的出机温度可根据运输和输送距离经热工计算确定，但不宜低于15℃。大体积混凝土的入模温度可根据实际情况适当降低。

（5）在混凝土养护和越冬期间，不得直接对负温混凝土表面浇水养护。

（7）混凝土养护期间的温度测量应符合下列规定：

1）采用蓄热法或综合蓄热法时，在达到受冻临界强度之前应每隔4～6h测量一次；

2）采用负温养护法时，在达到受冻临界强度之前应每隔2h测量一次；

3）采用加热法时，升温和降温阶段应每隔1h测量一次，恒温阶段每隔2h测量一次；

4）混凝土在达到受冻临界强度后，可停止测温。

（8）拆模时混凝土表面与环境温差大于20℃时，混凝土表面应及时覆盖，缓慢冷却。

（9）冬期施工混凝土强度试件的留置应增设与结构同条件养护试件，养护试件不应少于2组。同条件养护试件应在解冻后进行试验。

## 五、钢结构工程

（1）冬期施工宜采用 Q345 钢、Q390 钢、Q420 钢，负温下施工用钢材，应进行负温冲击韧性试验，合格后方可使用。

（2）钢结构在负温下放样时，切割、铣刨的尺寸，应考虑负温对钢材收缩的影响。

（3）普通碳素结构钢工作地点温度低于－20℃、低合金钢工作地点温度低于－15℃时不得剪切、冲孔，普通碳素结构钢工作地点温度低于－16℃、低合金结构钢工作地点温度低于－12℃时不得进行冷矫正和冷弯曲。当工作地点温度低于－30℃时，不宜进行现场火焰切割作业。

（4）焊接作业区环境温度低于0℃时，应将构件焊接区各方向大于或等于2倍钢板厚度且不小于100mm范围内的母材，加热到20℃以上时方可施焊，且在焊接过程中均不得低于20℃。

（7）钢结构焊接加固时，施焊镇静钢板的厚度不大于30mm时，环境空气温度不应低于－15℃，当厚度超30mm时，温度不应低于0℃；当施焊沸腾钢板时，环境空气温度应高于5℃。

## 六、防水工程

（1）防水混凝土的冬期施工，应符合下列规定：

1）混凝土入模温度不应低于5℃；

2）混凝土养护应采用蓄热法、综合蓄热法、暖棚法、掺化学外加剂等方法，不得采用电加热法或蒸汽直接加热法；

3）大体积防水混凝土的中心温度与表面温度的差值不应大于25℃，表面温度与大气温度的差值不应大于20℃。温降梯度不得大于3℃/d. 养护时间不应少于14d。

（2）水泥砂浆防水层施工气温不应低于5℃，养护温度不宜低于5℃，并应保持砂浆表面湿润，养护时间不得小于14d。

（3）防水工程最低施工环境气温宜符合表11-12的规定。

表11-12　防水工程最低施工环境气温

| 防水材料 | 施工环境气温 |
|---|---|
| 现喷硬泡聚氨酯 | 不低于15℃ |
| 高聚物改性沥青防水卷材 | 热熔型不低于－10℃ |
| 合成高分子防水卷材 | 冷粘法不低于5℃；焊接法不低于－10℃ |
| 高聚物改性沥青防水涂料 | 溶剂型不低于5℃；热熔型不低于－10℃ |
| 合成高分子防水材料 | 溶剂型不低于－5℃ |
| 改性石油沥青密封材料 | 不低于0℃ |
| 合成高分子密封材料 | 溶剂型不低于0℃ |

（4）屋面隔气层可采用气密性好的单层卷材或防水涂料。冬期施工采用卷材时，可采用花铺法施工，卷材搭接宽度不应小于80mm；采用防水涂料时，宜选用溶剂型涂料。隔气层施工的温度不应低于－5℃。

## 七、保温工程

### 1. 外墙外保温工程施工

（1）建筑外墙外保温工程冬期施工最低温度不应低于－5℃。外墙外保温工程施工期间以及完工后 24h 内，基层及环境空气温度不应低于 5℃。

### 2. 屋面保温工程施工

干铺的保温层可在负温下施工；采用沥青胶结的保温层应在气温不低于－10℃时施工；采用水泥、石灰或其他胶结料胶结的保温层应在气温不低于 5℃ 时施工。

## 八、建筑装饰装修工程

（1）室内抹灰，块料装饰工程施工与养护期间的温度不应低于 5℃。

（2）油漆、刷浆、裱糊、玻璃工程应在采暖条件下进行施工。当需要在室外施工时，其最低环境温度不应低于 5℃。

（4）塑料门窗当在不大于 0℃ 的环境中存放时，与热源的距离不应小于 1m。安装前应在室温下放置 24h。

## 2A312062　雨期施工技术

应编制雨期施工专项方案，方案中应包含汛期应急救援预案。

### 一、雨期施工准备

（3）大型高耸物件有防风加固措施，外用电梯要做好附墙。

（4）在相邻建筑物、构筑物防雷装置保护范围外的高大脚手架、井架等，安装防雷装置。

### 二、建筑地基基础工程

（1）基坑坡顶做 1.5m 宽散水、挡水墙，四周做混凝土路面。

（3）土方回填应避免在雨天进行。

（5）CFG 桩施工，槽底预留的保护层厚度不小于 0.5m。

### 三、砌体工程

（3）对砖块体湿润程度宜符合下列规定：

1）烧结类块体的相对含水率 60%～70%；

2）吸水率较大的轻骨料混凝土小型空心砌块、蒸压加气混凝土砌块的相对含水率 40%～50%。

（4）每天砌筑高度不得超过 1.2m。

### 四、钢筋工程（略）

## 五、混凝土工程

（2）应选用具有防雨水冲刷性能的模板脱模剂。

（4）除采用防护措施外，小雨、中雨天气不宜进行混凝土露天浇筑，且不应开始大面积作业面的混凝土露天浇筑；大雨、暴雨天气不应进行混凝土露天浇筑。

（8）浇筑板、墙、柱混凝土时，可适当减小坍落度。梁板同时浇筑时应沿次梁方向浇筑。

## 六、钢结构工程

（4）焊接作业区的相对湿度不大于 90％。

（5）雨天构件不能进行涂刷工作，涂装后 4h 内不得雨淋；风力超过 5 级不宜使用无气喷涂。

## 七、防水工程

（1）防水工程严禁在雨天施工，五级风及其以上时不得施工防水层。

## 八、保温工程

### 1. 外墙外保温工程施工

（2）EPS 板粘贴应保证有效粘贴面积大于 50％。

## 九、建筑装饰装修工程

（1）中雨、大雨或五级（含）以上大风天气，不得进行室外装饰装修工程的施工。

（4）混凝土或抹灰基层涂刷溶剂型涂料时，含水率不得大于 8％；涂刷水性涂料时，含水率不得大于 10％；木质基层含水率不得大于 12％。

# 2A312063　高温天气施工技术

## 一、砌体工程

（1）现场拌制的砂浆应随拌随用，当最高气温超过 30℃时，应在 2h 内使用完毕。

（2）采用铺浆法砌筑砌体，施工期间气温超过 30℃时，铺浆长度不得超过 500mm。

（3）砌筑普通混凝土小型空心砌块砌体，遇天气干燥炎热，宜在砌筑前对其喷水湿润。

## 二、钢筋工程（略）

## 三、混凝土工程

当日平均气温达到30℃及以上时，应按高温施工要求采取措施。

（2）高温施工混凝土配合比应符合下列规定：

3）宜采用低水泥用量的原则，并可采用粉煤灰取代部分水泥。宜选用水化热较低的水泥；

4）混凝土坍落度不宜小于 70mm。

（3）混凝土的搅拌应符合下列规定：

2）对原材料进行直接降温时，宜采用对水、粗骨料进行降温的方法；

4）混凝土拌合物出机温度不宜大于 30℃。

（5）混凝土浇筑入模温度不应高于 35℃。

## 四、钢结构工程

（5）涂装环境温度和相对湿度应符合要求，无要求时，环境温度不宜高于 38℃，相对湿度不应大于 85%。

## 五、防水工程

（2）大体积防水混凝土炎热季节施工时，入模温度不应大于 30℃。

（3）防水材料施工环境最高气温控制见表 11-13。

表 11-13　防水材料施工环境最高气温

| 防水材料 | 施工环境气温 |
| --- | --- |
| 现喷硬泡聚氨酯 | 不高于 30℃ |
| 溶剂型涂料 | 不高于 35℃ |
| 水乳型涂料 | 不高于 35℃ |
| 油毡瓦 | 不高于 35℃ |
| 改性石油沥青密封材料 | 不高于 35℃ |
| 水泥砂浆防水层 | 不高于 30℃ |

（5）防水材料应随用随配，配制好的混合料宜在 2h 内用完。

## 六、保温工程

（1）聚合物抹面胶浆拌合水温度不宜大于 80℃，且不宜低于 40℃。

（2）拌合完毕的 EPS 板胶粘剂和聚合物抹面胶浆每隔 15min 搅拌一次，1h 内使用完毕。

## 七、建筑装饰装修工程

（3）涂饰工程施工现场环境温度不宜高于 35℃。

（4）塑料门窗储存的环境温度应低于 50℃。

（5）抹灰、粘贴饰面砖、打密封胶等粘接工艺施工，环境温度不宜高于 35℃。

# 第二篇

# 建筑工程项目施工管理
## (2A320000)

【主要内容】

- 单位工程施工组织设计
- 建筑工程施工进度管理
- 建筑工程施工质量管理
- 建筑工程施工安全管理
- 建筑工程施工招标投标管理
- 建筑工程造价与成本管理
- 建设工程施工合同管理
- 建筑工程施工现场管理
- 建筑工程验收管理

# 第一节 单位工程施工组织设计

## (2A320010)

## 2A320011 施工组织设计的管理

### 一、单位工程施工组织设计的作用

单位工程施工组织设计是一个工程的战略部署，是宏观定性的，体现指导性和原则性，是对项目施工全过程管理的综合性文件。

### 三、单位工程施工组织设计编制依据

(1) 有关的法律、法规和文件；
(2) 有关标准和技术经济指标；
(3) 行政主管部门的批准文件，建设单位对施工的要求；
(4) 工程施工合同或招标投标文件；
(5) 工程设计文件；
(6) 现场条件，地质及水文地质、气象等自然条件；
(7) 有关的资源供应情况；
(8) 施工企业的生产能力、机具设备状况、技术水平等。

### 四、单位工程施工组织设计的基本内容

(1) 编制依据；
(2) 工程概况；
(3) 施工部署；
(4) 施工进度计划；
(5) 施工准备与资源配置计划；
(6) 主要施工方法；
(7) 施工现场平面布置；
(8) 主要施工管理计划。

### 五、单位工程施工组织设计的管理

#### 1. 编制、审批和交底

(1) 编制与审批：单位工程施工组织设计由项目负责人主持编制，施工单位主管部门审核，施工单位技术负责人审批。

(2) 单位工程施工组织设计经上级承包单位技术负责人审批后，由施工单位项目负责人组织，对项目部全体管理人员及主要分包单位进行交底。

## 2. 群体工程

群体工程应编制施工组织总设计，并及时编制单位工程施工组织设计。

## 3. 过程检查与验收

（1）单位工程的施工组织设计在实施过程中应进行检查。通常划分为地基基础、主体结构、装饰装修三个阶段。

（2）过程检查由企业技术负责人或相关部门负责人主持，企业相关部门、项目经理部相关部门参加。

## 5. 发放与归档

单位工程施工组织设计审批后加盖受控章，由项目资料员报送及发放并登记记录，报送监理方及建设方，发放企业主管部门、项目相关部门、主要分包单位。

工程竣工后，项目经理部按照有关工程竣工资料编制的要求，将《单位工程施工组织设计》整理归档。

## 6. 施工组织设计的动态管理

项目施工过程中，如发生以下情况之一时，施工组织设计应及时进行修改或补充：

（1）工程设计有重大修改；

（2）有关法律、法规、规范和标准实施、修订和废止；

（3）主要施工方法有重大调整；

（4）主要施工资源配置有重大调整；

（5）施工环境有重大改变。

# 2A320012　施工部署

## 二、施工部署应包括以下内容

### 1. 工程目标

工程的质量、进度、成本、安全、环保及节能、绿色施工等管理目标。

### 2. 重点和难点分析

包括工程施工的组织管理和施工技术两个方面。

### 3. 工程管理的组织

项目管理组织机构形式应根据施工项目的规模、复杂程度、专业特点、人员素质和地域范围确定。大中型项目宜设置矩阵式项目管理组织结构，小型项目宜设置线性职能式项目管理组织结构，远离企业管理层的大中型项目宜设置事业部式项目管理组织。

### 4. 进度安排和空间组织

### 5. "四新"技术

包括：新技术、新工艺、新材料、新设备。

### 6. 资源投入计划

（1）拟投入的最高人数和平均人数。

（2）分包计划，劳动力使用计划，材料供应计划，机械设备供应计划。

### 7. 项目管理总体安排

## 2A320013 施工顺序和施工方法的确定

施工顺序的确定原则：工艺合理、保证质量、安全施工、充分利用工作面、缩短工期。一般工程的施工顺序："先准备、后开工"，"先地下、后地上"，"先主体、后围护"，"先结构、后装饰"，"先土建、后设备"。

施工方法的确定原则：遵循先进性、可行性和经济性兼顾的原则。

### 一、土石方工程

（1）计算土石方工程量，确定土石方开挖或爆破方法，选择土石方施工机械。

（2）确定放坡坡度或土壁支撑形式和搭设方法。

（3）选择排水、降水方案。

（4）确定土石方平衡调配方案。

### 四、钢筋混凝土工程

（1）确定模板类型及支模方法，对于复杂的还需进行模板设计及绘制模板放样图。

（2）选择钢筋的加工、绑扎、焊接和机械连接方法。

（3）选择混凝土的搅拌、运输及浇筑、振捣方法，确定施工缝的留设位置。

（4）确定预应力混凝土的施工方法、控制应力方法和张拉设备。

## 2A320014 施工平面布置图

施工现场平面布置图应包括以下基本内容：

（1）工程施工场地状况；

（2）拟建建（构）筑物的位置、轮廓尺寸、层数等；

（3）现场加工设施、存储设施、办公和生活用房等；

（4）现场的垂直运输设施、供电设施、供水供热设施、排水排污设施和临时施工道路等；

（5）现场必备的安全、消防、保卫和环境保护等设施；

（6）相邻的地上、地下既有建（构）筑物及相关环境。

# 第二节　建筑工程施工进度管理

## （2A320020）

## 2A320021　施工进度计划的编制

### 一、施工进度计划的分类

（1）施工总进度计划；

（2）单位工程进度计划；

（3）分阶段（或专项工程）工程进度计划；

（4）分部分项工程进度计划。

### 四、单位工程进度计划的编制依据

（1）主管部门的批示文件及建设单位的要求；

（2）施工图纸、设计单位的要求；

（3）施工企业年度计划安排；

（4）施工组织总设计；

（5）资源配备情况；

（6）建设单位提供的条件和水电供应情况；

（7）施工现场条件和勘察资料；

（8）预算文件和国家及地方规范等资料。

### 五、单位工程进度计划的内容

（1）工程建设概况；

（2）工程施工情况；

（3）进度计划：单位工程进度计划，分阶段进度计划，准备工作计划；

（4）资源计划：劳动力需用量计划，主要材料、设备及加工计划，主要施工机械和机具需要量计划；

（5）主要施工方案及流水段划分；

（6）各项经济技术指标要求等。

## 2A320022　流水施工方法在建筑工程中的应用

流水施工的特点：

（1）科学利用工作面，合理压缩工期；

（2）实现专业化施工，工作质量和效率提升；

（3）工作队连续作业，减少窝工，降低成本；

（4）资源投入量均衡，有利于资源组织与供给。

## 一、流水施工参数

（1）工艺参数，包括：施工过程（$n$）和流水强度。

（2）空间参数，施工段（$m$）。

（3）时间参数，包括：流水节拍（$t$）、流水步距（$k$）、流水工期（$T$）。

## 二、流水施工的组织形式

（1）等节奏流水施工。

（2）异节奏流水施工，其特例为成倍节拍流水施工。

（3）无节奏流水施工。

流水施工的工期计算公式（补充）

（1）等节奏施工流水

$$T = (m+n-1)k + \sum G + \sum Z - \sum C$$

（$m$ 为施工段数，$n$ 为施工过程数，$k$ 为流水步距，$\sum G$ 为工艺间歇时间，$\sum Z$ 为组织间歇时间，$\sum C$ 为穿插时间）

（2）异节奏施工流水

$$T = (m+n'-1)k(n'—专业队数)$$

（3）无节奏施工流水

$$T = \sum K + \sum t_n$$

（$\sum K$ — 各施工过程流水步距之和；$\sum t_n$ — 最后一个施工工程各流水节拍之和）

等节奏施工流水例题

【例】　某流水施工见表 12-1，砌基础后间隔一天再回填土，求流水施工工期，并画出等节奏流水施工图。

表 12-1　某流水施工参数

| 施工过程 ＼ 施工段 | 施工段 1 | 施工段 2 | 施工段 3 | 施工段 4 |
|---|---|---|---|---|
| 挖土方 | 2 | 2 | 2 | 2 |
| 砌基础 | 2 | 2 | 2 | 2 |
| 回填土 | 2 | 2 | 2 | 2 |

【解】　$T = (m+n-1)k = (4+3-1)×2+1 = 13$ 天

等节奏流水施工图见图 12-1。

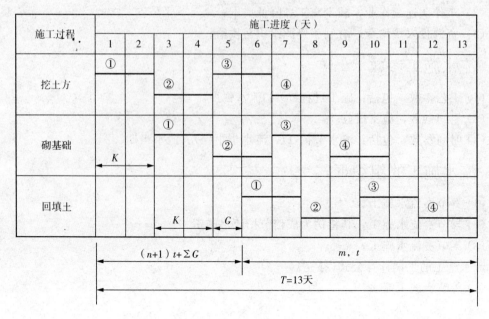

图 12-1  等节奏流水施工图

非节奏流水施工例题

【例】  某流水施工见表 12-2，求流水施工工期，并画出无异奏流水施工图。

表 12-2  某流水施工参数

| 施工过程 | 施工段 | | | |
| --- | --- | --- | --- | --- |
|  | 设备 A | 设备 B | 设备 C | 设备 D |
| 基础开挖 | 2 | 3 | 2 | 2 |
| 基础处理 | 4 | 4 | 2 | 3 |
| 浇筑混凝土 | 2 | 3 | 2 | 3 |

【解】

(1) 采用"累加数列错位相减取大差法"求流水步距：

$$2,\quad 5,\quad 7,\quad 9$$
$$-)\qquad 4,\quad 8,\quad 10,\quad 13$$

$$K_{1,2}=\max\ [2,\ 1,\ -1,\ -1,\ -13]=2$$

$$4,\quad 8,\quad 10,\quad 13$$
$$-)\qquad 2,\quad 5,\quad 7,\quad 10$$

$$K_{2,3}=\max\ [4,\ 6,\ 5,\ 6,\ -10]=6$$

(2) 计算流水施工工期：

$$T=\sum K+\sum T_n=(2+6)+(2+3+2+3)=18(\text{天})$$

(3) 画无节奏施工流水图 (见图 12-2)

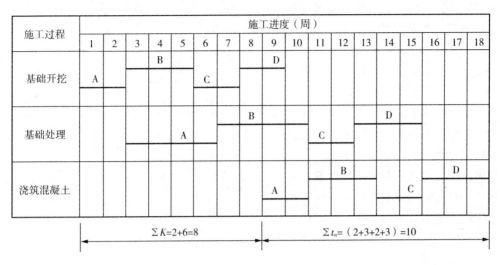

图 12 - 2  无节奏施工流水图

# 2A320023  网络计划方法在建筑工程中的应用（略）

# 2A320024  施工进度计划的检查与调整

## 一、施工进度计划监测与检查的内容

（1）工作实际开始时间、实际完成时间、实际持续时间；

（2）关键工作的进度；

（3）非关键工作的进度；

（4）逻辑关系变化；

（5）项目范围、进度目标、保障措施变更等。

项目进度计划监测后，应形成书面进度报告。项目进度报告的内容主要包括：

（1）进度执行情况的综合描述；

（2）实际施工进度，资源供应进度；

（3）工程变更、价格调整、索赔及工程款收支情况；

（4）进度偏差及原因分析，解决措施等。

## 二、施工进度计划的调整

### 2. 调整施工进度计划的步骤

（1）分析进度计划检查结果，分析进度偏差的影响；

（2）确定调整的对象和目标；

（3）选择调整方法，编制调整方案；

（4）对调整方案进行评价和决策；

（5）调整，确定新的施工进度计划。

### 3. 进度计划的调整

（1）关键工作的调整；

（2）非关键工作调整；

（3）改变工作逻辑关系；

（4）资源调整；

（5）剩余工作重新编制进度计划。

### 4. 工期优化

选择优化对象应考虑下列因素：

（1）对质量和安全影响不大的工作；

（2）有备用资源的工作；

（3）所增加的资源、费用最少的工作。

### 5. 资源优化

通常分两种模式："资源有限、工期最短"的优化，"工期固定、资源均衡"的优化。

资源优化的前提条件是：

（1）不改变工作之间的逻辑关系；

（2）不改变工作的持续时间；

（3）单位时间所需资源数量为合理常量；

（4）一般不允许中断工作。

### 6. 费用优化

目的是使项目总费用最低，从以下几个方面考虑：

（1）在既定工期下，确定项目的最低费用；

（2）在既定的最低费用下，确定最佳工期；

（3）若需要缩短工期，则考虑如何使增加的费用最小；

（4）若新增一定的费用，则可计算工期缩短到多少。

# 第三节　建筑工程施工质量管理

## （2A320030）

## 2A320031　土方工程施工质量管理

### 一、一般规定

（2）在挖方前，做好排水、降水工作。

（4）平整场地的表面坡度，应向排水沟方向做不小于 2‰ 的坡度。平整后的场地表面检查点为每 $100\sim400\text{m}^2$ 取一点，但不少于 10 点；长度、宽度和边坡均为每 20m 取一点，每边不少于 1 点。

## 二、土方开挖

（1）以下土方开挖、支护、降水工程为超过一定规模的危险性较大的分部分项工程，施工方案需要组织专家论证。

1）开挖深度超过 5m（含 5m）的基坑土方开挖、支护、降水工程；

2）开挖深度虽未超过 5m，但地质条件、周围环境和地下管线复杂，或影响毗邻建筑物安全的土方开挖、支护、降水工程。

（3）机械挖土时，如深度在 5m 以内，可一次开挖，在接近设计坑底高程时应预留 20～30cm 厚的土层，用人工开挖和修坡，超挖时，不准用松土回填到设计高程，应用砂、碎石或低强度凝土填实至设计高程。

（4）土方开挖过程中应检查平面位置、高程、边坡坡度、压实度、排水和降低地下水位情况。

（5）地下水位应保持低于开挖面 500mm 以下。

（7）基坑（槽）验槽时，对柱基、墙角、承重墙等受力较大的部位。

## 三、土方回填

（3）填筑厚度及压实遍数应根据土质、压实系数及所用机具经试验确定。填方应按设计要求预留沉降量，一般不超过填方高度的 3％。

# 2A320032　地基基础工程施工质量管理

## 一、一般规定

（3）地基施工结束，宜在一个间歇期后，进行质量验收，间歇期由设计确定。

（5）灌注桩成孔的控制深度应符合下列要求：

1）摩擦型桩：当采用锤击沉桩时，入土深度控制应以高程为主，以贯入度控制为辅；

2）端承型桩：当采用锤击沉桩时，入土深度控制应以贯入度为主，以高程控制为辅（见图 12-3）。

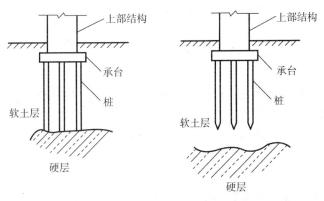

图 12-3　端承桩与摩擦桩

## 二、地基工程

### 1. 灰土地基施工质量要点

（1）土料应采用就地挖土的黏性土及塑性指数大于 4 的粉质黏土，土料应过筛，最大粒径不应大于 15mm。

（2）石灰：用Ⅲ级以上新鲜的块灰，使用前1～2d消解并过筛。

（6）应分层夯实，每层虚铺厚度：人力或轻型夯机夯实时控制在 200～250mm，双轮压路机夯实时控制在200～300mm。

（7）分段施工时，不得在墙角、柱墩及承重窗间墙下接缝。上下两层的搭接长度不得小于 50cm。

### 2. 砂和砂石地基施工质量要点

（3）分段施工时，接头处应做成斜坡，每层错开 0.5～1m。

### 3. 强夯地基和重锤夯实地基施工质量要点

（2）基坑（槽）的夯实范围应大于基础底面。开挖时，基坑（槽）每边比设计宽度加宽不宜小于 0.3m，以便于夯实。

## 三、桩基工程

### 1. 材料质量控制

（1）粗骨料：卵石不宜大于 50mm，碎石不宜大于 40mm，含泥量不大于 2%。

（2）细骨料：应选用质地坚硬的中砂，含泥量不大于 5%。

（3）水泥：宜用 42.5 级的普通硅酸盐水泥或硅酸盐水泥，严禁使用快硬水泥浇筑水下混凝土。

### 2. 钢筋笼制作与安装质量控制

（1）钢筋笼宜分段制作，分段长度视成笼的整体刚度、材料长度、起重设备的有效高度三因素综合考虑。

（3）钢筋笼的内径应比导管接头处外径大 100mm 以上。

（5）钢筋搭接焊缝长度HPB300 级钢筋单面焊 8d，双面焊 4d；HRB335 级钢筋单面焊 10d，双面焊 5d。

（6）环形箍筋与主筋的连接应采用点焊连接，螺旋箍筋与主筋的连接可采用绑扎并相隔点焊，或直接点焊。

### 3. 泥浆护壁钻孔灌注桩施工过程质量控制

（1）成孔

应防止地下水位高引起坍孔，应防桩孔出现严重偏斜、位移等。

（2）护筒埋设

护筒内径要求：回转钻宜大于 100mm；冲击钻宜大于 200mm。护筒中心与桩位中心线偏差不得大于 20mm。

（3）护壁泥浆和清孔

清孔后的泥浆相对密度控制在 1.15～1.25。第一次清孔在提钻前，第二次清孔在沉放钢筋笼、下导管后。

（4）混凝土浇筑

第一次浇筑混凝土必须保证底端能埋入混凝土中 0.8～1.3m，以后的浇筑中导管埋深宜为 2～6m（见图 12-4）。

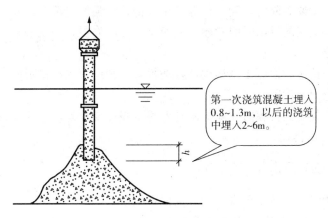

图 12-4　导管埋入混凝土中的深度

## 四、基坑工程（略）

## 五、验收

地基基础施工单位确认自检合格后提出工程验收申请，然后由总监理工程师或建设单位项目负责人组织勘察、设计单位及施工单位的项目负责人、技术质量负责人，共同验收。

# 2A320033　混凝土结构工程施工质量管理

## 一、模板工程施工质量控制

（2）控制模板起拱高度，对不小于 4m 的现浇钢筋混凝土梁、板，按设计要求起拱。设计无要求时，起拱高度宜为跨度的 1/1000～3/1000。

（3）当层间高度大于 5m 时，应选用桁架支模或钢管立柱支模。当层间高度小于或等于 5m 时，可采用木立柱支模。

（4）采用扣件式钢管作高大模板支架的立杆时，并应符合下列规定：

1）钢管规格、间距和扣件应符合设计要求；

2）立杆上应每步设置双向水平杆，水平杆应与立杆扣接；

3）立柱接长严禁搭接，必须采用对接扣件连接，相邻两立柱的对接接头不得在同步内，且对接接头沿竖向错开的距离不宜小于 500mm。严禁将上段的钢管立柱与下段钢管立柱错开固定在水平拉杆上；

4）立杆底部应设置垫板，在立杆底部的水平方向上应按纵下横上的次序设置扫地杆；

5）满堂支撑架的可调底座、可调托撑螺杆伸出长度不宜超过 300mm，插入立杆内的长度不得小于 150mm；

6）立杆的步距不应大于 1.8m；顶层立杆步距应适当减小，且不应大于 1.5m；支架立杆的搭设垂直偏差不宜大于 5/1000，且不应大于 100mm。

（5）底模及其支架拆除时，同条件养护试块的抗压强度应符合设计要求。

（6）模板及其支架的拆除时间和顺序一般是后支的先拆，先支的后拆；先拆非承重部分，后拆承重部分。

（7）对于后张预应力混凝土结构构件，侧模宜在预应力张拉前拆除；底模支架不应在结构构件建立预应力前拆除。

（8）大体积混凝土的拆模时间除应满足混凝土强度要求外，还应使混凝土内外温差降低到 25℃以下时方可拆模。

## 二、钢筋工程施工质量控制

（1）钢筋进场时，应按下列规定检查性能及重量：

1）检查生产许可证及钢筋的质量证明书；

2）抽样检验屈服强度、抗拉强度、伸长率及单位长度重量偏差；

3）经产品认证符合要求的钢筋，其检验批量可扩大一倍。在同一工程项目中，同一厂家、同一牌号、同一规格的钢筋连续三次进场检验均合格时，其后的检验批量可扩大一倍；

4）钢筋的表面质量应符合有关标准的规定；

5）当无法准确判断钢筋品种、牌号时，应增加化学成分、晶粒度等检验项目。

（2）钢筋的表面应清洁、无损伤，油渍、漆污和铁锈应在加工前清除干净。带有颗粒状或片状老锈的钢筋不得使用。

（3）对按一、二、三级抗震等级设计的框架和斜撑构件（含梯段）中的纵向受力钢筋应采用 HRB335E、HRB400E、HRB500E、HRBF335E、HRBF400E 或 HRBF500E 钢筋，其强度和最大力下总伸长率的实测值应符合下列规定：

1）钢筋的抗拉强度实测值与屈服强度实测值的比值不应小于 1.25；

2）钢筋的屈服强度实测值与屈服强度标准值的比值不应大于 1.30；

3）钢筋的最大力下总伸长率不应小于 9%。

（4）当发现钢筋脆断、焊接性能不良或力学性能显著不正常等现象时，应停止使用该批钢筋，并对该批钢筋进行化学成分检验或其他专项检验。

（5）受力钢筋的弯折应符合下列规定：

1）光圆钢筋末端应作 180°弯钩，弯钩的弯后平直部分长度不应小于钢筋直径的 3 倍（见图 12-5）。作受压钢筋使用时，光圆钢筋末端可不作弯钩。

（7）直径 12mm 钢筋电渣压力焊时，应采用小型焊接夹具。

（9）钢筋的混凝土保护层厚度不应小于受力钢筋直径。

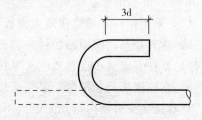

图 12-5 光圆钢筋末弯钩

（10）钢筋的接头宜设置在受力较小处。同一纵向受力钢筋不宜设置二个或二个以上的接头。接头末端至钢筋弯起点的距离不应小于钢筋公称直径的 10 倍。

（11）每层柱第一个钢筋接头位置距楼地面高度不宜小于 500mm、柱高的 1/6 及柱截面长边（或直径）的较大值；连续梁、板的上部钢筋接头位置宜设置在跨中 1/3 跨度范围内，下部钢筋接头位置宜设置在梁端 1/3 跨度范围内。

（12）纵向受力钢筋机械连接及焊接接头连接区段的长度应为 35d 且不应小于 500mm（见图 12-6），凡接头中点位于该连接区段长度内的接头均应属于同一连接区段。

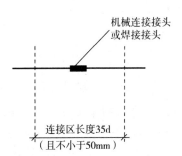

图 12-6　机械连接接头或焊接接头连接区段的长度

## 三、混凝土工程施工质量控制

（1）混凝土结构施工宜采用预拌混凝土。

（2）混凝土原材料进场复验规定：

1）对水泥的强度、安定性、凝结时间进行检验。同一生产厂家、同一品种、同一等级且连续进场的水泥袋装不超过 200t 为一检验批，散装不超过 500t 为一检验批。

当对水泥质量有怀疑或水泥出厂超过三个月（快硬硅酸盐水泥超过一个月）时，应进行复验。

2）对粗骨料的颗粒级配、含泥量、泥块含量、针片状含量指标进行检验，压碎指标可根据工程需要进行检验。应对细骨料颗粒级配、含泥量、泥块含量指标进行检验。

3）应对矿物掺合料细度、需水量比、活性指数、烧失量指标进行检验。粉煤灰、矿渣粉、沸石粉不超过 200t 为一检验批，硅灰不超过 30t 为一检验批。

4）同一品种外加剂不超过 50t 为一检验批。

（4）预应力混凝土结构、钢筋混凝土结构中，严禁使用含氯化物的水泥。预应力混凝土结构中严禁使用含氯化物的外加剂；钢筋混凝土结构中，当使用含有氯化物的外加剂时，混凝土中氯化物的总含量必须符合规定。

（5）混凝土浇筑前应先检查验收下列工作：

1）隐蔽工程验收和技术复核；

2）对操作人员进行技术交底；

3）检查并确认施工现场具备实施条件；

4）应填报浇筑申请单，并经监理工程师签认。

（7）混凝土拌合物入模温度不应低于 5℃，且不应高于 35℃。

（9）柱、墙混凝土设计强度等级高于梁、板强度等级时，混凝土浇筑应符合下列规定：

1）强度高一个等级时，柱、墙位置梁、板高度范围内的混凝土经设计单位同意，可采用与梁、板混凝土设计强度等级相同的混凝土进行浇筑。

2）高两个等级及以上时，应在交界区域采取分隔措施。分隔位置应在低强度等级的构件中，且距高强度等级构件边缘不应小于 500mm（见图 12-7）。

3）宜先浇筑高强度等级混凝土，后浇筑低强度等级混凝土。

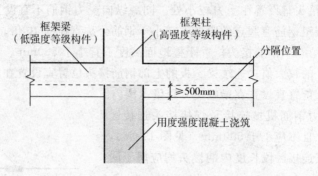

图 12-7　柱、梁强度高两个等级及以上时应采取分隔措施

（10）混凝土振捣应采取下列加强振捣措施：

1）宽度大于 0.3m 的预留洞底部区域应在洞口两侧进行振捣，并应适当延长振捣时间；宽度大于 0.8m 的洞口底部，应采取特殊的技术措施；

2）后浇带及施工缝边角处应加密振捣点，并应适当延长振捣时间；

3）钢筋密集区域或型钢与钢筋结合区域应选择小型振动棒辅助振捣、加密振捣点，并应适当延长振捣时间；

4）基础大体积混凝土浇筑流淌形成的坡顶和坡脚应适时振捣，不得漏振。

（11）在已浇筑的混凝土强度未达到 $1.2N/mm^2$ 以前，不得在其上踩踏、堆放荷载或安装模板及支架。

## 四、装配式结构工程施工质量控制

（4）预制构件的吊运应符合下列规定：

2）吊索与构件水平夹角不宜小于 60°，不应小于 45°（见图 12-8）。

3）吊运过程中，应设专人指挥。

（7）构件连接处浇筑用材料的强度等级值不应低于连接处构件混凝土强度设计等级值的较大值。

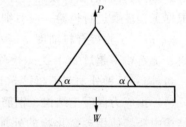

图 12-8　吊索与构件水平夹角

# 2A320034　砌体结构工程施工质量管理

## 一、材料要求

（2）对水泥质量有怀疑或水泥出厂超过三个月（快硬硅酸盐水泥超过一个月）时，应复查试验。

（5）施工现场砌块堆置高度不宜超过 2m。

## 二、施工过程质量控制

（1）砌筑砂浆搅拌后的稠度以 30～90mm 为宜。

（3）拌制的砂浆应在 3h 内使用完毕；当施工期间最高气温超过 30℃时，应在 2h 内使用完毕。

（4）砌筑砂浆留置试块每一检验批且不超过 250m³ 砌体，每台搅拌机应至少抽检一次。试块标养 28d 后作强度试验。

（5）砖应提前 1～2d 浇水湿润。烧结类块体的相对含水率宜为 60%～70%；混凝土多孔砖及混凝土实心砖不需浇水湿润；其他非烧结类块体相对含水率 40%～50%。现场抽查砖含水率的简化方法可采用现场断砖，砖截面四周融水深度为 15～20mm 视为符合要求。

（6）小砌块的产品龄期不应小于 28d。

（7）砌块搭接长度不宜小于砌块长度的 1/3。若砌块长度小于等于 300mm，其搭接长度不小于砌块长的 1/2。搭接长度不足时，应在灰缝中放置拉结钢筋。

（11）砌筑方法宜采用"三一"砌砖法，竖向灰缝宜采用挤浆法或加浆法，如采用铺浆法砌筑，铺浆长度不得超过 750mm。施工气温超过 30℃ 时，铺浆长度不得超过 500mm。

（15）在厨房、卫生间、浴室等处，当采用轻骨料混凝土小型空心砌块或蒸压加气混凝土砌块砌筑填充墙时，墙底部宜现浇混凝土坎台，其高度宜为 150mm。

# 2A320035  钢结构工程施工质量管理

## 一、原材料及成品进场

（2）对属于下列情况之一的钢材，应进行全数抽样复验：

1）国外进口钢材；

2）钢材混批；

3）板厚等于或大于 40mm，且设计有 Z 向性能要求的厚板；

4）建筑结构安全等级为一级，大跨度钢结构中主要受力构件所采用的钢材；

5）设计有复验要求的钢材；

6）对质量有疑义的钢材。

钢材复验内容应包括力学性能试验和化学成分分析。

（5）用于重要焊缝的焊接材料，或对质量合格证明文件有疑义的焊接材料，应进行抽样复验，复验时焊丝宜按五个批（相当炉批）取一组试验，焊条宜按三个批（相当炉批）取一组试验。

（6）普通螺栓作为永久性连接螺栓时，当设计文件要求或对其质量有疑义时，应进行螺栓实物最小拉力载荷复验，复验时每一规格螺栓抽查 8 个。

（7）当高强度螺栓连接副保管时间超过 6 个月后使用时，应按相关要求重新进行扭矩系数或紧固轴力试验，合格后方可使用。

（8）高强度大六角螺栓连接副和扭剪型高强度螺栓连接副（见图 12-9）应分别进行扭矩系数和紧固轴力（预拉力）复验，每批抽取 8 套连接副进行复验。

（a）高强度大六角头螺栓连接副　　　（b）扭剪型高强度螺栓连接副

图 12-9　高强度大六角头螺栓连接副与扭剪型高强度螺栓连接副

## 二、钢结构焊接工程

### （一）材料质量要求

（2）钢结构焊接工程中，一般采用焊缝金属与母材等强度的原则选用焊条、焊丝、焊剂等焊接材料。

### （二）施工过程质量控制

（1）当焊接作业环境温度低于 0℃ 但不低于 -10℃ 时，应将焊接接头和焊接表面各方向大于或等于 2 倍钢板厚度且不小于 100mm 的范围加热到不低于 20℃ 以上和规定的最低预热温度后方可施焊。

（2）预热和道间温度控制宜采用电加热、火焰加热和红外线加热等加热方法。

（3）严禁在焊缝区以外的母材上打火引弧。

（7）碳素结构钢应在焊缝冷却到环境温度后，低合金钢应在完成焊接 24h 后进行焊缝无损检测检验。

（8）栓钉焊焊后应进行弯曲试验抽查，栓钉弯曲 30°后焊缝和热影响区不得有肉眼可见裂纹。

## 三、钢结构紧固件连接工程

### （二）施工过程质量控制

（1）钢结构制作和安装单位应按规定分别进行高强度螺栓连接摩擦面的抗滑移系数试验和复验；当高强度连接节点按承压型连接或张拉型连接进行强度设计时，可不进行摩擦面抗滑移系数的试验和复验。

（2）高强度螺栓连接，必须对构件摩擦面进行加工处理。处理后的抗滑移系数应符合设计要求，方法有喷砂、喷（抛）丸、酸洗、砂轮打磨。

（3）普通螺栓连接紧固要求：

1）应从中间开始，对称向两边进行，大型接头宜采用复拧；

3）永久性普通螺栓，外露丝扣不应少于 2 扣。

（4）高强度螺栓应自由穿入螺栓孔，不应气割扩孔；其最大扩孔量不应超过 1.2d。

（5）高强度螺栓安装时应先使用安装螺栓和冲钉，不得用高强度螺栓兼作安装螺栓。

6）高强度螺栓的紧固顺序应从节点中间向边缘施拧，当天安装的螺栓应在当天终拧完毕，外露丝扣应为2～3扣。

## 四、钢结构安装工程

（7）钢结构安装校正时应考虑温度、日照和焊接变形等因素对结构变形的影响。

（9）检测与校核用的扳手应为同一把扳手。

（11）首节以上的钢柱定位轴线应从地面控制轴线直接引上，不得从下层柱的轴线引上。

## 2A320036　建筑防水、保温工程施工质量管理

## 一、建筑防水工程质量控制

### （一）屋面防水施工质量控制

（2）进场的防水卷材应检验下列项目：

1）高聚物改性沥青防水卷材的可溶物含量，拉力，最大拉力时延伸率，耐热度，低温柔性，不透水性；

2）合成高分子防水卷材的断裂拉伸强度、扯断伸长率、低温弯折性、不透水性。

（4）卷材防水层的施工环境温度

1）热熔法和焊接法不宜低于－10℃；

2）冷粘法和热粘法不宜低于5℃；

3）自粘法不宜低于10℃。

（7）进场的防水涂料和胎体增强材料应检验下列项目：

1）高聚物改性沥青防水涂料的固体含量、耐热性、低温柔性、不透水性、断裂伸长率或抗裂性；

2）合成高分子防水涂料和聚合物水泥防水涂料的固体含量、低温柔性、不透水性、拉伸强度、断裂伸长率；

3）胎体增强材料的拉力、延伸率。

（9）涂膜防水层的施工环境温度

1）水乳型及反应型涂料宜为5～35℃；

2）溶剂型涂料宜为－5～35℃；

3）热熔型涂料不宜低于－10℃；

4）聚合物水泥涂料宜为5～35℃。

（10）涂膜防水层施工质量控制要点：

1）有机防水涂料宜用于结构主体的迎水面，无机防水涂料宜用于背水面；

2）涂料防水层不宜留设施工缝，如面积较大须留设施工缝时，接涂时缝处搭接应大于100mm；

3）胎体材料同层相邻的搭接宽度应大于100mm，上下层接缝应错开1/3幅宽。

（二）室内防水施工质量控制

（7）二次埋置的套管，其周围混凝土抗渗等级应比原混凝土提高一级（0.2MPa），并应掺膨胀剂。

（8）厕浴间、厨房四周墙根防水层泛水高度不应小于250mm，浴室花洒喷淋的临墙面防水高度不得低于2m。

（16）防水层施工完后，应进行蓄水、淋水试验。设备与饰面层施工完毕后还应进行第二次蓄水试验。

（17）地面和水池的蓄水试验应达到24h以上，墙面间歇淋水试验应达到30min以上进行检验不渗漏。

（三）地下防水施工质量控制

1. **施工方案控制要求**

地下工程迎水面主体结构应采用防水混凝土，并应根据防水等级的要求采取其他防水措施。

2. **冻融侵蚀环境地下工程控制要点**

处于冻融侵蚀环境中的地下工程，其混凝土抗冻融循环不得小于300次。结构刚度较差或受震动作用的工程，宜采用延伸率较大的卷材、涂料等柔性防水材料。

3. **防水混凝土质量控制要点**

（1）水泥品种宜采用硅酸盐水泥、普通硅酸盐水泥。

（5）在终凝后应立即进行养护，养护时间不得少于14d。

（6）冬期施工时，混凝土入模温度不应低于5℃，应采取保温保湿养护措施，但不得采用电热法或蒸汽直接加热法。

4. **水泥砂浆防水层质量控制要点**

（3）冬期施工时，气温不应低于5℃。夏季不宜在30℃以上。

（4）水泥砂浆防水层终凝后，应及时进行养护，养护温度不宜低于5℃，养护时间不得少于14d。

（5）聚合物水泥防水砂浆未达到硬化状态时，不得浇水养护或直接受雨水冲刷，硬化后应采用干湿交替的养护方法。

5. **卷材防水层质量控制要点**

（1）卷材及其胶粘剂应具有良好的耐水性、耐久性、耐刺穿性、耐腐蚀性和耐菌性。

（2）当基面潮湿时，应涂刷湿固化型胶粘剂或潮湿界面隔离剂。

（6）铺贴三元乙丙橡胶防水卷材应采用冷粘法施工。

（7）铺贴聚氯乙烯防水卷材，接缝采用焊接法施工时，应先焊长边搭接缝，后焊短边搭接缝。

（8）铺贴聚乙烯丙纶复合防水卷材时，应采用配套的聚合物水泥防水黏结材料。

（9）高分子自粘胶膜防水卷材宜采用预铺反粘法施工，卷材宜单层铺设。

6. **涂料防水层质量控制要点**

（2）有机防水涂料基面应干燥。当基面较潮湿时，应涂刷湿固化型胶结剂或潮湿界面隔离剂；无机防水涂料施工前，基面应充分润湿，但不得有明水。潮湿基层宜选用与潮湿基面黏结力大的无机防水涂料，也可采用先涂无机防水涂料而后再涂有机防水涂料构成复合防水涂层。冬期施工宜选用反应型涂料。

## 二、建筑保温工程质量控制

### （一）屋面保温施工质量控制

（2）倒置式屋面保温层铺设前，应先对防水层进行淋水或蓄水试验。

（3）采用卷材做隔汽层时，卷材宜空铺，卷材搭接缝应满粘。

（8）现浇泡沫混凝土保温层，泡沫混凝土应分层浇筑，一次浇筑厚度不宜超过200mm，终凝后应进行保湿养护，养护时间不得少于7d。

（9）保温层的施工环境温度

1）干铺的保温材料可在负温度下施工；

2）用水泥砂浆粘贴的板状保温材料不宜低于5℃；

3）喷涂硬泡聚氨酯宜为15~35℃，空气相对湿度宜小于85%，风速不宜大于三级；

4）现浇泡沫混凝土宜为5~35℃。

### （二）外墙外保温施工质量控制

（2）外保温施工期间以及完工后24h内，基层及环境空气温度不应低于5℃。

（4）聚苯板应按顺砌方式粘贴，竖缝应逐行错缝。涂胶粘剂面积不得小于聚苯板面积的40%。

（5）门窗洞口四角处聚苯板应采用整板切割成形，不得拼接，接缝应离开角部至少200mm。

（7）底层距室外地面2m高的范围及装饰缝、门窗四角、阴阳角等可能遭受冲击力部位须铺设加强网。

## 2A320037　墙面、吊顶与地面工程施工质量管理

## 一、轻质隔墙工程质量验收的一般规定

（1）同一品种的轻质隔墙每50间（大面积房间和走廊按30m² 为一间）为一个检验批；不足50间也应划分为一个检验批。

（2）板材隔墙与骨架隔墙每个检验批应至少抽查10%，并不得少于3间；不足3间时应全数检查。

（3）活动隔墙与玻璃隔墙每批应至少抽查20%，并不得少于6间。不足6间时，应全数检查。

## 二、吊顶工程质量验收的一般规定

（1）同一品种的吊顶每50间（大面积房间和走廊按吊顶面积30m² 为一间）分一个检验批，不足50间也应划分一个检验批。

（2）每个检验批应至少抽查10%，并不得少于3间；不足3间时应全数检查。

（6）金属吊杆、龙骨应经过表面防腐处理；木龙骨应进行防腐、防火处理。

（10）吊顶内填充吸声材料应有防散落措施。

## 三、地面工程常用饰面质量验收的一般规定

（4）地面工程的主控项目，应达到规定的质量标准，认定为合格；一般项目80％以上的检查点符合规范规定，且最大偏差值不超过允许偏差值的50％为合格。

（7）大理石、花岗石面层应有放射性限量合格的检测报告。大理石、花岗石面层铺设前，板块的背面和侧面应进行防碱处理。

## 2A320038　建筑幕墙工程施工质量管理

（1）相同设计、材料、工艺和施工条件的幕墙工程每500～1000m² 为一个检验批，不足 500m² 也应为一个检验批。

（3）每个检验批每 100m² 应至少抽查一处，每处不得小于 10m² 。

（7）玻璃幕墙使用的玻璃应符合下列规定：

1）幕墙应使用安全玻璃；

2）幕墙玻璃的厚度不应小于 6mm。全玻幕墙肋玻璃的厚度不应小于 12mm（见图 12-10）；

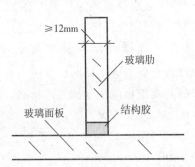

图 12-10　全玻幕墙肋玻璃的厚度

3）幕墙的中空玻璃应采用双道密封。明框幕墙的中空玻璃应采用聚硫密封胶及丁基密封胶；隐框和半隐框幕墙的中空玻璃应采用硅酮结构密封胶及丁基密封胶（见图 12-11）；镀膜面应在中空玻璃的第2或第3面上。

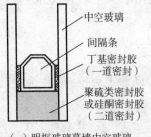

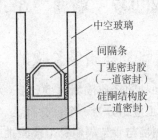

（a）明框玻璃幕墙中空玻璃　　（b）隐框、半隐框中空玻璃

图 12-11　中空玻璃采用双道密封

（10）隐框或半隐框玻璃幕墙，每块玻璃下端应设置两个铝合金或不锈钢托条，其长度不应小于 100mm，厚度不应小于 2mm。

（11）明框玻璃幕墙的玻璃安装应符合下列规定：

2）玻璃与构件不得直接接触，玻璃四周与构件凹槽底部应保持一定的空隙，每块玻璃下部应至少放置两块长度不小于 100mm 的弹性定位垫块。

（12）高度超过 4m 的全玻幕墙应吊挂在主体结构上，玻璃与玻璃、玻璃与玻璃肋之

间的缝隙.应采用硅酮结构密封胶填嵌严密。

（13）石材幕墙的铝合金挂件厚度不应小于4.0mm，
不锈钢挂件厚度不应小于3.0mm（见图12-12）。

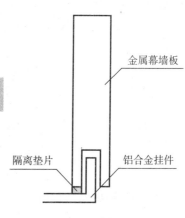

金属幕墙板

隔离垫片                铝合金挂件

图12-12  铝合金挂件

## 2A320039  门窗与细部工程施工质量管理

（1）同一品种、类型和规格的木门窗、金属门窗、
塑料门窗及门窗玻璃每100樘为一个检验批，不足100樘
也应为一个检验批。

（2）同一品种、类型和规格的特种门每50樘应划分
为一个检验批，不足50樘也应划分为一个检验批。

（5）门窗工程应对下列材料及其性能指标进行复验：

1）人造木板的甲醛含量；

2）建筑外墙金属窗、塑料窗的抗风压性能、空气渗透性能和雨水渗漏性能。

# 第四节　建筑工程施工安全管理

（2A320040）

## 2A320041  基坑工程安全管理

## 一、应采取支护措施的基坑（槽）

（1）基坑深度较大，且不具备自然放坡施工条件。

（2）地基土质松软，并有地下水或丰富的上层滞水。

（3）基坑开挖会危及邻近建筑物、道路及地下管线的安全与使用。

## 二、基坑（槽）支护的主要方式

简单水平支撑；钢板桩；水泥土桩；钢筋混凝土排桩；土钉；锚杆；地下连续墙；逆
作拱墙；原状土放坡；桩、墙加支撑系统。

## 三、基坑工程监测

包括支护结构监测和周围环境监测。

### 1. 支护结构监测包括

（1）对围护墙侧压力、弯曲应力和变形的监测；

（2）对支撑（锚杆）轴力、弯曲应力的监测；

（3）对腰梁（围檩）轴力、弯曲应力的监测；

（4）对立柱沉降、抬起的监测等。（腰梁、立柱见图12-13）

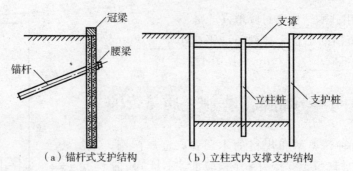

图 12 - 13  深基坑支护结构

**2. 周围环境监测包括**

（1）坑外地形的变形监测；

（2）邻近建筑物的沉降和倾斜监测；

（3）地下管线的沉降和位移监测等。

# 四、地下水的控制方法

主要有集水明排、真空井点降水、喷射井点降水、管井降水、截水和回灌等。

# 五、基坑发生坍塌以前的主要迹象

（1）周围地面出现裂缝，并不断扩展。

（2）支撑系统发出挤压等异常响声。

（3）环梁或排桩、挡墙的水平位移较大，并持续发展。

（4）支护系统出现局部失稳。

（5）大量水土不断涌入基坑。

（6）相当数量的锚杆螺母松动，甚至有的槽钢松脱等。

# 六、基坑支护破坏的主要形式

（1）由支护的强度、刚度和稳定性不足引起的破坏。

（2）由支护埋置深度不足，导致基坑隆起引起的破坏。

（3）由止水帷幕处理不好，导致管涌等引起的破坏。

（4）由人工降水处理不好引起的破坏。

# 七、基坑支护安全控制要点

（1）基坑支护与降水、土方开挖必须编制专项施工方案，经施工单位技术负责人、总监理工程师签字后实施。

（2）基坑支护结构必须具有足够的强度、刚度和稳定性。

（3）基坑支护结构的实际水平位移和竖向位移，必须控制在设计允许范围内。

（5）控制好基坑支护、降水与开挖的顺序。

（6）控制好管涌、流沙、坑底隆起、坑外地下水位变化和地表的沉陷等。

（7）控制好坑外建筑物、道路和管线等的沉降、位移。

# 八、基坑施工应急处理措施

(1) 在基坑开挖过程中，一旦出现渗水或漏水，应根据水量大小，采用坑底设沟排水、引流修补、密实混凝土封堵、压密注浆、高压喷射注浆等方法及时处理。

(2) 水泥土墙等重力式支护结构如果位移超过设计估计值应予以高度重视。如位移持续发展，超过设计值较多，则应采用水泥土墙背后卸载、加快垫层施工及垫层厚度和加设支撑等方法及时处理（见图 12-14）。

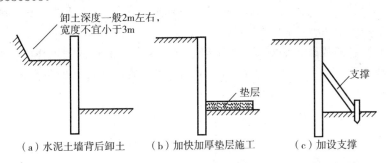

图 12-14　水泥土墙重力式支护结构位移超过设计值的解决措施

(3) 悬臂式支护结构发生位移时，应采取加设支撑或锚杆、支护墙背卸土等方法及时处理。悬臂式支护结构发生深层滑动应及时浇筑垫层，必要时也可加厚垫层，以形成下部水平支撑。

(4) 支撑式支护结构如发生墙背土体沉陷，应采取增设坑内降水设备降低地下水、进行坑底加固、垫层随挖随浇、加厚垫层或采用配筋垫层、设置坑底支撑等方法及时处理。

(5) 对轻微的流沙现象，在基坑开挖后可采用加快垫层浇筑或加厚垫层的方法"压注"流沙。对较严重的流沙，应增加坑内降水措施。

(6) 如发生管涌，可在支护墙前再打设一排钢板桩，在钢板桩与支护墙间进行注浆。

(7) 对邻近建筑物沉降的控制一般可采用跟踪注浆的方法。对沉降很大，而压密注浆又不能控制的建筑，如果基础是钢筋混凝土的，则可考虑静力锚杆压桩的方法（见图 12-15）。

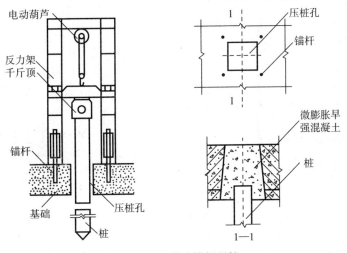

图 12-15　静力锚杆压桩

（8）对基坑周围管线保护的应急措施，一般包括打设封闭桩或开挖隔离沟、管线架空两种方法。

# 2A320042　脚手架工程安全管理

## 一、一般脚手架安全控制要点

（2）单排脚手架搭设高度不应超过24m；双排脚手架不宜超过50m，高度超过50m的双排脚手架，应采用分段搭设的措施。

（3）脚手架立杆基础不在同一高度上时，必须将高处的纵向扫地杆向低处延长两跨与立杆固定，高低差不应大于1m。靠边坡上方的立杆轴线到边坡的距离不应小于500mm（见图12-16）。

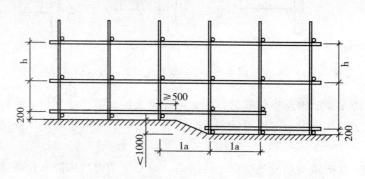

图12-16　立杆基础不在同一高度上纵向扫地杆的设置

（4）脚手架主节点处必须设置一根横向水平杆，用直角扣件扣接在纵向水平杆上且严禁拆除。在双排脚手架中，横向水平杆靠墙一端的外伸长度不应大于杆长的0.4倍，且不应大于500mm（见图12-17）。

（5）脚手架必须设置纵、横向扫地杆（见图12-18）。

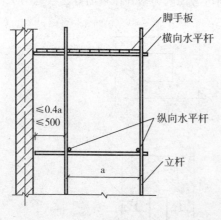

图12-17　离墙一端横向水平杆外伸长度

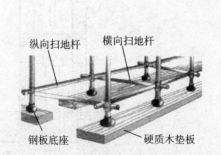

图12-18　纵、横向扫地杆

（6）高度在24m以下的单、双排脚手架，均必须在外侧立面的两端各设置一道剪刀撑，并应由底至顶连续设置，中间各道剪刀撑之间的净距不应大于15m。24m以上的双排脚手架应在外侧立面整个长度和高度上连续设置剪刀撑（见图12-19）。剪刀撑、横向斜撑搭设应随立杆、纵向和横向水平杆等同步搭设。

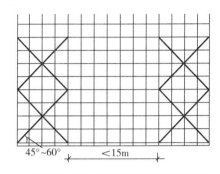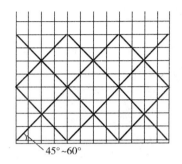

（a）高度在24m以下的剪刀撑可间隔设置　　　　（b）高度在24m以上的剪刀撑应连续设置

图12-19　剪刀撑设置规定

（7）高度在24m以下的单、双排脚手架，宜采用刚性连墙件与建筑物可靠连接，亦可采用拉筋和顶撑配合使用的附墙连接方式，严禁使用仅有拉筋的柔性连墙件（见图12-20）。24m及以上的双排脚手架，必须采用刚性连墙件与建筑物可靠连接（见图12-21），50m以上的脚手架连墙件应按2步3跨进行布置。

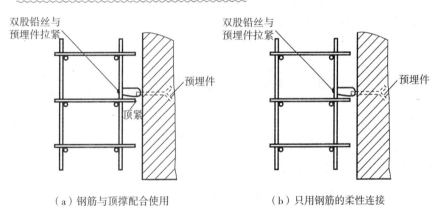

（a）钢筋与顶撑配合使用　　　　　　　（b）只用钢筋的柔性连接

图12-20　脚手架与墙体的柔性连接

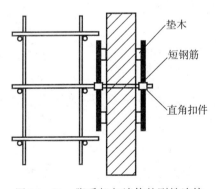

图12-21　脚手架与墙体的刚性连接

## 二、一般脚手架检查与验收程序

（1）脚手架的检查与验收应由项目经理组织，项目施工、技术、安全、作业班组负责人等有关人员参加，按照技术规范、施工方案、技术交底等有关技术文件，对脚手架进行分段验收。

（2）脚手架及其地基基础应在下列阶段进行检查和验收：

1）基础完工后，架体搭设前；

2）每搭设完 6~8m 高度后；

3）作业层上施加荷载前；

4）达到设计高度后；

5）遇有六级及以上大风或大雨后；

6）冻结地区解冻后；

7）停用超过一个月的，在重新投入使用之前。

（3）脚手架定期检查的主要项目包括：

1）杆件的设置和连接，连墙件、支撑、门洞桁架等的构造是否符合要求；

2）地基是否有积水，底座是否松动，立杆是否悬空；

3）扣件螺栓是否有松动；

4）高度在 24m 及以上的脚手架，其立杆的沉降与垂直度的偏差是否符合规范的要求；

5）架体的安全防护措施是否符合要求；

6）是否有超载使用的现象等。

# 2A320043　模板工程安全管理

## 一、模板设计

模板设计主要包括模板面、支撑系统及连接配件等的设计。

## 二、模板工程施工前的安全审查验证

审查验证的项目主要包括：

（1）模板结构设计计算书的荷载取值是否符合工程实际，计算方法是否正确，审核手续是否齐全。

（2）模板设计图是否安全合理，图纸是否齐全。

（3）模板设计中的各项安全措施是否齐全。

## 三、现浇混凝土工程模板支撑系统的选材及安装要求

（3）立柱底部应设置木垫板，禁止使用砖及脆性材料铺垫。

（4）立柱接长严禁搭接，必须采用对接扣件连接，相邻两立柱的对接接头不得在同步内，且对接接头沿竖向错开的距离不宜小于 500mm，各接头中心距主节点不宜大于步距的 1/3（见图 12-22）。

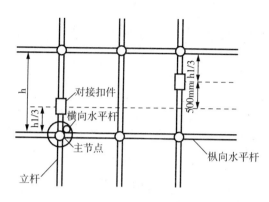

图 12-22  立杆采用对接扣件连接

（5）为保证立柱的整体稳定，在安装立柱的同时，应加设水平拉结和剪刀撑。

（7）当层高在8～20m时，在最顶步距两水平拉杆中间应加设一道水平拉杆；当层高大于20m时，在最顶两步距水平拉杆中间应分别增加一道水平拉杆。所有水平拉杆的端部均应与四周建筑物顶紧顶牢。无处可顶时，应于水平拉杆端部和中部沿竖向设置连续式剪刀撑。

## 四、影响模板钢管支架整体稳定性的主要因素

主要因素有：立杆间距、水平杆的步距、立杆的接长、连墙件的连接、扣件的紧固程度。

## 五、保证模板安装施工安全的基本要求

（1）模板工程作业高度在2m及2m以上时，要有安全可靠的操作架子或操作平台。

（2）操作架子上、平台上不宜堆放模板。

（3）雨期施工，高耸结构的模板作业，要安装避雷装置。

（4）五级以上大风天气，不宜进行大块模板拼装和吊装作业。

（5）在架空输电线路下方进行模板施工，如果不能停电作业，应采取隔离防护措施。

## 六、保证模板拆除施工安全的基本要求

（1）模板及其支架拆除时的混凝土强度应符合设计要求。当设计无要求时，应符合下列规定：

1）承重模板，应在与结构同条件养护的试块强度达到规定要求时，方可拆除；

2）后张预应力混凝土结构底模必须在预应力张拉完毕后，才能进行拆除；

5）拆除芯模或预留孔的内模时，应在混凝土强度能保证不发生塌陷和裂缝时，方可拆除。

（2）拆模之前必须要办理拆模申请手续。

（3）各类模板拆除的顺序：

设计无具体要求时，可按先支的后拆，后支的先拆，先拆非承重的模板，后拆承重的模板及支架的顺序。

# 2A320044 高处作业安全管理

## 一、高处作业的定义

高处作业是指凡在坠落高度基准面 2m 以上（含 2m）的作业。

## 二、高处作业的分级

建筑施工高处作业分为四个等级（见表 12-3）：

表 12-3 高处作业等级划分

| 等 级 | 高度 | 坠落半径 |
| --- | --- | --- |
| 一级高处作业 | 2～5m | 2m |
| 二级高处作业 | 5～15m | 3m |
| 三级高处作业 | 15～30m | 4m |
| 四级高处作业 | 大于30m | 5m |

## 三、高处作业的基本安全要求

（1）施工单位应提供个人安全防护用具（安全帽、安全带、防滑鞋等）。

（2）高处作业前，应检查安全设施（脚手架、平台、梯子、防护栏杆、挡脚板、安全网等）是否符合要求。

（3）危险部位应悬挂安全警示标牌。夜间施工设红灯示警。

（4）不得攀爬脚手架或栏杆上下。

（5）上下应设联系信号并指定专人负责联络。

（6）在六级及六级以上强风和雷电、暴雨、大雾等恶劣气候条件下，不得进行露天高处作业。

## 五、操作平台作业安全控制要点

（1）移动式操作平台台面不得超过 10m²，高度不得超过 5m，台面四周设置防护栏杆。不允许带人移动平台。

（2）悬挑式操作平台安装时不能与外围护脚手架进行拉结，应与建筑结构进行拉结。

## 六、交叉作业安全控制要点

（1）交叉作业人员不允许在同一垂直方向上操作；要做到上部与下部作业人员的位置错开。拆下的模板等堆放时，不能过于靠近楼层边沿，应与楼层边沿留出不小于 1m 的安全距离，码放高度也不宜超过 1m。

（2）结构施工自二层起，凡人员进出的通道口都应搭设符合规范要求的防护棚，高度超过 24m 的交叉作业，通道口应设双层防护棚进行防护。

## 2A320045  洞口、临边防护管理

### 一、一般脚手架安全控制要点

（4）电梯井口除设置固定的栅门外，还应在电梯井内每隔两层（不大于10m）设一道安全平网进行防护（见图12-23）。

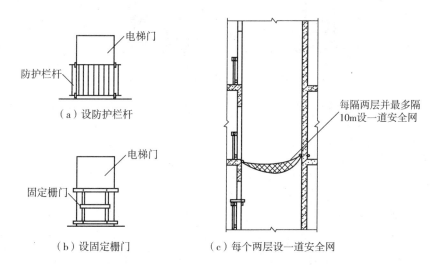

（a）设防护栏杆

（b）设固定栅门

（c）每个两层设一道安全网

图12-23  电梯井口安全防护

（5）在地面入口处和人员流动密集的通道上方，应设置防护棚。

（6）现场大的坑槽、陡坡等处，除需设置防护设施与安全警示标牌外，夜间还应设红灯示警。

### 二、洞口的防护设施要求

（1）各类洞口防护措施（见表12-4）

表12-4  各类洞口防护措施

| 序号 | 洞口尺寸 | 防护措施 |
|---|---|---|
| 1 | 2.5～25cm（短边尺寸） | 必须用坚实的盖板盖严，盖板要有防止挪动移位的固定措施 |
| 2 | 25～50cm | 可用竹、木等作盖板，盖住洞口，盖板要保持四周搁置均衡，并有固定其位置不发生挪动移位的措施 |
| 3 | 50～150cm | 必须设置一层以扣件扣接钢管而成的网格栅，并在其上满铺竹笆或脚手板，也可采用贯穿于混凝土板内的钢筋构成防护网栅，钢筋网格间距不得大于20cm |
| 4 | 150cm以上 | 四周必须设防护栏杆，洞口下张设安全平网防护 |

（6）位于车辆行驶通道旁的洞口，所加盖板应能承受不小于卡车后轮有效承载力2倍的荷载。

（7）墙面等处的竖向洞口，凡落地的洞口应加装开关式、固定式或工具式防护门，门栅网格的间距不应大于15cm，也可采用防护栏杆，下设挡脚板（见图12-24）。

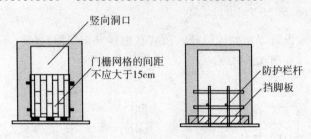

图12-24　竖向洞口的防护

（8）下边沿至楼板或底面低于80cm的窗台等竖向洞口，如侧边落差大于2m时，应加设1.2m高的临时护栏。

## 三、临边作业安全防护基本规定

（1）在进行临边作业时，必须设置安全警示标牌。

（2）基坑周边、尚未安装栏杆或栏板的阳台周边、无外脚手架防护的楼面与屋面周边等处必须设置防护栏杆、挡脚板，并封挂安全立网进行封闭。

（3）临边外侧靠近街道时，除设防护栏杆、挡脚板、封挂立网外，立面还应采取荆笆等硬封闭措施，防止施工中落物伤人。

## 四、防护栏杆的设置要求

（1）防护栏杆应由上、下两道横杆及栏杆柱组成，上杆离地高度为1.0～1.2m，下杆离地高度为0.5～0.6m。横杆长度大于2m时，必须加设栏杆柱。

（2）当栏杆在基坑四周固定时，可采用钢管打入地面50～70cm深。

（6）防护栏杆必须用安全立网封闭，或在栏杆下边设置高度不低于18cm的挡脚板或40cm的挡脚笆。

# 2A320046　施工用电安全管理

（1）临时用电设备在5台及以上或设备总容量在50kW及以上者，应编制用电组织设计。临时用电设备在5台以下和设备总容量在50kW以下者，应制定安全用电和电气防火措施。

（2）变压器中性点直接接地的低压电网临时用电工程，必须采用TN-S接零保护系统。

（3）当施工现场与外电线路共用同一供电系统时，电气设备的接地、接零保护应与原系统保持一致，不得一部分设备做保护接零，另一部分设备做保护接地。

（4）配电箱的设置：

1）配电系统应设置总配电箱、分配电箱、开关箱，并按照"总—分—开"顺序作分级设置，形成"三级配电"模式（见图12-25）。

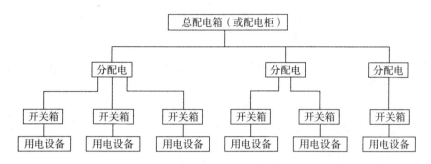

图 12-25　三级配电系统

2）总配电箱要尽量靠近变压器或外电电源处，以便于电源的引入。分配电箱应尽量安装在用电设备或负荷相对集中区域的中心地带，确保三相负荷保持平衡。开关箱安装的位置应尽量靠近其控制的用电设备。

3）施工现场的动力用电和照明用电应形成两个用电回路。

4）施工现场所有用电设备必须有各自专用的开关箱。

（5）电器装置的选择与装配：

1）施工用电回路和设备必须加装两级漏电保护器，总配电箱中应加装总漏电保护器，作为初级漏电保护，末级漏电保护器必须装配在开关箱内。

2）施工用电配电系统各配电箱、开关箱中应装配隔离开关、熔断器或断路器。

3）开关箱中装配的隔离开关只可用于直接控制现场照明电路和容量不大于3.0kW的动力电路。容量大于3.0kW动力电路的开关箱中应采用断路器控制。

5）在开关箱中作为末级保护的漏电保护器，其额定漏电动作电流不应大于30mA，额定漏电动作时间不应大于0.1s。在潮湿、有腐蚀性介质的场所中，漏电保护器要选用防溅型的产品，其额定漏电动作电流不应大于15mA，额定漏电动作时间不应大于0.1s。

（6）施工现场照明用电：

1）在坑、洞、井内作业，夜间施工或厂房、道路、仓库、办公室、食堂、宿舍、料具堆放场所及自然采光差的场所，应设一般照明、局部照明或混合照明。一般场所宜选用额定电压为220V的照明器。

2）隧道、人防工程、高温、有导电灰尘、比较潮湿或灯具离地面高度低于2.5m等场所的照明，电源电压不得大于36V。

3）潮湿和易触及带电体场所的照明，电源电压不得大于24V。

4）特别潮湿场所、导电良好的地面、锅炉或金属容器内的照明，电源电压不得大于12V。

5）照明变压器必须使用双绕组型安全隔离变压器，严禁使用自耦变压器。

6）室外220V灯具距地面不得低于3m，室内220V灯具距地面不得低于2.5m。

7）碘钨灯及金属卤化物灯具的安装高度宜在3m以上。

## 2A320047　垂直运输机械安全管理

### 一、物料提升机安全控制要点

（2）物料提升机的基础设计要求时，可按素土夯实后，浇筑 300mm（C20 混凝土）厚条形基础。

（5）物料提升机架体外侧应沿全高用立网进行防护。

（6）各层通道口处都应设置常闭型的防护门。

### 二、外用电梯安全控制要点

（1）安装和拆卸之前必须制定详细的施工方案。

（2）安装和拆卸作业必须由取得相应资质的专业队伍进行，安装完毕经验收合格，取得政府相关主管部门核发的《准用证》后方可投入使用。

（3）外用电梯的制动器，限速器，门联锁装置，上、下限位装置，断绳保护装置，缓冲装置等安全装置必须齐全、灵敏、可靠。

（4）外用电梯底笼周围 2.5m 范围内必须设置牢固的防护栏杆。

（5）外用电梯与各层站过桥和运输通道，除应在两侧设置安全防护栏杆、挡脚板并用安全立网封闭外，进出口处尚应设置常闭型的防护门。

（8）外用电梯在大雨、大雾和六级及六级以上大风天气时，应停止使用。

### 三、塔式起重机安全控制要点

（1）安装和拆卸之前必须制定详细的施工方案。

（2）安装和拆卸作业必须由取得相应资质的专业队伍进行，安装完毕经验收合格，取得政府相关主管部门核发的《准用证》后方可投入使用。

（4）塔吊的力矩限制器，超高、变幅、行走限位器，吊钩保险，卷筒保险，爬梯护圈等安全装置必须齐全、灵敏、可靠。

（6）遇六级及六级以上大风等恶劣天气，应停止作业，将吊钩升起。

## 2A320048　施工机具安全管理

### 三、手持电动工具的安全控制要点

（1）使用Ⅰ类手持电动工具外壳应做接零保护，并加装漏电保护装置。露天、潮湿场所或在金属构架上操作，严禁使用Ⅰ类手持电动工具。

（2）手持电动工具自带的软电缆不允许任意拆除或接长，插头不得任意拆除更换。

（4）在危险场所和高度危险场所，必须采用Ⅱ类工具，在狭窄场所（锅炉、金属容器、地沟、管道内等）宜采用Ⅲ类工具。

## 四、电焊机安全控制要点

（3）电焊机的接零保护、漏电保护和二次侧空载降压保护装置必须齐全有效。

（5）电焊机施焊现场 10m 范围内不得堆放易燃、易爆物品。

## 七、打桩机械安全控制要点

（3）施工前应编写专项施工方案。

（4）打桩施工场地应按坡度不大于 1‰、地基承载力不小于 83kPa 的要求进行平整压实。

（5）桩机周围应有明显安全警示标牌或围栏，严禁闲人进入。

（6）高压线下两侧 10m 以内不得安装打桩机。

（7）遇有大雨、雪、雾和六级及六级以上强风等恶劣气候，应停止作业，并应将桩机顺风向停置，并增加缆风绳。

# 2A320049　施工安全检查与评定

## 一、施工安全检查评定项目

### 1. 安全管理

（1）保证项目应包括：

安全生产责任制、施工组织设计及专项施工方案、安全技术交底、安全检查、安全教育、应急救援。一般项目应包括：分包单位安全管理、持证上岗、生产安全事故处理、安全标志。

（2）安全技术交底检查评定内容：

1）施工负责人应对相关管理人员、施工作业人员进行书面安全技术交底；

2）安全技术交底应按施工工序、施工部位、施工栋号分部分项进行；

3）安全技术交底应对危险因素、施工方案、规范标准、操作规程和应急措施进行交底；

4）安全技术交底应由交底人、被交底人、专职安全员进行签字确认。

（4）应急救援：

1）工程项目部应针对工程特点，进行重大危险源的辨识。应制定防触电、防坍塌、防高处坠落、防起重及机械伤害、防火灾、防物体打击等主要内容的专项应急救援预案；

2）施工现场应建立应急救援组织，配备应急救援人员，定期组织应急救援演练；

3）应配备应急救援器材和设备。

### 2. 文明施工

保证项目应包括：现场围挡、封闭管理、施工场地、材料管理、现场办公与住宿、现场防火。一般项目应包括：综合治理、公示标牌、生活设施、社区服务。

### 3. 扣件式钢管脚手架

保证项目包括：

施工方案、立杆基础、架体与建筑物结构拉结、杆件间距与剪刀撑、脚手板与防护栏杆、交底与验收。

### 11. 基坑工程

保证项目包括：施工方案、基坑支护、降排水、基坑开挖、坑边荷载、安全防护。

### 12. 模板支架

保证项目包括：施工方案、立杆基础、支架稳定、施工荷载、交底与验收。

## 三、施工安全检查评定等级

安全检查评定的等级划分应符合下列规定：

1）优良

分项检查评分表无零分，汇总表得分值应在 80 分及以上。

2）合格

分项检查评分表无零分，汇总表得分值应在 80 分以下，70 分及以上。

3）不合格

① 当汇总表得分值不足 70 分时；

② 当有一分项检查评分表得零分时。

# 第五节　建筑工程施工招标投标管理

## (2A320050)

## 2A320051　施工招标投标管理要求

## 一、施工招标的主要管理要求

### 1. 下列工程必须进行招标：

（1）大型基础设施、公用事业等关系社会公共利益、公众安全的项目。

（2）全部或者部分使用国有资金投资或者国家融资的项目。

（3）使用国际组织或者外国政府贷款、援助资金的项目。

### 2. 有下列情形之一的，可以不进行招标：

（1）需要采用不可替代的专利或者专有技术。

（2）采购人依法能够自行建设、生产或者提供。

（3）已通过招标方式选定的特许经营项目投资人依法能够自行建设、生产或者提供。

（4）需要向原中标人采购工程、货物或者服务，否则将影响施工或者功能配套要求。

（5）国家规定的其他特殊情形。

3. 必须进行招标的项目，其招标范围、招标方式、招标组织形式应当报项目审批、核准部门审批。

4. 招标人应当在招标文件中载明投标有效期。投标有效期从提交投标文件的截止之日起算。招标的项目，自招标文件开始发出之日起至投标人提交投标文件截止之日止，最短不得少于 20d。

## 二、施工投标的主要管理要求

（1）投标文件应当对招标文件提出的实质性要求和条件做出响应。例如工程质量、工期、参建人员资格等。

（2）投标文件一般包括经济标和技术标。

（3）投标人少于 3 个的，招标人应当依法重新招标。在招标文件要求提交投标文件的截止时间后送达的投标文件，招标人应当拒收。

（4）投标人在投标文件的截止时间前，可以补充、修改或者撤回已提交的投标文件。

（5）招标人已收取投标保证金的，应当自收到投标人书面撤回通知之日起 5d 内退还。

（6）投标人不得以低于成本的报价竞标。

（7）投标人相互串通投标或者与招标人串通投标的，行贿中标的，中标无效，处中标项目金额 5% 以上 10% 以下的罚款，责任人员处单位罚款数额 5% 以上 10% 以下的罚款。

# 2A320052　施工招标条件与程序

## 一、招标条件

应当具备下列条件才能进行施工招标：

（1）招标人已经依法成立；

（2）初步设计及概算应当履行审批手续的，已经批准；

（3）招标范围、招标方式和招标组织形式等应当履行核准手续的，已经核准；

（4）有相应资金或资金来源已经落实；

（5）有招标所需的设计图纸及技术资料。

## 二、招标程序

### （一）招标准备

（1）建设工程项目报建；

（2）组织招标工作机构；

（3）招标申请；

（4）资格预审文件、招标文件的编制与送审；

（5）工程标的价格的编制；

（6）刊登资格预审通告、招标通告；

（7）资格预审。

### （二）招标实施

（1）发售招标文件以及对招标文件的答疑；

（2）勘查现场；

(3) 投标预备会；

(4) 接受投标单位的投标文件；

(5) 建立评标组织。

（三）开标定标

(1) 召开开标会议、审查投标文件；

(2) 评标，决定中标单位；

(3) 发出中标通知书；

(4) 与中标单位签订中标合同。

## 2A320053　施工投标条件与程序

### 一、投标人应具备的条件

(1) 投标人应当具备承担招标项目的能力。

(2) 投标人应当符合招标文件规定的资格条件。

1) 具有招标条件要求的资质证书、营业执照、组织机构代码证、税务登记证、安全施工许可证，并为独立的法人实体；

2) 承担过类似建设项目的相关工作，并有良好的工作业绩和履约记录；

3) 财产状况良好，没有处于财产被接管、破产或其他关、停、并、转状态；

4) 在最近 3 年没有骗取合同以及其他经济方面的严重违法行为；

5) 近几年有较好的安全纪录，投标当年内没有发生重大质量和特大安全事故；

6) 荣誉情况。

### 二、共同投标的联合体的基本条件

(1) 两个以上法人或组织可以组成一个联合体，以一个投标人的身份共同投标。

(2) 联合体各方均应当具备承担招标项目的相应能力。

(3) 联合体，按照资质等级较低的单位确定资质等级。联合体中标的，联合体各方应当共同与招标人签订合同，就中标项目向招标人承担连带责任。

# 第六节　建筑工程造价与成本管理

## （2A320060）

## 2A320061　工程造价的构成与计算

### 一、按费用构成要素划分

由人工费、材料费、施工机具使用费、企业管理费、利润、规费和税金组成。

（1）人工费包括：计时工资或计件工资、奖金、津贴补贴、加班加点工资、特殊情况下支付的工资。

（2）材料费包括：材料原价、运杂费、运输损耗费、采购及保管费。

（3）施工机具使用费包括：施工机械使用费（含折旧费、大修理费、经常修理费、安拆费及场外运费、人工费、燃料动力费、税费）、仪器仪表使用费。

（4）企业管理费包括：管理人员工资、办公费、差旅交通费、固定资产使用费、工具用具使用费、劳动保险和职工福利费、劳动保护费、检验试验费、工会经费、职工教育经费、财产保险费、财务费、税金（指企业按规定缴纳的房产税、车船使用税、土地使用税、印花税等）、其他

（5）利润

（6）规费包括：社会保险费（含养老保险费、失业保险费、医疗保险费、生育保险费、工伤保险费）、住房公积金、工程排污费。

（7）税金包括：营业税、城市维护建设税、教育费附加以及地方教育附加。

## 二、按造价形成划分

由分部分项工程费、措施项目费、其他项目费、规费、税金组成。

（1）分部分项工程费，包括：专业工程、分部分项工程。

（2）措施项目费，包括：安全文明施工费（含环境保护费、文明施工费、安全施工费、临时设施费）、夜间施工增加费、二次搬运费、冬雨季施工增加费、已完工程及设备保护费、工程定位复测费、特殊地区施工增加费、大型机械设备进出场及安拆费、脚手架工程费。

（3）其他项目费，包括：暂列金额、计日工、总承包服务费。

## 2A320062　工程施工成本的构成

分为直接成本和间接成本。直接成本由人工费、材料费、机械费和措施费构成；间接成本包括企业管理费和规费。

## 2A320063　工程量清单计价规范的运用

（2）分部分项工程清单和措施项目清单应采用综合单价计价。综合单价指人工费、材料费、施工机械使用费和企业管理费与利润，以及一定范围内的风险费用。

（4）下列影响合同价款的因素出现，应由发包人承担：

1）国家法律、法规、规章和政策变化；

2）省级或行业建设主管部门发布的人工费调整。

（5）由于市场物价波动应由双方在合同中约定。合同中没有约定，发、承包双方发生争议时，按下列规定实施。

1）材料、工程设备的涨幅超过招标时基准价格5%以上由发包人承担；

2）施工机械使用费涨幅超过招标时的基准价格10%以上由发包人承担。

## 2A320064　合同价款的约定与调整

### 一、合同价款的约定

招标工程的合同价格，双方根据中标价格在协议书内约定；非招标工程的合同价格，双方根据工程预算书在协议书内约定。

常用的合同价款约定方式有以下 3 种：

（1）单价合同（固定单价、可调单价）。固定单价合同，适用于虽然图纸不完备但是采用标准设计的工程项目。可调单价合同，适用于工期长、施工图不完整、施工过程中可能发生各种不可预见因素较多的工程项目。

（2）总价合同（固定总价、可调总价）。固定总价合同适用于规模小、技术难度小、工期短（一般在一年之内）的工程项目。可调总价合同适用于虽然工程规模小、技术难度小、图纸设计完整、设计变更少，但是工期一般在一年之上的工程项目。

（3）成本加酬金合同。适用于灾后重建、新型项目或对施工内容、经济指标不确定的工程项目。

### 二、合同价款的调整

（1）出现下列情形之一时，发包人应予以修正，并相应调整合同价格：

1）工程量清单存在缺项、漏项的；

2）工程量清单偏差超出专用合同条款约定的工程量偏差范围的；

3）未按照计量规范强制性规定计量的。

（2）变更估价程序：承包人应在收到变更指示后 14d 内，向监理人提交变更估价申请。监理人收到后 7d 内审查完毕并报送发包人，发包人应在承包人提交变更估价申请后 14d 内审批完毕。

变更价款原则：

1）已标价工程量清单有相同项目的，按照相同项目单价认定；

2）已标价工程量清单无相同项目，但有类似项目的，参照类似项目的单价认定；

3）变更导致实际完成的工程量与已标价工程量清单的工程量的变化幅度超过 15% 的，或清单中无相同项目及类似项目单价的，按照合理的成本与利润构成原则，由合同当事人进行商定，或者总监理工程师做出公正的确定。

## 2A320065　预付款与进度款的计算

### 一、预付款额度的确定方法

（1）百分比法：建筑工程一般不得超过当年工作量的 25%；安装工程一般不得超过当年安装工作量的 10%，小型工程（一般指 30 万元以下）可以不预付备料款。

（2）数学计算法：（略）

## 二、预付备料款的回扣

起扣点＝工程价款总额－（预付备料款/主要材料所占比重）

## 三、工程进度款的计算

### （一）施工合同（示范文本）的规定

（1）在确认计量结果后14d内，发包人应向承包人支付进度款。

（2）发包人逾期不支付进度款，承包人可发出要求付款的通知，发包人接通知后仍不求付，可与承包人协商签订延期付款协议。

（3）从第15天起计算应付款的贷款利息。

（4）发包人不按约定支付进度款，双方又未达成延期付款协议，导致施工无法进行，承包人可停止施工，由发包人承担违约责任。

## 2A320066　工程竣工结算

### 一、竣工结算原则（略）

### 二、施工合同（示范文本）的规定

（1）工程竣工验收报告经发包人认可后28d内，承包人提交竣工结算报告及竣工结算资料。

（2）发包人在其后的28d内进行核实。

（3）承包人收到竣工结算价款后14d内将竣工工程交付发包人。

### 三、竣工调值公式法

$$P=P_0 (a_0+a_1A/A_0+a_2B/B_0+a_3C/C_0+a_4D/D_0)$$

$P$——工程实际结算价款；

$P_0$——调值前工程进度款；

$a_0$——不调值部分比重；

$a_1$、$a_2$、$a_3$、$a_4$——调值因素比重；

$A$、$B$、$C$、$D$——现行价格指数或价格；

$A_0$、$B_0$、$C_0$、$D_0$——基期价格指数或价格。

## 2A320067　成本控制方法在建筑工程中的应用

### 一、用价值工程原理控制工程成本

### （一）用价值工程控制成本的原理

价值工程的公式 $V=F/C$ 分析，提高价值的途径有5条：

（1）功能提高，成本不变；

（2）功能不变，成本降低；

（3）功能提高，成本降低；

（4）降低辅助功能，大幅度降低成本；

（5）成本稍有提高，大大提高功能。

其中（1）、（3）、（4）的途径是提高价值，同时也降低成本的途径。应当选择价值系数低、降低成本潜力大的工程作为价值工程的对象。

**（二）价值分析的对象**

（1）选择数量大，应用面广的构配件。

（2）选择成本高的工程和构配件。

（3）选择结构复杂的工程和构配件。

（4）选择体积与重量大的工程和构配件。

（5）选择对产品功能提高起关键作用的构配件。

（6）选择在使用中维修费用高、耗能量大或使用期的总费用较大的工程和构配件。

（7）选择畅销产品，以保持优势，提高竞争力。

（8）选择在施工中容易保证质量的工程和构配件。

（9）选择施工难度大、多花费材料和工时的工程和构配件。

（10）选择可利用新材料、新设备、新工艺、新结构及在科研上已有先进成果的工程和构配件。

## 二、建筑工程成本分析

（1）成本分析的依据是统计核算、会计核算和业务核算的资料。

（2）成本分析方法有两类八种：第一类是基本分析方法，有比较法，因素分析法，差额分析法和比率法；第二类是综合分析法，包括分部分项成本分析，月（季）度成本分析，年度成本分析，竣工成本分析。

（3）因素分析法最为常用。采用连环替代法。该方法首先要排序。排序的原则是：先工程量，后价值量；先绝对数，后相对数。

# 第七节　建设工程施工合同管理

## （2A320070）

### 2A320071　施工合同的组成与内容

## 一、《建设工程施工合同（示范文本）》简介

《示范文本》由合同协议书、通用合同条款和专用合同条款三部分组成。

## 二、《示范文本》的性质和适用范围

《示范文本》为非强制性使用文本。适用于房屋建筑工程、土木工程、线路管道和设备安装工程、装修工程等。

## 三、施工合同文件的构成

协议书与下列文件一起构成合同文件：

（1）中标通知书；

（2）投标函及其附录；

（3）专用合同条款及其附件；

（4）通用合同条款；

（5）技术标准和要求；

（6）图纸；

（7）已标价工程量清单或预算书；

（8）其他合同文件。

属于同一类内容的文件，应以最新签署的为准。

## 2A320072　施工合同的签订与履行

## 一、施工合同的签订（略）

## 二、签订合同应注意的问题

（1）有下列情形之一的，合同无效：

1）一方以欺诈、胁迫的手段订立合同，损害国家利益；

2）恶意串通，损害国家、集体或者第三人利益；

3）以合法形式掩盖非法目的；

4）损害社会公共利益；

5）违反法律、行政法规的强制性规定。

（2）合同中的下列免责条款无效：

1）造成对方人身伤害的；

2）因故意或者重大过失造成对方财产损失的。

（3）当事人一方有权请求人民法院或者仲裁机构变更或者撤销：

1）因重大误解订立的；

2）在订立合同时显失公平的。

## 三、合同的履行

承包人的合同管理应遵循下列程序：

（1）合同评审；

（2）合同订立；

（3）合同实施计划：

（4）合同实施控制；

（5）合同综合评价；

（6）有关知识产权的合法使用。

## 四、合同缺陷的处理原则

### （一）协议补充

### （二）按照合同有关条款或者交易习惯确定

#### 1. 质量要求不明确的

应按照国家标准、行业标准履行；没有国家标准、行业标准的，按照通常标准或者符合合同目的的特定标准履行。

#### 2. 价款或报酬约定不明确的

应按订立施工合同时履行地的市场价格履行，依法应当执行政府定价或者政府指导价格的，按照规定履行。在执行政府定价或政府指导价的情况下，当价格发生变化时：

（1）在合同约定的交付期限内政府价格调整时，按照交付的价格计价。

（2）逾期交付的，遇到价格上涨时，按照原价履行；价格下降时，按照新价格履行。

（3）逾期提取的或逾期付款的，遇到价格上涨时，按照新价履行；价格下降时，按照原价格履行。

#### 3. 履行期限不明确的

根据《合同法》的规定合同履行中的"必要准备时间"，一般应参照工期定额、工程实际情况和相类似工程项目案例进行确定。

## 2A320073　专业分包合同的应用

专业承包企业资质设2～3个等级，60个资质类别。

（1）承包人的工作如下：

1）向分包人提供由发包人办理的相关证件、资料。

2）组织分包人参加图纸会审，向分包人进行图纸交底。

3）提供专用条款约定的设备，并承担因此发生的费用。

4）随时为分包人提供施工场地和通道等。

5）负责整个施工场地的管理、协调。

（2）分包人的工作如下：

1）按照分包合同约定，对分包工程进行设计、施工、竣工和保修。

2）完成规定的设计内容，报承包人确认后在分包工程中使用。承包人承担由此发生的费用。

3）向承包人提供年、季、月度工程进度计划。

4）向承包人提交一份详细施工组织设计。

5）遵守场地交通、施工噪声以及环境保护和安全文明生产等的规定，按规定办理有关手续，承包人承担由此发生的费用。

6）应允许承包人、发包人、工程师及其授权的人员进入施工场地。

（3）分包人不能按时开工，应当不迟于约定的开工日期前5d，书面提出延期开工的理由。承包人接到申请后的48h内以书面形式答复分包人。

# 2A320074　劳务分包合同的应用

劳务分包企业资质设1~2个等级，13个资质类别。

1. 工程承包人义务

（2）承包人完成下列工作并承担相应费用：

1）向劳务分包人交付劳务作业开工条件的施工场地；

2）完成水、电、热、电讯等施工管线和施工道路，并满足所需的能源供应、通讯及施工道路畅通；

3）提供工程地质和地下管网线路资料；

4）完成办理下列工作手续（包括各种证件、批件、规费，但涉及劳务分包人自身的手续除外）；

5）提供相应的水准点与坐标控制点位置；

6）提供生产、生活临时设施。

（3）负责编制施工组织设计。

（4）负责工程测量定位、沉降观测、技术交底，组织图纸会审，统一安排技术档案资料的收集整理及交工验收。

（6）按时提供图纸，及时交付应供材料、设备。

（7）按合同约定，向劳务分包人支付劳动报酬。

（8）负责与发包人、监理、设计及有关部门联系，协调现场工作关系。

# 2A320075　施工合同变更与索赔

## 一、施工索赔的计算方法

（一）工期索赔的计算方法

（1）网络分析法

（2）比例分析法

（3）其他方法

（二）费用索赔计算方法

（1）总费用法：又称为总成本法。

（2）分项法：可以按人工费、机械费、管理费、利润等分别计算索赔费用。

## 二、建筑工程施工合同反索赔

（2）反索赔的主要内容：

1）延迟工期的反索赔；

2）工程施工质量缺陷的反索赔；

3）合同担保的反索赔；

4）发包方其他损失的反索赔。

# 第八节　建筑工程施工现场管理

## （2A320080）

## 2A320081　现场消防管理

## 一、施工现场消防的一般规定

（1）应以"预防为主、防消结合、综合治理"为方针。

（2）编制施工组织设计时，必须包含防火安全措施内容。

（3）现场要有明显的防火宣传标志，必须设置临时消防车道。

（4）应明确划分固定动火区和禁火区，现场动火必须严格履行动火审批程序。

（6）电气设备必须符合防火要求，临时用电系统必须安装过载保护装置。

（8）施工现场严禁工程明火保温施工。

（9）生活区的设置必须符合防火要求，宿舍内严禁明火取暖。

（11）现场应配备足够的消防器材。

（12）编制防火安全应急预案，并定期组织演练。

## 二、施工现场动火等级的划分

（1）凡属下列情况之一的动火，均为一级动火：

1）禁火区域内。

2）油罐、油箱、油槽车和储存过可燃气体、易燃液体的容器及与其连接在一起的辅助设备。

3）各种受压设备。

4）危险性较大的登高焊、割作业。

5）比较密封的室内、容器内、地下室等场所。

6）现场堆有大量可燃和易燃物质的场所。

（2）凡属下列情况之一的动火，均为二级动火：

1）在具有一定危险因素的非禁火区域内进行临时焊、割等用火作业。

2）小型油箱等容器。

3）登高焊、割等用火作业。

（3）在非固定的、无明显危险因素的场所进行用火作业，均属三级动火作业。

## 三、施工现场动火审批程序

（1）一级动火，由项目负责人组织编制防火安全技术方案，填写动火申请表，报企业安全管理部门审查批准后，方可动火。

（2）二级动火，由项目责任工程师组织拟定防火安全技术措施，填写动火申请表，报项目安全管理部门和项目负责人审查批准后，方可动火。

（3）三级动火，由所在班组填写动火申请表，经项目责任工程师和项目安全管理部门审查批准后，方可动火。

（4）动火证当日有效，如动火地点发生变化，则需重新办理动火审批手续。

## 四、施工现场消防器材的配备

（1）在建工程及临时用房的下列场所应配置灭火器：

1）易燃易爆危险品存放及使用场所；

2）动火作业场所；

3）可燃材料存放、加工及使用场所；

4）厨房操作间、锅炉房、发电机房、变配电房、设备用房、办公用房、宿舍等临时用房；

5）其他具有火灾危险的场所。

（2）一般临时设施区，每 $100m^2$ 配备两个 10L 的灭火器，大型临时设施总面积超过 $1200m^2$ 的，应备有消防专用的消防桶、消防锹、消防钩、盛水桶（池）、消防沙箱等器材设施。

（3）临时木工加工车间、油漆作业间等，每 $25m^2$ 应配置一个种类合适的灭火器。

（4）仓库、油库、危化品库或堆料厂内，应配备足够组数、种类的灭火器，每组灭火器不应少于四个，每组灭火器之间的距离不应大于 30m。

（5）高度超过 24m 的建筑工程，应保证消防水源充足，设置具有足够扬程的高压水泵，安装临时消防竖管，管径不得小于 75mm。

## 六、施工现场消防车道

施工现场内应设置临时消防车道，临时消防车道与在建工程、临时用房的距离，不宜小于 5m，且不宜大于 40m。

（1）临时消防车道宜为环形，如设置环形车道确有困难，应在消防车道尽端设置尺寸不小于 12m×12m 的回车场。

（2）临时消防车道的净宽度和净空高度均不应小于 4m。

（3）下列建筑应设置环形临时消防车道，确有困难时，除设置回车场外，还应设置临时消防救援场地：

1）建筑高度大于 24m 的在建工程；

2）单体占地面积大于 $3000m^2$ 的在建工程；

3）超过 10 栋，且为成组布置的临时用房。

## 七、现场消防安全教育、技术交底和检查

消防安全技术交底应包括下列主要内容：

1）可能发生火灾的部位或环节；
2）应采取的防火措施及应配备的临时消防设施；
3）初起火灾的扑救方法及注意事项；
4）逃生方法及路线。

## 2A320082　现场文明施工管理

## 三、现场文明施工管理要点

（1）现场必须实施封闭管理，现场出入口应设大门和保安值班室，大门或门头设置企业名称和企业标识，场地四周必须采用封闭围挡，一般路段的围挡高度不得低于 1.8m，市区主要路段的围挡高度不得低于 2.5m。

（2）现场出入口明显处应设置"五牌一图"，即：工程概况牌、管理人员名单及监督电话牌、消防保卫牌、安全生产牌、文明施工和环境保护牌及施工现场总平面图。

（4）现场机械设备、脚手架、临时道路、临时设施等设，均应符合施工平面图的要求。

（6）现场的施工区域应与办公、生活区划分清晰，并应采取相应的隔离防护措施，在建工程内严禁住人。

（8）现场应设置的排水沟渠系统，保持场地道路的干燥坚实，泥浆和污水未经处理不得直接排放。施工场地应硬化处理。

（9）现场应建立防火制度和火灾应急响应机制，落实防火措施，配备防火器材。明火作业应严格执行动火审批手续和动火监护制度。

（10）现场应按要求设置消防通道，并保持畅通。

## 2A320084　现场环境保护管理

## 二、施工现场常见的重要环境影响因素

（1）噪声排放（机械作业、模板支拆、脚手架安装与拆除等）。
（2）粉尘排放。
（3）遗撒（生活垃圾、建筑垃圾）。
（4）化学品泄漏。
（5）有毒有害废弃物排放。
（6）夜间照明造成的光污染。
（7）火灾、爆炸。

（8）生活、生产污水排放。

（10）现场用水、用电等能源的消耗。

## 三、施工现场环境保护实施要点

（2）在市区施工，必须在工程所在地县级以上政府环境保护管理部门申报登记。夜间施工的，需办理夜间施工许可证明，并公告附近社区居民。

（3）现场污水排放要与所在地县级以上政府市政管理部门签署污水排放许可协议、申领《临时排水许可证》。泥浆、污水未经处理不得直接排入城市排水设施。

（4）固体废弃物应在县级以上地方政府环卫部门申报登记，分类存放。建筑垃圾和生活垃圾应与垃圾消纳中心签署环保协议，及时清运处置。有毒有害废弃物应运送到专门的有毒有害废弃物中心消纳。

（5）现场的主要道路必须进行硬化处理。

（6）拆除建筑物时，应采用隔离、洒水等措施。

（7）水泥和易飞扬的细颗粒材料应密闭存放或采取覆盖等措施。

（8）现场严禁焚烧各类废弃物，禁止将有毒有害废弃物作土方回填。

（9）对于机械噪声扰民，应有相应的降噪减振控制措施。

## 2A320085 职业健康安全管理

## 二、施工现场主要职业危害

现场职业危害来自：粉尘的危害、生产性毒物的危害、噪声的危害、振动的危害、紫外线的危害和环境条件危害等。

## 2A320086 临时用电、用水管理

## 一、施工现场临时用电管理

（1）包括临时动力用电和临时照明用电。

（2）编制临时用电施工组织设计或方案。

（3）总包单位与分包单位应订立临时用电管理协议。

（5）电工作业应持有效证件。

## 二、施工现场临时用水管理

（1）现场临时用水包括生产用水、机械用水、生活用水和消防用水。

（3）消防用水一般利用城市或建设单位的永久消防设施。如自行设计，消防干管直径应不小于100mm，消火栓处周围3m内不准存放物品。

（4）高度超过24m的建筑工程，应安装临时消防竖管，管径不得小于75mm，严禁消防竖管作为施工用水管线。

# 2A320087　安全警示牌布置原则

## 一、施工现场安全警示牌的类型

安全标志分为：禁止标志、警告标志、指令标志和提示标志四大类型。

## 三、施工现场安全警示牌的设置原则

应遵循"标准、安全、醒目、便利、协调、合理"的原则。

## 四、施工现场使用安全警示牌的基本要求

（1）根据有关规定，现场出入口、施工起重机械、临时用电设施、脚手架、通道口、楼梯口、电梯井口、孔洞、基坑边沿、爆炸物及有毒有害物质存放处等属于存在安全风险的重要部位，应当设置明显的安全警示标牌。

（6）多个安全警示牌在一起布置时，应按警告、禁止、指令、提示类型的顺序，先左后右、先上后下进行排列。各标志牌之间的距离至少应为标志牌尺寸的 0.2 倍。

# 2A320088　施工现场综合考评分析

## 二、施工现场综合考评的内容

### 1. 施工组织管理
主要内容：企业及项目经理资质情况、合同签订及履约管理、总分包管理、关键岗位培训及持证上岗、施工组织设计及实施情况等。

### 2. 工程质量管理
主要内容：质量管理与质量保证体系、工程实体质量、工程质量保证资料等。

### 3. 施工安全管理
主要内容：安全生产保证体系和施工安全技术、规范、标准的实施情况等。

### 4. 文明施工管理
主要内容：场容场貌、料具管理、环境保护、社会治安情况等。

### 5. 建设单位、监理单位的现场管理
主要内容：有无专人或委托监理单位对现场实施管理、有无隐蔽验收签认、有无现场检查认可记录及执行合同情况等。

## 三、施工现场综合考评办法及奖罚

（2）对于一个年度内同一个施工现场被两次警告的，给予建筑业企业、建设单位或监理单位通报批评的处罚；给予项目经理或监理工程师通报批评的处罚。

（3）对于一个年度内同一个施工现场被三次警告的，给予建筑业企业或监理单位降低资质一级的处罚；给予项目经理、监理工程师取消资格的处罚；责令该施工现场停工整顿。

# 第九节　建筑工程验收管理

## (2A320090)

## 2A320091　检验批及分项工程的质量验收

### 一、检验批的质量验收

（2）检验批可按楼层、施工段、变形缝等进行划分。

（3）由监理工程师（建设单位项目专业技术负责人）组织项目专业质量员等进行验收。

（4）检验批合格质量应符合下列规定：

1）主控项目和一般项目的质量经抽查检验合格；

2）具有完整的施工操作依据、质量检查记录。

### 二、分项工程的质量验收

（1）分项工程应按主要工种、材料、施工工艺、设备类型等进行划分。

（2）分项工程应由监理工程师（建设单位项目专业技术负责人）组织项目专业质量（技术）负责人等进行验收。

（3）分项工程质量验收合格应符合下列规定：

1）分项工程所含的检验批均应符合合格质量的规定；

2）分项工程所含的质量检验批的质量验收记录应完整。

## 2A320092　分部工程的质量验收

### 一、分部工程的划分应按下列原则确定

（1）分部工程应按专业性质、建筑部位确定。

（2）当分部工程较大或较复杂时，可按材料种类、施工特点、施工程序、专业系统及类别等划分为若干子分部工程。

### 二、分部工程质量验收程序和组织

分部工程应由总监理工程师（建设单位项目负责人）组织施工单位项目负责人和技术、质量负责人等进行验收；地基与基础、主体结构分部工程的勘察、设计单位工程项目负责人和施工单位技术、质量部门负责人也应参加相关分部工程验收。

## 三、分部工程质量验收合格规定

（1）分部工程所含分项工程的质量均应验收合格。

（2）质量控制资料应完整。

（3）地基与基础、主体结构和设备安装等分部工程有关安全及功能的检验和抽样检测结果应符合有关规定。

（4）观感质量验收应符合要求。

## 2A320093　室内环境质量验收

（1）民用建筑划分为以下两类：

1）Ⅰ类民用建筑：住宅、医院、老年建筑、幼儿园、学校教室等；

2）Ⅱ类民用建筑：办公楼、商店、旅馆、文化娱乐场所、书店、图书馆、展览馆、体育馆、公共交通等候室、餐厅、理发店。

（2）室内环境质量验收，应在工程完工至少 7d 以后、工程交付使用前进行。

（5）检测数量的规定：

1）应抽检有代表性的房间，检测数量不得少于 5%，并不得少于 3 间。房间总数少于 3 间时，应全数检测；

2）凡进行了样板间测试结果合格的，抽检数量减半，并不得少于 3 间；

3）检测点按房间面积设置，且应符合表 12－5 规定；

表 12－5　检测点的规定

| 房间使用面积（m²） | 检测点数（个） |
| --- | --- |
| ＜50 | 1 |
| ＞50，＜100 | 2 |
| ＞100，＜500 | 不少于 3 |
| ＞500，＜1000 | 不少于 5 |
| ＞1000，＜3000 | 不少于 6 |
| ＞3000 | 不少于 9 |

4）当房间内有 2 个及以上检测点时，应采用对角线、斜线、梅花状均衡布点，并取各点检测结果的平均值作为该房间的检测值。

（6）检测方法的要求：

1）检测点应距内墙面不小于 0.5m、距楼地面高度 0.8～1.5m；

2）甲醛、苯、氨、总挥发性有机化合物（TVOC）浓度检测时，对集中空调的民用建筑，应在空调正常运转的条件下进行；对采用自然通风的民用建筑，检测应在对外门窗关闭 1h 后进行；

3）氡浓度检测时，对采用集中空调的民用建筑，应在空调正常运转的条件下进行；对采用自然通风的民用建筑工程，应在房间的对外门窗关闭 24h 以后进行。

# 2A320094　节能工程质量验收

## 一、节能分部工程质量验收的划分

（1）节能分项工程分为：墙体节能、幕墙节能、门窗节能、屋面节能、地面节能、采暖节能、通风与空气调节、空调与采暖系统冷热源及管网节能、配电与照明节能、监测与控制节能工程。

（2）节能工程应按照分项工程进行验收。

## 二、节能分部工程质量验收的要求

节能分部工程的质量验收，应在检验批、分项工程全部验收合格的基础上进行。

## 三、节能工程检验批、分项及分部工程的质量验收程序

（1）节能工程的检验批、隐蔽工程验收应由监理工程师主持，施工单位相关专业的质量检查员与施工员参加。

（2）节能分项工程验收应由监理工程师主持，施工单位项目技术负责人和相关专业的质量检查员、施工员参加。

（3）节能分部工程验收应由总监理工程师（建设单位项目负责人）主持，施工单位项目经理、项目技术负责人和相关专业的质量检查员、施工员参加；施工单位的质量或技术负责人应参加；设计单位节能设计人员应参加。

## 四、建筑节能分部工程质量验收合格规定

（1）分项工程应全部合格。

（2）质量控制资料应完整。

（3）外墙节能构造现场实体检验结果应符合设计要求。

（4）严寒、寒冷和夏热冬冷地区的外窗气密性现场实体检测结果应合格。

（5）建筑设备工程系统节能性能检测结果应合格。

# 2A320095　消防工程竣工验收

## 一、消防检测的规定

在工程竣工后，施工安装单位必须委托具备资格的建筑消防设施检测单位进行技术测试，取得建筑消防设施技术测试报告。

## 二、消防验收的规定

建设单位应当向公安消防监督机构提出工程消防验收申请，送达建筑消防设施技术测试报告，填写《建筑工程消防验收申报表》，并组织消防验收。消防验收不合格的，施工

单位不得交工，建筑物的所有者不得接收使用。

## 2A320096　单位工程竣工验收

（1）单位工程质量验收合格应符合下列规定

1）单位工程所含分部工程的质量均应验收合格。

2）质量控制资料应完整。

3）单位工程所含分部工程有关安全和功能的检测资料应完整。

4）主要功能项目的抽查结果应符合相关专业质量验收规范的规定。

5）观感质量验收应符合要求。

（2）单位工程质量验收程序和组织

1）施工单位应自检评定，合格后向建设单位提交工程验收报告。

2）建设单位收到工程验收报告后，应由建设单位（项目）负责人组织施工、设计、监理等单位（项目）负责人进行单位工程验收。

3）有分包时，分包单位自检评定，总包单位应派人参加。分包工程完成后，应将工程有关资料交总包单位。

4）单位工程质量验收合格后，建设单位应在规定时间内将竣工验收报告和有关文件，报建设行政管理部门备案。

（3）通过返修或加固处理仍不能满足安全使用要求的工程，严禁验收。

## 2A320097　工程竣工资料的编制

### 一、工程资料分类

（1）工程资料可分为：工程准备阶段文件、监理资料、施工资料、竣工图和工程竣工文件5类。

（2）工程准备阶段文件，可分为：决策立项文件、建设用地文件、勘察设计文件、招投标及合同文件、开工文件、商务文件6类。

（3）施工资料，可分为：施工管理资料、施工技术资料、施工进度及造价资料、施工物资资料、施工记录、施工试验记录及检测报告、施工质量验收记录、竣工验收资料8类。

（4）工程竣工文件，可分为：竣工验收文件、竣工决算文件、竣工交档文件、竣工总结文件4类。

### 二、竣工图的编制与审核应符合下列规定

（1）新建、改建、扩建的建筑工程均应编制竣工图。

（2）竣工图的专业类别应与施工图对应。

（3）竣工图应依据施工图、图纸会审记录、设计变更通知单、工程洽商记录等绘制。

（4）当施工图没有变更时，可直接在施工图上加盖竣工图章形成竣工图。

（6）竣工图应有竣工图章和相关责任人签字。

# 三、工程资料移交与归档

## （一）工程资料移交应符合下列规定

（1）施工单位应向建设单位移交施工资料。

（2）实行施工总承包的，各专业承包单位向施工总承包单位移交施工资料。

（3）监理单位应向建设单位移交监理资料。

（4）工程资料移交时应及时办理相关移交手续。

（5）建设单位应按规定向城建档案管理部门移交工程档案，并办理相关手续。

## （二）工程资料归档应符合下列规定

（2）工程资料归档保存期限当无规定时，不宜少于 5 年。

（3）建设单位工程资料归档保存期限应满足工程维护、修缮、改造、加固的需要。

（4）施工单位工程资料归档保存期限应满足工程质量保修及质量追溯的需要。

# 第三篇

# 建筑工程项目施工相关法规与标准

## （2A330000）

【主要内容】

- 建筑工程相关法规
- 建筑工程标准

# 第一章 建筑工程相关法规

## (2A331000)

# 第一节 建筑工程管理相关法规

## (2A331010)

### 2A331011 民用建筑节能法规

### 二、新建建筑节能

（5）建设单位组织竣工验收，应当对民用建筑是否符合民用建筑节能强制性标准进行查验；对不符合民用建筑节能强制性标准的，不得出具竣工验收报告。

（6）保温工程的最低保修期限为 5 年。保温工程的保修期，自竣工验收合格之日起计算。

### 2A331012 建筑市场诚信行为信息管理办法

### 三、诚信行为记录实行公布

不良行为记录信息的公布时间为行政处罚决定做出后 7 日内，公布期限一般为 6 个月至 3 年；良好行为记录信息公布期限一般为 3 年。

### 2A331013 危险性较大工程专项施工方案管理办法

### 一、危险性较大的分部分项工程安全专项施工方案的定义

（1）建设单位在申请领取施工许可证或办理安全监督手续时，应当提供危险性较大的分部分项工程清单和安全管理措施。

（2）建筑工程实行施工总承包的，专项方案应当由施工总承包单位组织编制。其中，起重机械安装拆卸工程、深基坑工程、附着式升降脚手架等专业工程实行分包的，其专项方案可由专业承包单位组织编制。

## 二、危险性较大的分部分项工程范围

### 1. 基坑支护、降水工程

开挖深度超过 3m（含 3m）或虽未超过 3m 但地质条件和周边环境复杂的基坑支护、降水工程。

### 2. 土方开挖工程

开挖深度超过 3m（含 3m）的基坑的土方开挖工程。

### 3. 模板工程及支撑体系

（1）各类工具式模板工程：包括大模板、滑模、爬模、飞模等工程。

（2）混凝土模板支撑工程：搭设高度 5m 及以上；搭设跨度 10m 及以上；施工总荷 10kN/m² 及以上；集中线荷载 15kN/m 及以上；高度大于支撑水平投影宽度且相对独力无联系构件的混凝土模板支撑工程。

（3）承重支撑体系：用于钢结构安装等满堂支撑体系。

### 4. 起重吊装及安装拆卸工程

（1）采用非常规起重设备、方法，且单件起吊重量在 10kN 及以上的起重吊装工程。

（2）采用起重机械进行安装的工程。

（3）起重机械设备自身的安装、拆卸。

### 5. 脚手架工程

（1）搭设高度 24m 及以上的落地式钢管脚手架工程。

（2）附着式整体和分片提升脚手架工程。

（3）悬挑式脚手架工程。

（4）吊篮脚手架工程。

（5）自制卸料平台、移动操作平台工程。

（6）新型及异型脚手架工程。

### 6. 拆除、爆破工程

（1）建筑物、构筑物拆除工程。

（2）采用爆破拆除的工程。

### 7. 其他

（1）建筑幕墙安装工程。

（2）钢结构、网架和索膜结构安装工程。

（3）人工挖扩孔桩工程。

（4）地下暗挖、顶管及水下作业工程。

（5）预应力工程。

（6）采用新技术、新工艺、新材料、新设备及尚无相关技术标准的危险性较大的分部分项工程。

## 三、超过一定规模的危险性较大的分部分项工程的范围

### 1. 深基坑工程

（1）开挖深度超过 5m（含 5m）的基坑的土方开挖、支护、降水工程。

（2）开挖深度虽未超过 5m，但地质条件、周围环境和地下管线复杂，或影响毗邻建筑物安全的基坑的土方开挖、支护、降水工程。

### 2. 模板工程及支撑体系

（1）工具式模板工程：包括滑模、爬模、飞模工程。

（2）混凝土模板支撑工程：搭设高度 8m 及以上；搭设跨度 18m 及以上，施工总荷载 $15kN/m^2$ 及以上；集中线荷载 $20kN/m^2$ 及以上。

（3）承重支撑体系：用于钢结构安装等满堂支撑体系，承受单点集中荷载 700kg 以上。

### 3. 起重吊装及安装拆卸工程

（1）采用非常规起重设备、方法，且单件起吊重量在 100kN 及以上的起重吊装工程。

（2）起重量 300kN 及以上的起重设备安装工程；高度 200m 及以上内爬起重设备的拆除工程。

### 4. 脚手架工程

（1）搭设高度 50m 及以上落地式钢管脚手架工程。

（2）提升高度 150m 及以上附着式整体和分片提升脚手架工程。

（3）架体高度 20m 及以上悬挑式脚手架工程。

### 5. 拆除、爆破工程

（1）采用爆破拆除的工程。

（2）码头、桥梁、高架、烟囱、水塔或拆除中容易引起有毒有害气（液）体或粉尘扩散、易燃易爆事故发生的特殊建、构筑物的拆除工程。

（3）可能影响行人、交通、电力设施、通信设施或其他建、构筑物安全的拆除工程。

（4）文物保护建筑、优秀历史建筑或历史文化风貌区控制范围的拆除工程。

### 6. 其他

（1）施工高度 50m 及以上的建筑幕墙安装工程。

（2）跨度大于 36m 及以上的钢结构安装工程；跨度大于 60m 及以上的网架和索膜结构安装工程。

（3）开挖深度超过 16m 的人工挖孔桩工程。

（4）地下暗挖工程、顶管工程、水下作业工程。

（5）采用新技术、新工艺、新材料、新设备及尚无相关技术标准的危险性较大的分部分项工程。

## 四、专项方案的编制、审批及论证

### 1. 编制单位

施工单位应当编制专项方案，实行施工总承包的，应当由施工总承包单位组织编制。其中，起重机械安装拆卸工程、深基坑工程、附着式升降脚手架等专业工程实行分包的，其专项方案可由专业承包单位组织编制。

### 2. 专项方案编制应当包括以下内容

（1）工程概况。

（2）编制依据。

（3）施工计划：包括施工进度计划、材料与设备计划。

（4）施工工艺技术。

（5）施工安全保证措施。

（6）劳动力计划。

（7）计算书及相关图纸。

3. 审批流程

施工单位技术部门组织本单位施工技术、安全、质量等部门的专业技术人员对编制的专项施工方案进行审核。经审核合格后，由施工单位技术负责人签字，实行施工总承包的，专项方案应当由总承包单位技术负责人及相关专业承包单位技术负责人签字确定。

不需专家论证的专项方案，经施工单位审核合格后报监理单位。由总监理工程师审核签字。

4. 专家论证

（1）由施工单位组织召开专家论证会。实行施工总承包的，由施工总承包单位组织召开专家论证会。

（2）专家论证会的参会人员：

1）专家组成员；

2）建设单位项目负责人或技术负责人；

3）监理单位项目总监理工程师及相关人员；

4）施工单位分管安全的负责人、技术负责人、项目负责人、项目技术负责人、专项方案编制人员、项目专职安全生产管理人员；

5）勘察、设计单位项目技术负责人及相关人员。

（3）专家组成员应当由 5 名及以上专家组成，本项目参建各方的人员不得以专家身份参加专家论证会。

## 2A331014　工程建设生产安全事故发生后的报告和调查处理程序

## 二、事故报告的期限和内容

### 1. 事故报告的期限

事故发生后，现场有关人员应当立即向施工单位负责人报告。

施工单位负责人接到报告后，应当于 1h 内向县级以上建设主管部门和有关部门报告。

### 2. 报告的内容

（1）事故发生的时间、地点和工程项目、有关单位名称；

（2）事故的简要经过；

（3）事故已经造成或者可能造成的伤亡人数和初步估计的直接经济损失；

（4）事故的初步原因；

（5）事故发生后采取的措施及事故控制情况；

（6）事故报告单位或报告人员；

（7）其他应当报告的情况。

# 2A331016　建筑工程严禁违法分包的有关规定

## 二、分包必须遵守以下规定

（1）中标人只能将中标项目的非主体、非关键性工作分包给具有相应资质条件的单位；施工总承包的，建筑工程主体结构的施工必须由总承包单位自行完成。

（2）分包的工程必须是合同约定可以分包的工程，合同中没有约定的，必须经招标人认可。

（3）禁止将工程分包给不具备相应资质的单位。禁止分包单位再分包。

（4）承包人不得将其承包的全部建设工程转包给第三人或者将其承包的全部建设工程肢解以后以分包的名义分别转包给第三人。

## 三、总承包的责任

（2）《建筑法》规定，总承包单位按照总承包合同的约定对建设单位负责；分包单位按照分包合同的约定对总承包单位负责。总承包单位和分包单位就分包工程对建设单位承担连带责任。

# 2A331017　工程保修有关规定

## 二、保修期限和保修范围

房屋建筑工程保修期从工程竣工验收合格之日起计算，房屋建筑工程的最低保修期限为：

（1）地基基础工程和主体结构工程，为设计文件规定的该工程合理使用年限。

（2）屋面防水工程、有防水要求的卫生间、房间和外墙面的防渗漏为5年。

（3）供热与供冷系统，为2个采暖期、供冷期。

（4）电气管线、给排水管道、设备安装为2年。

（5）装修工程为2年。

## 三、保修期内施工单位的责任

建设单位和施工单位应当在工程质量保修书中约定保修范围、保修期限和保修责任等。

（4）施工单位不按工程质量保修书约定保修的，建设单位可以另行委托其他单位保修，由原施工单位承担相应责任。

（5）保修费用由质量缺陷的责任方承担。

## 四、不属于本办法规定的保修范围

（1）因使用不当或者第三方造成的质量缺陷。

（2）不可抗力造成的质量缺陷。

## 2A331018　房屋建筑工程竣工验收备案范围、期限与应提交的文件

### 二、备案时间和提交的文件

建设单位应当自工程竣工验收合格之日起15d内，向工程所在地的县级以上建设行政主管部门备案。

建设单位办理工程竣工验收备案应当提交下列文件：

（1）工程竣工验收备案表。

（2）工程竣工验收报告。应当包括：

1）工程报建日期；

2）施工许可证号；

3）施工图设计文件审查意见；

4）勘察、设计、施工、工程监理等分别签署的质量合格文件及验收人员签署的竣工验收原始文件；

5）市政基础设施的有关质量检测和功能性试验资料。

（3）由规划、环保等部门出具的认可文件或者准许使用文件。

（4）由公安消防部门出具的对大型的人员密集场所和其他特殊建设工程验收合格的证明文件。

（5）施工单位签署的工程质量保修书。

（6）法规、规章规定必须提供的其他文件。

住宅工程还应当提交《住宅质量保证书》和《住宅使用说明书》。

## 2A331019　城市建设档案管理范围与档案报送期限

### 二、提交城建档案的内容和时间

（3）建设单位应当在竣工验收后三个月内，向城建档案馆报送一套工程档案。

（5）建设单位在组织竣工验收前，应当提请城建档案管理机构对工程档案进行预验收。预验收合格后，由城建档案管理机构出具工程档案认可文件。

（6）建设单位在取得工程档案认可文件后，方可组织工程竣工验收。

# 第二章　建筑工程标准

## (2A332000)

# 第一节　建筑工程管理相关标准

## (2A332010)

### 2A332011　建设工程项目管理的有关规定

## 一、项目管理规划

（1）项目管理规划应包括项目管理规划大纲和项目管理实施规划两类文件。项目管理规划大纲应由组织的管理层编制；项目管理实施规划应由项目经理组织编制。

（2）承包人的项目管理实施规划可以用施工组织设计或质量计划代替，但应能够满足项目管理实施规划的要求。

（4）项目管理实施规划应包括下列内容：项目概况；总体工作计划；组织方案；技术方案；进度计划；质量计划；职业健康安全与环境管理计划；成本计划；资源需求计划；风险管理计划；信息管理计划；项目沟通管理计划；项目收尾管理计划；项目现场平面布置图；项目目标控制措施；技术经济指标。

## 六、项目进度管理

（4）进度计划的检查应包括下列内容：工程量的完成情况；工作时间的执行情况；资源使用情况；上次检查提出问题的整改情况。

（5）进度计划的调整应包括下列内容：工程量；起止时间；工作关系；资源提供；必要的目标调整。

## 八、项目职业健康安全管理

（1）项目职业健康安全管理应遵循下列程序：

1）识别并评价危险源及风险；

2）确定职业健康安全目标；

3）编制并实施项目职业健康安全技术措施计划；

4）职业健康安全技术措施计划实施结果验证；

5）持续改进相关措施和绩效。

（2）项目职业健康安全技术措施计划应由项目经理主持编制。

(5) 项目经理部进行职业健康安全事故处理应坚持"事故原因不清楚不放过，事故责任者和人员没有受到教育不放过，事故责任者没有处理不放过，没有制定纠正和预防措施不放过"的原则。

# 2A332013　建筑施工组织设计的有关规定

## 一、基本规定

(1) 施工组织设计按编制对象，可分为施工组织总设计、单位工程施工组织设计和施工方案三个层次。

(2) 施工组织设计应由项目负责人主持编制。

(3) 施工组织总设计应由总承包单位技术负责人审批；单位工程施工组织设计应由施工单位技术负责人审批；施工方案应由项目技术负责人审批。

## 二、施工组织总设计

主要包括：工程概况、总体施工部署、施工总进度计划、总体施工准备与主要资源配置计划、主要施工方法、施工总平面布置等。

## 三、单位工程施工组织设计

主要包括：工程概况、施工部署、施工进度计划、施工准备与资源配置计划、主要施工方案、施工现场平面布置等。

## 四、施工方案

主要包括：工程概况、施工安排、施工进度计划、施工准备与资源配置计划、施工方法及工艺要求等。

## 五、主要施工管理计划

应包括：进度管理计划、质量管理计划、安全管理计划、环境管理计划、成本管理计划以及其他管理计划等内容。

# 2A332014　建设工程文件归档整理的有关规定

## 一、基本规定

(1) 建设单位应履行下列职责：

2) 收集和整理工程准备阶段、竣工验收阶段形成的文件，并应进行立卷归档。

4) 收集和汇总勘察、设计、施工、监理等单位立卷归档的工程档案。

5) 在组织工程竣工验收前，应提请当地的城建档案管理机构对工程档案进行预验收。未取得工程档案验收认可的文件，不得组织工程竣工验收。

6）工程竣工验收后3个月内，向当地城建档案馆移交一套符合规定的工程档案。

（2）勘察、设计、施工、监理等单位应将本单位形成的工程文件立卷后向建设单位移交。

（3）实行总承包的，总承包单位负责收集、汇总各分包单位形成的工程档案，并应及时向建设单位移交。

## 三、工程文件的立卷

（2）工程文件的立卷可采用如下方法：

1）工程文件可分为：工程准备阶段的文件、监理文件、施工文件、竣工图、竣工验收文件5部分。

2）工程准备阶段文件可按建设程序、专业、形成单位等组卷。

3）监理文件可按单位工程、分部工程、专业、阶段等组卷。

4）施工文件可按单位工程、分部工程、专业、阶段等组卷。

5）竣工图可按单位工程、专业等组卷。

6）竣工验收文件按单位工程、专业等组卷。

案卷不宜过厚，一般不超过40mm。

# 第二节　建筑地基基础及主体结构工程相关技术标准

## （2A332020）

### 2A332021　建筑地基基础工程施工质量验收的有关规定

## 三、桩基础

### （一）一般规定

（1）桩位的放样允许偏差如为：群桩20mm；单排桩10mm。

（3）灌注桩的桩顶高程至少要比设计高程高出0.5m，每浇筑50m³混凝土必须有1组试件，小于50m³的桩，每根桩必须有一组试件。

（4）工程桩应进行承载力检验。对于地基基础设计等级为甲级或地质条件复杂，成桩质量可靠性低的灌注桩，应采用静载荷试验的方法进行检验，检验桩数不应少于总数的1%，且不应少于3根，当总桩数不少于50根时，不应少于2根。

## 五、基坑工程

（1）基坑土方遵循"开槽支撑，先撑后挖，分层开挖，严禁超挖"的原则。

（2）基坑变形的监控值（见表13-1）

表 13-1　基坑变形的监控值（cm）

| 基坑类别 | 围护结构墙顶<br>最大位移监控值 | 围护结构墙体<br>最大位移监控值 | 地面最大沉降监控值 |
|---|---|---|---|
| 一级基坑 | 3 | 5 | 3 |
| 二级基坑 | 6 | 8 | 6 |
| 三级基坑 | 8 | 10 | 10 |

**1. 符合下列情况之一，为一级基坑：**

1) 重要工程或支护结构做主体结构的一部分；

2) 开挖深度大于 10m；

3) 与邻近建筑物，重要设施的距离在开挖深度以内的基坑；

4) 基坑范围内有历史文物、近代优秀建筑、重要管线等需严加保护的基坑。

**2. 三级基坑为开挖深度小于 7m，且周围环境无特别要求时的基坑。**

**3. 除一级和三级外的基坑属二级基坑。**

# 2A332022　砌体结构工程施工质量验收的有关规定

## 一、基本规定

（4）砌筑顺序应符合下列规定：

1) 基底标高不同时，应从低处砌起，并应由高处向低处搭砌。

（5）在墙上留置临时施工洞口，其侧边离交接处墙面不应小于 500mm，洞口净宽度不应超过 1m。

（9）砌体施工质量控制等级分为 A、B、C 三级，配筋砌体不得为 C 级施工。

（11）砌体结构工程检验批验收时，其主控项目应全部符合本规范的规定，一般项目应有 80% 及以上的抽检处符合本规范的规定。有允许偏差的项目，最大超差值为允许偏差值的 1.5 倍。

## 二、砌筑砂浆

（4）施工中不应采用强度等级小于 M5 的水泥砂浆替代同强度等级水泥混合砂浆，如需替代，应将水泥砂浆提高一个强度等级。

（6）砌筑砂浆试块强度验收时，同一验收批砂浆试块抗压强度平均值应大于或等于设计强度等级值的 1.10 倍，同一验收批砂浆试块抗压强度的最小一组平均值应大于或等于设计强度等级值的 85%，其强度才能判定为合格。

## 五、填充墙砌体工程

蒸压加气混凝土砌块搭砌长度不应小于砌块长度的 1/3；轻骨料混凝土小型空心砌块搭砌长度不应小于 90mm。

## 2A332023　混凝土结构工程施工质量验收的有关规定

### 二、钢筋分项工程

（2）在浇筑混凝土之前，应进行钢筋隐蔽工程验收，其内容包括：

1）纵向受力钢筋的品种、规格、数量、位置等；

2）钢筋的连接方式、接头位置、接头数量、接头面积百分率等；

3）箍筋、横向钢筋的品种、规格、数量、间距等；

4）预埋件的规格、数量、位置等。

## 2A332025　屋面工程质量验收的有关规定

### 二、基层与保护工程

（5）隔汽层应设置在结构层与保温层之间。

（6）块体材料、水泥砂浆或细石混凝土保护层与卷材、涂膜防水层之间，应设置隔离层。

（8）用块体材料做保护层时，宜设置分格缝，分格缝纵横间距不应大于10m。用水泥砂浆做保护层时，应设表面分格缝，分格面积宜为1m²。用细石混凝土做保护层时，分格缝纵横间距不应大于6m。

### 四、防水与密封工程

#### （一）卷材防水层

（1）屋面坡度大于25％时，卷材应采取满粘和钉压固定措施。

（2）卷材铺贴方向宜平行于屋脊，且上下层卷材不得相互垂直铺贴。

（3）平行屋脊的卷材搭接缝应顺流水方向，相邻两幅卷材短边搭接缝应错开，且不得小于500mm。上下层卷材长边搭接缝应错开，且不得小于幅宽的1/3。

#### （二）涂膜防水层

（2）铺设胎体增强材料应符合下列规定：

2）胎体增强材料长边搭接宽度不应小于50mm，短边搭接宽度不应小于70mm；

3）上下层胎体增强材料的长边搭接应错开，且不得小于幅宽的1/3；

4）上下层胎体增强材料不得相互垂直铺设。

#### （五）细部构造工程

（9）屋面出入口的泛水高度不应小于250mm。

## 2A332026　地下防水工程质量验收的有关规定

### 二、主体结构防水工程

（一）防水混凝土

（1）防水混凝土适用于抗渗等级不小于 P6 的地下混凝土结构。不适用于环境温度高于 80℃ 的地下工程。

（6）防水混凝土结构表面的裂缝宽度不应大于 0.2mm，且不得贯通。

（7）防水混凝土结构厚度不应小于 250mm，主体结构迎水面钢筋保护层厚度不应小于 50mm，其允许偏差应为 ±5mm。

# 第三节　建筑装饰装修工程相关技术标准
## （2A332030）

## 2A332031　建筑幕墙工程技术规范中的有关规定

### 二、《玻璃幕墙工程技术规范》JGJ 102—2003 的强制性条文

（1）隐框和半隐框玻璃幕墙，其玻璃与铝型材的黏结必须采用中性硅酮结构密封胶；全玻幕墙和点支承玻璃幕墙采用镀膜玻璃时，不应采用酸性硅酮结构密封胶黏结。

（3）硅酮结构密封胶使用前，进行与其相接触材料的相容性和剥离黏结性试验，并对邵氏硬度、标准状态拉伸黏结性能进行复验。进口硅酮结构密封胶应具有商检报告。

（4）全玻幕墙的板面不得与其他刚性材料直接接触。板面与装修面或结构面之间的空隙不应小于 8mm，且应采用密封胶密封。

（5）采用胶缝传力的全玻幕墙，其胶缝必须采用硅酮结构密封胶。

（6）除全玻幕墙外，不应在现场打注硅酮结构密封胶。

## 2A332032　住宅装饰装修工程施工的有关规定

### 六、施工工艺要求

（2）抹灰用的水泥宜为硅酸盐水泥、普通硅酸盐水泥，其强度等级不应小于 32.5。抹灰用石灰膏的熟化期不应少于 15d。罩面用磨细石灰粉的熟化期不应少于 3d。

（3）抹灰应分层进行，每遍厚度宜为 5～7 mm。抹石灰砂浆和水泥混合砂浆每遍厚度宜为 7～9mm。当抹灰总厚度超出 35mm 时，应采取加强措施。底层的抹灰层强度不得低于面层的抹灰层强度。

# 2A332033　建筑内部装修设计防火的有关规定

## 一、装修材料分级

（1）装修材料燃烧性能等级划分：A 级（不燃性）；$B_1$ 级（难燃性），$B_2$（可燃性），$B_3$（易燃性）。

（2）安装在钢龙骨上，燃烧性能达到 $B_1$ 级的纸面石膏板，矿棉吸声板，可作为 A 级装修材料使用。

（3）当胶合板表面涂覆一级饰面型防火涂料时，可作为 $B_1$ 级装修材料使用。当胶合板用于顶棚和墙面装修，并且不内含电器、电线时，可仅在胶合板外表面涂覆防火涂料；内含有电器、电线时，胶合板的内、外表面以及相应的木龙骨应涂覆防火涂料，或采用阻燃浸渍处理达到 $B_1$ 级。

（5）常用建筑内部装修材料燃烧性能等级划分：

1）各部位材料 A 级

天然石材、混凝土制品、石膏板、玻璃、瓷砖、金属制品等；

2）顶棚材料

B1 级：纸面石膏板、纤维石膏板、水泥刨花板、矿棉装饰吸声板、玻璃棉装饰吸声板、珍珠岩装饰吸声板、难燃胶合板、难燃中密度纤维板、岩棉装饰板等。

## 二、民用建筑的一般规定

（1）当顶棚或墙面表面局部采用多孔或泡沫状塑料时，其厚度应不大于 15mm，且面积不得超过该房间顶棚或墙面积的 10%。

（3）图书室、资料室、档案室和存放文物的房间，其顶棚、墙面应采用 A 级，地面应采用不低于 $B_1$ 级的装修材料。

（5）消防水泵房、排烟机房、配电室、变压器室、通风和空调机房等，其内部所有装修材料均应采用 A 级。

（6）无自然采光楼梯间、封闭楼梯间、防烟楼梯间及其前室的顶棚、墙面和地面均应采用 A 级装修材料。

（9）建筑内部的变形缝（包括沉降缝、伸缩缝、抗震缝等）两侧的基层应采用 A 级材料，表面装修应采用不低于 $B_1$ 级的装修材料。

# 第四节　建筑工程节能相关技术标准

## （2A332040）

## 2A332041　节能建筑评价的有关规定

室内环境

（2）建筑中每个房间的外窗可开启面积不小于该房间外窗面积的30%；透明幕墙具有不小于房间透明面积10%的可开启部分。

## 2A332043　建筑节能工程施工质量验收的有关规定

## 二、墙体节能工程

### 1. 一般规定

（3）墙体节能工程应对下列部位或内容进行隐蔽工程验收：

1）保温层附着的基层及其表面处理；

2）保温板黏结或固定；

3）锚固件；

4）增强网铺设；

5）墙体热桥部位处理；

6）预置保温板或预制保温墙板的板缝及构造节点；

7）现场喷涂或浇筑有机类保温材料的界面；

8）被封闭的保温材料的厚度；

9）保温隔热砌块填充墙体。

### 2. 主控项目

（2）墙体节能工程采用的保温材料和黏结材料等，进场时应对其下列性能进行复验：

1）保温板材的导热系数、密度、抗压强度或压缩强度；

2）黏结材料的黏结强度；

3）增强网的力学性能、抗腐蚀性能。

## 三、幕墙节能工程

### 1. 一般规定

（2）幕墙节能工程施工中应对下列部位或项目进行隐蔽工程验收：

1）被封闭的保温材料厚度和保温材料的固定；

2) 幕墙周边与墙体的接缝处保温材料的填充；

3) 构造缝、沉降缝；

4) 隔汽层；

5) 热桥部位、断热节点；

6) 单元式幕墙板块间的接缝构造；

7) 凝结水收集和排放构造；

8) 幕墙的通风换气装置。

**2. 主控项目**

(2) 幕墙节能工程使用的材料、构件等进场时，应对其下列性能进行复验：

1) 保温材料：导热系数、密度；

2) 幕墙玻璃：可见光透射比、传热系数、遮阳系数、中空玻璃露点；

3) 隔热型材：拉伸强度、抗剪强度。

(3) 幕墙的气密性能应符合设计规定的等级要求。当幕墙面积大于 $3000\mathrm{m}^2$，或建筑外墙面积 50% 时，应现场抽取材料和配件，在检测试验室安装制作试件进行气密性能检测，检测结果应符合设计规定的等级要求。

## 五、屋面节能工程

### 1. 一般规定

屋面保温隔热工程应对下列部位进行隐蔽工程验收：

1) 基层；

2) 保温层的敷设方式、厚度；板材缝隙填充质量；

3) 屋面热桥部位；

4) 隔汽层。

### 2. 主控项目

(2) 屋面节能工程使用的保温隔热材料，进场时应对其导热系数、密度、抗压强度或压缩强度、燃烧性能进行复验，复验为见证取样送检。

# 第五节　建筑工程室内环境控制相关技术标准

## (2A332050)

## 2A332051　民用建筑工程室内环境污染控制的有关规定

## 一、总则

(1) 受控制的室内环境污染物有氡、甲醛、氨、苯和总挥发性有机化合物（TVOC）。

## 三、工程施工

### （二）材料进场检验

（2）民用建筑室内装修采用天然花岗石材或瓷质砖使用面积大于 $200m^2$ 时，应对不同产品、不同批次材料分别进行放射性指标复验。

（4）民用建筑室内装修中采用的某一种人造木板或饰面人造木板面积大于 $500m^2$ 时，应对不同产品、批次材料的游离甲醛含量或游离甲醛释放量分别进行复验。

（5）民用建筑工程室内装修所采用的水性涂料、水性胶粘剂、水性处理剂必须有同批次产品的挥发性有机化合物（VOC）和游离甲醛含量检测报告；溶剂型涂料、溶剂型胶粘剂必须有同批次产品的挥发性有机化合物（VOC）、苯、甲苯—二甲苯、游离甲苯二异氰酸酯（TDI）含量检测报告。

### （三）施工要求

（2）民用建筑工程室内装修所采用的稀释剂和溶剂，严禁使用苯、工业苯、石油苯、重质苯及混苯。不应使用苯、甲苯、二甲苯和汽油进行除油和清除旧油漆作业。严禁在民用建筑工程室内用有机溶剂清洗施工用具。

（4）民用建筑工程室内装修中，进行饰面人造木板拼接施工时，对达不到 $E_1$ 级的芯板，应对其断面及无饰面部位进行密封处理。

第二部分

# 案例精编

# 一、施工组织设计

## [案例1] 单位工程施工组织设计

某施工单位承担了某住宅小区活动中心的施工任务，在施工之前，项目技术负责人编制了活动中心的"单位工程施工组织设计"，并经项目经理审批后组织实施。施工组织设计的主要内容如下：编制依据、工程概况、施工部署、施工进度计划以及施工现场平面布置等。

【问题】

1. 施工组织设计按编制对象，可分为哪几个层次？
2. 指出小区活动中心单位施工组织设计编制和审批程序的不妥之处和正确做法。
3. 单位工程施工组织设计的内容不完整，请补充剩余内容。
4. 施工现场平面布置图应包括哪些内容？

【参考答案】

1. 可分为：施工组织总设计、单位工程施工组织设计和施工方案三个层次。
2. 活动中心单位施工组织设计编制和审批程序不妥之处及正确做法：

（1）不妥之处一：项目技术负责人编制单位工程施工组织设计。

正确做法：应该由项目经理负责编制。

（2）不妥之处二：施工组织设计经项目经理审批后组织实施。

正确做法：施工组织设计应该经施工单位技术负责人审批，并报送监理审批后组织实施。

3. 单位工程施工组织设计的内容：

（1）编制依据；

（2）工程概况；

（3）施工部署；

（4）施工进度计划；

（5）施工准备与资源配置计划（补充）；

（6）主要施工方法（补充）；

（7）施工现场平面布置；

（8）主要施工管理计划（补充）。

4. 施工现场平面布置图基本内容：

（1）工程施工场地状况；

（2）拟建建（构）筑物的位置、轮廓尺寸、层数等；

（3）现场加工设施、存储设施、办公和生活用房等；

（4）现场的垂直运输设施、供电设施、供水供热设施、排水排污设施和临时施工道路等；

（5）现场必备的安全、消防、保卫和环境保护等设施；

（6）相邻的地上、地下既有建（构）筑物及相关环境。

# [案例 2] 施工顺序

某框架结构的工业厂房工程，桩基础采用振动沉管灌注桩，地下一层，地下室外墙为现浇混凝土，深度 5.8m，地下室底板为厚筏板基础。地上四层，层高 4m。地下室防水层为 SBS 高聚物改性沥青防水卷材，拟采用外防外贴法施工。屋顶为平屋顶，保温材料为 150 厚加气混凝土块，屋面防水等级为 I 级，采用二道防水设防，防水材料为 SBS 高聚物改性沥青防水卷材，卷材采用热熔法铺贴。

## 【问题】

1. 试确定基础工程的施工顺序。

2. 试确定屋面工程的施工顺序。

## 【参考答案】

1. 基础工程的施工顺序（外贴法施工如图 21-1 所示）：

桩基础→土方开挖、钎探验槽→垫层→卷材防水→地下室地板及结构墙→墙体防水卷材→保护墙→回填土

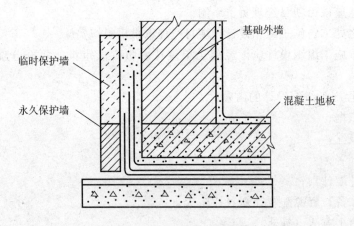

图 21-1　外贴法施工示意图

2. 屋面工程的施工顺序（保温卷材屋面构造如图 21-2 所示）：

基层清理→保温层施工（干铺加气混凝土砌块）→找平层（水泥砂浆找平）→刷基层处理剂→防水卷材施工（铺贴 SBS 高聚物改性沥青卷材）→蓄水试验→做保护层

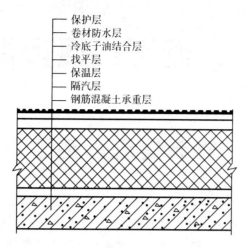

图 21-2 保温卷材屋面构造

# 二、施工进度控制

## [案例 3]　　等节奏流水施工

某装修公司承接一项 5 层办公楼的装饰装修施工任务，确定的施工顺序为：砌筑隔墙→室内抹灰→安装门窗→墙顶涂料，分别由瓦工、抹灰工、木工和油工完成。工程量及产量定额见表 22-1。油工最多安排 12 人，其余工种可按需要安排。考虑到工期要求、资源供应状况等因素，拟将每层分为 3 段组织等节奏流水施工，每段工程量相等，每天一班工作制。

表 22-1　各施工过程的工程量及产量定额

| 施工过程 | 工程量 | 产量定额 |
|---|---|---|
| 砌筑隔墙 | 600m³ | 1m³/工日 |
| 室内抹灰 | 11250m² | 10m²/工日 |
| 安装门窗 | 3750m² | 5m²/工日 |
| 墙顶涂料 | 18000m² | 20m²/工日 |

## 【问题】

1. 计算各施工过程劳动量、每段劳动量（及需要的工日）。

2. 计算各施工过程每段施工天数、各工种应安排的工人人数。

3. 该工程的工期为多少天？写出计算过程。

## 【参考答案】

1. 计算各施工过程劳动量、每段劳动量：

办公楼共 5 层，每层分 3 段，总共 15 个施工段。

劳动量＝工程量/产量定额；例如，砌筑隔墙劳动量＝600/1＝600 工日。

每段劳动量＝劳动量/15；例如，砌筑隔墙每段劳动量＝600/15＝40 工日。（计算结果见表 22-2）

2. 计算各施工过程每段施工天数、各工种应安排的工人人数：

（1）每段施工天数的确定：因组织等节奏流水施工，各段施工天数相同，考虑到油工人数的限制，按 12 人安排油工，可算出墙顶涂料每段工作天数＝60÷12＝5d，其余施工过程每段施工天数均为 5d。（计算结果见表 22-2）

（2）各工种应安排的工人人数：

工人人数＝每段劳动量/每段工作天数。例如，砌筑隔墙工人人数＝40/5＝8人。（计算结果见表22-2）

表22-2　各施工过程劳动量、工作天数、工人人数

| 施工过程 | 工程量 | 产量定额 | 劳动量 | 每段劳动量 | 每段工作天数 | 工人人数 |
|---|---|---|---|---|---|---|
| 砌筑隔墙 | 600m³ | 1m³/工日 | 600工日 | 40工日 | 5 | 8 |
| 室内抹灰 | 11250m² | 10m²/工日 | 1125工日 | 75工日 | 5 | 15 |
| 安装门窗 | 3750m² | 5m²/工日 | 750工日 | 50工日 | 5 | 10 |
| 墙顶涂料 | 18000m² | 20m²/工日 | 900工日 | 60工日 | 5 | 12 |

3. 该工程的工期计算：

施工段 $m=3$；

层数 $r=3$；

施工过程 $n=4$；

流水步距 $k＝$流水节拍 $t=5$；

流水工期 $T＝(m×r+n-1)k＝(3×5+4-1)×5＝90$ 天。

# [案例4]　　异节奏流水施工

某住宅小区工程共有12幢高层剪力墙结构住宅楼，每幢有2个单元，各单元结构基本相同。每幢高层住宅楼的基础工程施工过程包括：挖土、铺垫层、基础、回填土4个施工过程，其工作持续时间分别是挖土为8d、铺垫层为4d、基础为12d、回填土为4d。该工程资源充足，工期紧迫。

## 【问题】

1. 流水施工可以分为哪几种形式？本工程适合采用哪种流水施工？

2. 如果每四幢划分为一个施工段，组织成倍节拍流水施工，其工期应为多少天？并绘制其流水施工横道计划。

## 【参考答案】

1. 流水施工分为：等节奏、异节奏（或成倍节拍流水）、无节奏流水施工三种形式。本工程资源充足适合采用异节奏流水施工（或成倍节拍流水施工）。

2. 如果每四栋划分为一个施工段，则有：

施工段数：$m=12/4=3$

施工过程数：$n=4$

流水节拍：

---

挖土：$t_1 = 8 \times 4 = 32d$

铺垫层：$t_2 = 4 \times 4 = 16d$

基础：$t_3 = 12 \times 4 = 48d$

回填土：$t_4 = 4 \times 4 = 16d$

施工段、施工过程、流水节拍参数如下表22-3：

表22-3 施工段、施工过程、流水节拍

| 施工过程 | 流水节拍（天） | | |
|---|---|---|---|
| | 施工段一 | 施工段二 | 施工段三 |
| 挖土 | 32 | 32 | 32 |
| 铺垫层 | 16 | 16 | 16 |
| 基础 | 48 | 48 | 48 |
| 回填土 | 16 | 16 | 16 |

流水步距：$K =$ 最大公约数 $\{32, 16, 48, 16\} = 16d$

施工队数：

挖土：$n_1 = 32/16 = 2$（个）

铺垫层：$n_2 = 16/16 = 1$（个）

基础：$n_3 = 48/16 = 3$（个）

回填土：$n_4 = 16/16 = 1$（个）

施工队数：$n' = 2+1+3+1 = 7$（个）

流水施工工期：$T = (m+n'-1) \times K = (3+7-1) \times 16 = 144d$

该工程的成倍节拍流水施工横道计划见图22-1。

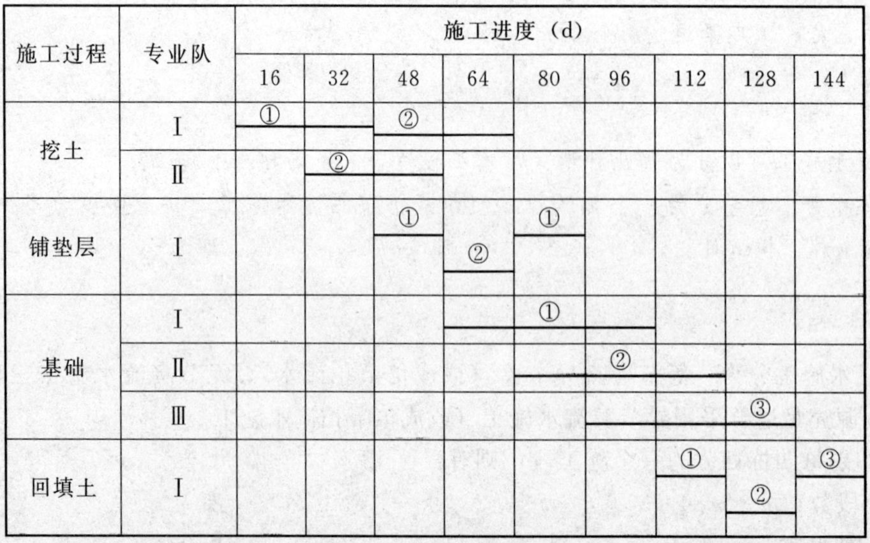

| 施工过程 | 专业队 | 施工进度（d） | | | | | | | | |
|---|---|---|---|---|---|---|---|---|---|---|
| | | 16 | 32 | 48 | 64 | 80 | 96 | 112 | 128 | 144 |
| 挖土 | I | ① | | ② | | | | | | |
| | II | | ② | | | | | | | |
| 铺垫层 | I | | | ① | | ① | | | | |
| | | | | | ② | | | | | |
| 基础 | I | | | | | ① | | | | |
| | II | | | | | | ② | | | |
| | III | | | | | | | | ③ | |
| 回填土 | I | | | | | | | ① | | ③ |
| | | | | | | | | | ② | |

图22-1 成倍节拍流水施工横道图

# [案例5]　无节奏流水施工

某广场地下车库工程，建筑面积18000m²。建设单位和某施工单位根据《建设工程施工合同（示范文本）》签订了施工承包合同。

工程实施过程中发生了下列事件：

事件一：该工程的某分部工程划分为三个施工段，每段有三个施工过程，分别由指定的专业班组进行施工，每天一班工作制，组织无节奏流水施工，流水施工参数见表22-4。

表22-4　无节奏流水施工参数

| 施工段 | 流水过程 | | |
|---|---|---|---|
| | A | B | C |
| | 流水节拍（天） | | |
| I | 4 | 2 | 2 |
| II | 3 | 4 | 2 |
| III | 3 | 2 | 3 |

事件二：在施工过程中，该工程所在地连续下了6d特大暴雨（超过了当地近10年来该季节的最大降雨量），洪水泛滥，给建设单位和施工单位造成了较大的经济损失。施工单位认为这些损失是由于特大暴雨（不可抗力事件）所造成的，提出下列索赔要求（以下索赔数据与实际情况相符）：

1）工程清理、恢复费用18万元；

2）施工机械设备重新购置和修理费用29万元；

3）人员伤亡善后费用62万元；

4）工期顺延6d。

【问题】

1. 事件一中，列式计算流水工期，并绘制无节奏流水施工横道图。

2. 事件二中，分别指出施工单位的索赔要求是否成立？说明理由。

【参考答案】

1. 事件一中，$A-B$，$B-C$之间的流水步距分别为：5天、4天。

$K_{A-B}$:　　4　　7　　10

　　—）　　　　　2　　6　　8

　　―――――――――――――――

　　　　4　　5　　4　　-8

―――――――――――――――――――

$K_{A-B}=\max[4, 5, 4, -8]=5$（天）

$$K_{B-C}: \quad 2 \qquad 6 \qquad 8$$

$$-) \qquad\qquad 2 \qquad 6 \qquad 7$$

$$\overline{\qquad 2 \quad 4 \quad 4 \quad -7 \qquad}$$

$$K_{B-C} = \max[2,4,4,-7] = 4(\text{天})$$

施工工期：

$$T = \sum K + \sum t_n = (5+4) + (2+2+3) = 16d$$

绘制无节奏流水施工横道图，见图 22-2。

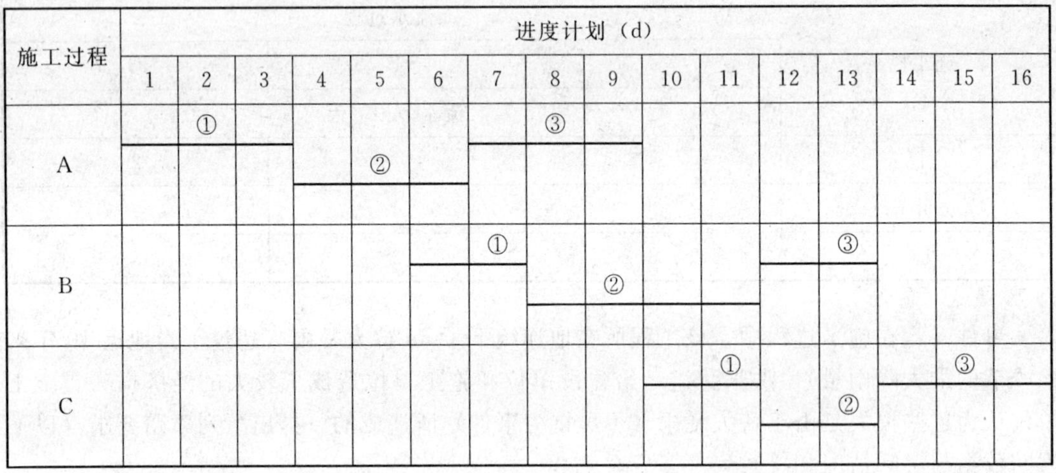

| 施工过程 | 进度计划（d） | | | | | | | | | | | | | | | |
|---|---|---|---|---|---|---|---|---|---|---|---|---|---|---|---|---|
| | 1 | 2 | 3 | 4 | 5 | 6 | 7 | 8 | 9 | 10 | 11 | 12 | 13 | 14 | 15 | 16 |
| A | | ① | | | ② | | | ③ | | | | | | | | |
| B | | | | | | | ① | | ② | | | | ③ | | | |
| C | | | | | | | | | | | ① | | ② | | ③ | |

图 22-2　无节奏流水施工横道图

2. 索赔理由分析

（1）工程清理、恢复费用 18 万元的索赔要求成立。

理由：不可抗力事件发生后，工程所需清理、修复费用，由发包人承担。

（2）施工机械设备重新购置和修理费用 29 万元的索赔要求不成立。

理由：不可抗力事件发生后，承包人机械设备损坏及停工损失，由承包人承担。

（3）人员伤亡善后费用 62 万元的索赔要求不成立。

理由：不可抗力事件发生后，工程本身的损害、因工程损害导致第三人人员伤亡和财产损失以及运至施工场地用于施工的材料和待安装的设备的损害，由发包人承担；发包人、承包人人员伤亡由其所在单位负责，并承担相应费用。

（4）工期顺延 6d 的索赔要求成立。

理由：不可抗力事件发生后，延误的工期相应顺延。

# [案例6]　根据紧前关系绘制网络图

某分部工程各工作之间的逻辑关系如表22-5所示。

表22-5　分部工程各工作之间的逻辑关系

| 工作代号 | A | B | C | D | E | F | G | H |
|---|---|---|---|---|---|---|---|---|
| 紧前工作 | — | — | — | A | B | B、C | E | E、F |
| 工作持续时间（天） | 6 | 4 | 2 | 5 | 5 | 6 | 3 | 5 |

## 【问题】

1. 绘制本分部工程的网络计划图。
2. 指出关键线路，该工程的工期是多少天？
3. 如果E工作由于业主的原因延期了4天，施工方可以索赔几天的工期？说明理由。

## 【参考答案】

1. 本分部工程的网络计划图如图22-3所示：

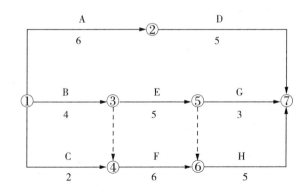

图22-3　分部工程的网络计划图

2. 关键线路为：B－F－H，计算工期为15天。
3. 施工方可以索赔3天工期。

理由：E工作由于业主的原因延期了4天，而E工作有1天的总时差，对整个工期造成3天的延误，故施工方可以索赔3天的工期。

## 【相关知识点】

根据紧前关系的绘图规则：

（1）当工作只有一项紧前工作时，则将该工作直接画在其紧前工作之后。

（2）当工作有多项紧前工作时，按以下四种情况考虑（见表22-6）：

表 22-6　有多项紧前工作时应考虑的四种情况

| 情况① | 在紧前工作之中，有一项紧前工作只出现一次，则该工作直接画在其后。 |
|---|---|
| 情况② | 在紧前工作之中，有多项紧前工作只出现一次，则先将多项紧前工作节点合并，该工作画在合并节点之后。 |
| 情况③ | 如本工作的所有紧前工作，同时出现若干次，则先将这些紧前工作节点合并，该工作画在合并节点之后。 |
| 情况④ | 如果不存在情况①、情况②、情况③时，则将本工作画在其紧前工作的中部，然后用虚箭线将其各紧前工作分别相连。 |

下面给出几种工作逻辑关系表与对应的网络图，供大家练习（见表 22-7）。

见表 22-7　工作逻辑关系表及其对应的网络图

| 工作逻辑关系表 | 对应的网络图 |
|---|---|
| <table><tr><td>工作</td><td>A</td><td>B</td><td>C</td><td>D</td></tr><tr><td>紧前工作</td><td>—</td><td>—</td><td>A、B</td><td>B</td></tr></table> | |
| <table><tr><td>工作</td><td>A</td><td>B</td><td>C</td><td>D</td><td>E</td><td>G</td></tr><tr><td>紧前工作</td><td>—</td><td>—</td><td>—</td><td>A、B</td><td>A、B、C</td><td>D、E</td></tr></table> | |
| <table><tr><td>工作</td><td>A</td><td>B</td><td>C</td><td>D</td><td>E</td></tr><tr><td>紧前工作</td><td>—</td><td>—</td><td>A</td><td>A、B</td><td>B</td></tr></table> | |

# ［案例 7］　根据紧后关系绘制网络图

某分部工程各工作之间的逻辑关系如表 22-8 所示：

表 22-8　分部工程各工作之间的逻辑关系

| 工作代号 | A | B | C | D | E | F |
|---|---|---|---|---|---|---|
| 紧后工作 | B、C | D、E | E | F | F | — |
| 工作持续时间（天） | 3 | 4 | 2 | 5 | 3 | 3 |

【问题】

1. 绘制本分部工程的网络计划图。

2. 指出关键线路，该工程的工期是多少天？

3. 如果 E 工作由于业主的原因延期了 4 天，施工方可以索赔几天的工期？说明理由。

【参考答案】

1. 本分部工程的网络计划图见图 22-4：

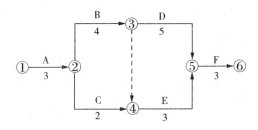

图 22-4　分部工程的网络计划图

2. 关键线路为：A—B—D—F，计算工期为 15 天。

3. 施工方可以索赔 2 天工期。

理由：E 工作由于业主的原因延期了 4 天，而 E 工作有 2 天的总时差，对整个工期造成 2 天的延误，故施工方可以索赔 2 天的工期。

# ［案例 8］ 根据流水施工绘制网络图

某建筑公司承揽了一栋 3 层住宅楼的装饰工程施工，在组织流水施工时划分了三个施工过程，分别是：吊顶、顶墙涂料和铺木地板，分别由三个施工队自下向上进行流水施工。其中每层吊顶确为四周、顶墙涂料定为两周、铺木地板定为两周完成。

【问题】

1. 本工程适合采用何种形式的流水施工？计算流水工期，并画出流水施工的横道图。

2. 绘制流水施工的网络图。

3. 如果施工方需要尽早完工，在资源不受限制的情况下，应该组织何种形式的流水施工？计算流水工期。

【参考答案】

1. 本工程适合采用无节奏流水施工。尽管各个施工过程能够找出最大公约数 2，似乎可以进行成倍节拍流水施工，但本工程只有三个施工队，资源受到限制，故只能进行无节奏流水施工。施工段、施工过程、流水节拍参数见表 22-9。

表 22-9  施工段、施工过程、流水节拍参数

| 施工过程 | 流水节拍（周） | | |
|---|---|---|---|
| | 一层 | 二层 | 三层 |
| 吊顶 | 4 | 4 | 4 |
| 顶墙涂料 | 2 | 2 | 2 |
| 铺木地板 | 2 | 2 | 2 |

流水工期计算：

$K_{1-2}$:  4    8    12

一）        2    4    6

4    6    8    —6

$$K_{1-2} = \max [4, 6, 8, -6] = 8 （周）$$

$K_{2-3}$:  2    4    6

一）        2    4    6

2    2    2    —6

$$K_{2-3} = \max [2, 2, 2, -6] = 2 （周）$$

流水工期 $T$ =（8+2）+（2+2+2）= 16（周）

流水施工的横道图见图 22-5。

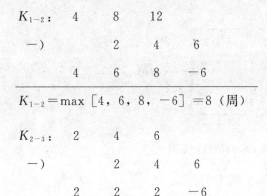

| 施工过程 | 施工进度（周） | | | | | | | |
|---|---|---|---|---|---|---|---|---|
| | 2 | 4 | 6 | 8 | 10 | 12 | 14 | 16 |
| 吊　顶 | ① | | ② | | ③ | | | |
| 顶墙涂料 | | | | | ① | ② | ③ | |
| 铺木地板 | | | | | | ① | ② | ③ |

图 22-5  无节奏流水施工横道图

2. 流水施工的网络图见图 22-6。

3. 在资源充足的情况下，可以组织成倍节拍流水施工。

流水步距：$K$ = 最大公约数 {4, 2, 2} = 2（周）

施工队数：$n' = 2+1+1 = 4$（个）

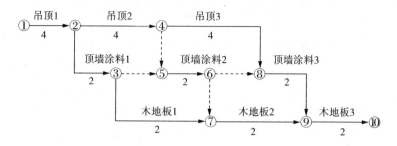

图 22-6　流水施工的网络图

流水施工工期：$T=(m+n'-1) \times K=(3+4-1) \times 2=12$（周）

# [案例9]　双代号网络图与索赔1

某办公楼由12层主楼和3层辅楼组成。施工单位（乙方）与建设单位（甲方）签订了承建该办公楼施工合同，合同工期为41周。合同约定，工期每提前（或拖后）1d奖励（或罚款）2500元。乙方提交了粗略的施工网络进度计划，并得到甲方的批准。该网络进度计划如图22-7所示。

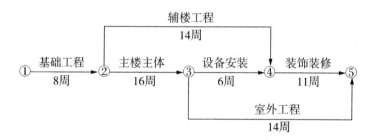

图 22-7　网络进度计划

施工过程中发生了如下事件。

事件一：在基坑开挖后，发现局部有软土层，乙方配合地质复查，配合用工10个工日。根据批准的地基处理方案，乙方增加直接费5万元。因地基复查使基础施工工期延长3d，人工窝工15个工日。

事件二：辅楼施工时，因某处设计尺寸不当，甲方要求拆除已施工部分重新施工因此造成增加用工30个工日，材料费、机械台班费计2万元，辅楼主体工作拖延1周。

事件三：在主楼主体施工中，因施工机械故障，造成工人窝工8个工日，该工作工期延长3d。

事件四：因乙方购买的室外工程管线材料质量不合格，甲方令乙方重新购买因此造成该项工作多用人工8个工日，该项工作工期延长4天，材料损失费1万元。

事件五：鉴于工期较紧，经甲方同意，乙方在装饰装修时采取了加快施工的技术措施，使得该项工作缩短了1周，该项技术组织措施费0.6万元。

其余各项工作实际作业工期和费用与原计划相符。

【问题】

    1. 该网络计划中哪些工作是主要控制对象（关键工作），计划工期是多少？

    2. 针对上述每一事件，分别简述乙方能否向甲方提出工期及费用索赔的理由。

    3. 该工程可得到的工期补偿为多少天？工期奖（罚）款是多少？写出计算过程。

    4. 合同约定人工费标准是 100 元/工日，窝工人工费补偿标准是 50 元/工日，该项工程相关直接费、间接费等综合取费率为 30%。在工程清算时，乙方应得到的索赔款是多少？

【参考答案】

    1. 该网络计划中，主要控制对象有：基础工程、主楼主体、设备安装、装饰装修。计划工期为 41 周。

    2. 索赔分析

    事件一：可提出费用和工期索赔。

    理由：因为地质条件变化是一个有经验的承包商所不能合理预见的，属于甲方应承担的责任。由此产生的费用及关键工作工期延误都可以提出索赔。

    事件二：可提出费用索赔，不可以提出工期索赔。

    理由：因为乙方费用的增加是由甲方原因造成的（设计不当造成的返工应该由甲方负责），可提出费用索赔；辅楼工程为非关键工作，有 8 周的总时差，工期延误 1 周不会影响到整个工期，不应提出工期索赔。

    事件三：不应提出任何索赔。

    理由：因为乙方的窝工费及工期延误是乙方施工机械故障造成的，即自身原因造成的。

    事件四：不应提出任何索赔。

    理由：因为乙方购买的室外工程管线材料质量不合格是乙方自身的原因造成的，由此产生的费用和工期延误应由自己承担。

    事件五：不应提出任何索赔。

    理由：因为乙方采取的加快施工的技术措施是为了赶工期做出的决策，属于自身原因。

    3.

    （1）乙方可以得到的工期补偿为 3d（即只有事件一得到的工期补偿 3d）。

    （2）乙方可以得到的工期奖励款为 10000 元。

    工期奖励款计算过程：

    综合上述事件，将每一事件造成的延误（无论甲方、乙方原因）代入原网络图，重新计算关键线路和工期（见图 22－8）。

    分析结论为：关键线路没变，实际工期为：40 周＋6 天＝286 天；计划工期为 41 周（287 天）；乙方得到的补偿工期为 3 天。则：

    乙方拖延的工期＝实际工期－计划工期－乙方得到的补偿工期＝286－287－3＝－4d。结果为负数，说明乙方可以得到 4 天的奖励工期，因此乙方可以得到的工期奖励款为 4 天×2500 元/天＝10000 元。

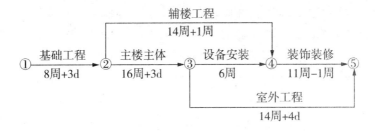

图 22-8

4. 乙方只有在事件 1 和事件 2 中，才能够得到费用索赔款：

事件 1：索赔款＝15×50＋（10×100＋50000）×（1＋30%）＝67050 元

事件 2：索赔款＝（30×100＋20000）×（1＋30%）＝34500 元

乙方应得到的索赔款合计＝67050＋34500＝101550 元。

# ［案例10］　双代号网络图与索赔 2

某办公楼工程，建筑面积 5500m²，框架结构，独立柱基础，上设承台梁，独立柱基础埋深为 1.5m，地质勘察报告中基础地基持力层为中砂层，基础施工钢材由建设单位供应。基础工程施工分为两个施工流水段组织流水施工。根据工期要求编制了工程基础项目的施工进度计划，并绘出施工双代号网络计划图，见图 22-9。

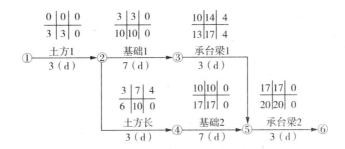

图 22-9　施工双代号网络计划图

在工程施工中发生如下事件。

事件一：土方 2 施工中，开挖后发现局部基础地基持力层为软弱层需处理，工期延误 6d。

事件二：承台梁 1 施工中，因施工用钢材未按时进场，工期延期 3d。

事件三：基础 2 施工时，由于施工总承包单位原因造成工程质量事故，返工致使工期延期 5d。

【问题】

1. 指出基础工程网络计划的关键线路，写出该基础工程计划工期。

2. 针对本案例上述各事件，施工总承包单位是否可以提出工期索赔，并分别说明理由。

3. 对索赔成立的事件，总工期可以顺延几天？实际工期是多少天？

4. 上述事件发生后，本工程网络计划的关键线路是否发生改变，如有改变，请指出新的关键线路，并按照图22-10提供的蓝本绘制基础工程施工实际进度横道图。

| 序号 | 分项工程名称 | 天 数 | | | | | | | | | | | | | |
|---|---|---|---|---|---|---|---|---|---|---|---|---|---|---|---|
| | | 2 | 4 | 6 | 8 | 10 | 12 | 14 | 16 | 18 | 20 | 22 | 24 | 26 | 28 |
| 1 | 土方工程 | | | | | | | | | | | | | | |
| 2 | 基础工程 | | | | | | | | | | | | | | |
| 3 | 承台梁工程 | | | | | | | | | | | | | | |

图 22-10　基础工程施工实际进度横道图蓝本

【参考答案】

1. 基础工程网络计划的关键线路为①→②→③→④→⑤→⑥，该基础工程计划工期为：（3+7+7+3）d=20d。

2. 事件一：可以提出工期索赔，索赔工期为2d。

理由：发现软弱土层不是一个有经验的承包商所能合理预见的，属于业主应承担的责任。虽然土方2不是关键工作，但其延误的工期6d已超过其总时差4d，因此可以提出工期索赔2d。

事件二：不可以提出工期索赔。

理由：虽然甲供钢材未按时进场属于业主的责任，但承台梁1不是关键工作，且其延期3d未超过其总时差4d，所以不可以提出工期索赔。

事件三：不可以提出工期索赔。

理由：因质量事故返工而造成的基础2延期，是施工单位自身原因造成的，属于施工总承包单位应承担的责任，所以不可以提出工期索赔。

3. 对索赔成立的事件，总工期可以顺延2d。

实际工期=（3+9+12+3）d=27d。

4. 上述事件发生后，本工程网络计划的关键线路发生了改变，新的关键线路为①→②→④→⑤→⑥。

基础工程施工实际进度横道图见图22-11。

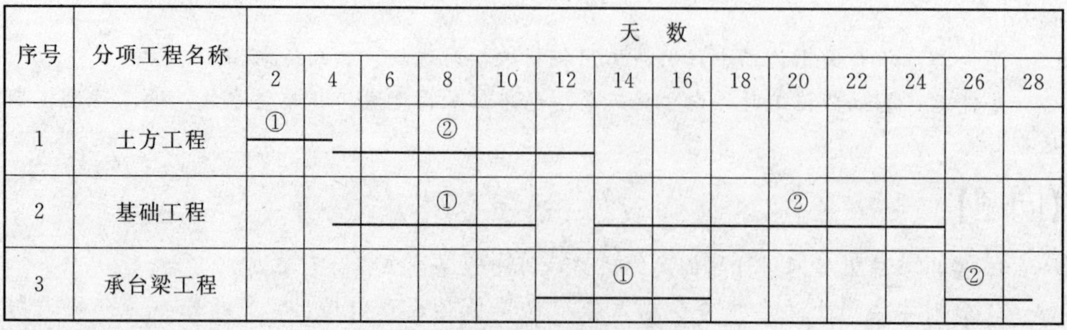

| 序号 | 分项工程名称 | 天 数 | | | | | | | | | | | | | |
|---|---|---|---|---|---|---|---|---|---|---|---|---|---|---|---|
| | | 2 | 4 | 6 | 8 | 10 | 12 | 14 | 16 | 18 | 20 | 22 | 24 | 26 | 28 |
| 1 | 土方工程 | ① | | | ② | | | | | | | | | | |
| 2 | 基础工程 | | | | ① | | | | | | ② | | | | |
| 3 | 承台梁工程 | | | | | | | ① | | | | | | ② | |

图 22-11　基础工程施工实际进度横道图

## 【相关知识点】

由给定的双代号网络图绘制成横道图的步骤，首先计算网络图各工作的最早开始时间和最早完成时间。如本案例中，上述事件发生后，基础工程各工序的最早开始、最早完成时间变为图 22-12 所示：

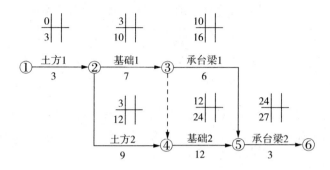

图 22-12  变化后的各工序最早开始、最早完成时间

然后，根据各工作的最早开始时间和最早完成时间绘制成横道图。

## [案例11]　　　　工期压缩

某住宅楼建筑工程项目的承包商编制的施工网络计划如图 22-13 所示，监理工程师已批准，计划工期为 65 天。由于建设方的原因，工期必须压缩到 60 天且不能改变原始计划的逻辑关系。其中某些工作时间可以调整，其正常工作持续时间、最短工作时间以及工作压缩时增加的赶工费如表 22-10 所示。

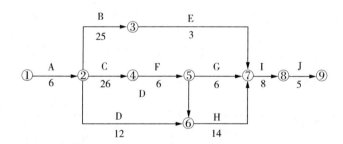

图 22-13  施工网络计划图

表 22-10  正常工作持续时间、最短工作时间以及赶工费

| 工作 | B | C | D | F | G | H | I |
|---|---|---|---|---|---|---|---|
| 正常工作时间 | 25 | 26 | 12 | 6 | 6 | 14 | 8 |
| 最短工作时间 | 20 | 20 | 9 | 5 | 4 | 10 | 6 |
| 赶工费（元/天） | 800 | 2000 | 1600 | 1000 | 1000 | 600 | 1200 |

【问题】

1. 此网络图关键工作由哪几项工作组成?

2. 如果要求将工期缩短5天,应压缩哪些工作可使所增加的赶工费最少?赶工费为多少?

3. 如工作进行到I工作时,因设计图纸变更,导致现场停工3天。试分析这项工作的延误对计划工期将产生什么影响?承包商如要求索赔,监理工程师能否批准?依据是什么?

【参考答案】

1. 此网络图的关键工作由A、C、F、H、I、J工作组成。

2. 首先确定网络计划的关键工作,即A—C—F—H—I—J,然后选择赶工费最少的关键工作。

(1)第一次压缩:选择赶工费最低的H,压缩4天。压缩后关键工作没有改变。

(2)第二次压缩:再选择赶工费最次低的F,压缩1天。

两次压缩所增加的赶工费为:$600×4+1000×1=3400$元

3. 由于I工作的延误,将导致计划工期拖延3天。

因为图纸变更属于业主的责任,并且,I工作处在关键线路上没有时差。该事件索赔成立,监理工程师应该批准承包商的工期索赔。

# [案例12] **时标网络与流水施工**

某工程项目合同工期为20个月,建设单位委托某监理公司承担施工阶段监理任务。经总监理工程师审核批准的施工进度计划如图22-14所示,假定各项工作均匀速施工。

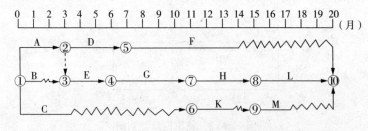

图 22-14 施工进度计划

【问题】

1. 如果工作B、C、H要由一个专业施工队顺序施工,在不改变原施工进度计划总工期和工作工艺关系的前提下,如何安排该三项工作最合理?此时该专业施工队的工作间断时间为多少?

2. 由于建设单位负责的施工现场拆迁工作未能按时完成,总监理工程师口头指令承包单位开工日期推迟 4 个月，工期相应顺延 4 个月，鉴于工程未开工，因延期开工给承包单位造成的损失不予补偿。

指出总监理工程师做法的不妥之处，并写出相应的正确做法。

3. 推迟 4 个月开工后，当工作 G 开始之时检查实际进度，发现此前施工进度正常。此时，建设单位要求仍按原竣工日期完成工程，承包单位提出如下赶工方案，得到总监理工程师的同意。

该方案将 G、H、L 三项工作均分成两个施工段组织流水施工，数据见表 22 - 11。

表 22 - 11　施工段及流水节拍　　　　　　　　　　　　单位：月

| 工　作 | 施　工　段 | |
| --- | --- | --- |
| | ① | ② |
| G | 2 | 3 |
| H | 2 | 2 |
| L | 2 | 3 |

G、H、L 三项工作流水施工的工期为多少？此时工程总工期能否满足原竣工日期的要求？为什么？

# 【参考答案】

1. 将 B 工作一个月的自由时差移到前面，将 C 工作 8 个月自由时差中的 3 个月移到前面，这样就可以实现按工作 B—C—H 顺序安排，专业队晚一月进场。该专业队施工中的工作间断时间为 5 个月。

2. 监理工程师做法的不同之处：

（1）不能用口头指令，应该以书面形式通知承包单位推迟开工日期；

（2）应顺延工期，并补偿因延期开工造成的损失。

3. 计算流水步距。

$$K_{G-H}: \quad 2 \qquad 5$$
$$-) \qquad\qquad 2 \qquad 4$$
$$\overline{\qquad 2 \qquad 3 \quad -4 \qquad}$$

$$K_{G-H} = \max\,[2,\ 3,\ -4] = 3\ (月)$$

$$K_{H-L}: \quad 2 \qquad 4$$
$$-) \qquad\qquad 2 \qquad 5$$
$$\overline{\qquad 2 \qquad 2 \quad -5 \qquad}$$

$$K_{H-L} = \max\,[2,\ 2,\ -5] = 2\ (月)$$

G、H、L 三项工作的流水施工工期 =（3+2）+（2+3）= 10（月）

而 G、H、L 三项工作原来的计划工期为 14 个月，缩短了 4 个月，正好弥补了推迟工期的 4 个月，能够满足原竣工日期的需要。

# [案例 13]　　　时标网络与索赔

某基础工程的时标网络图如 2—15 所示，该网络计划已经监理批准。工程实施过程中，A 工作为土方开挖，在开挖过程中发现地下文物，施工单位随即报告业主及有关单位，并进行现场保护。由此造成现场停工 4 天，窝工费 3000 元。施工单位就此提出了工期和费用索赔。

施工进行到一半时，业主要求施工单位提前一周完工，要求施工单位调整此网络图，并压缩工期。

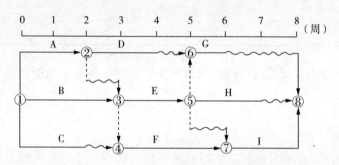

图 22－15　某基础工程的时标网络图

## 【问题】

1. 施工单位提出 4 天工期索赔和 3000 元费用索赔要求是否合理？说明理由。

2. 施工进度计划调整的内容有哪些？

3. 如果施工单位要压缩工期一周，需要考虑选择哪些工作压缩？选择的原则是什么？

## 【参考答案】

1. 施工单位提出 4 天工期索赔不合理，提出 3000 元费用索赔合理。

理由：施工过程中发现文物，进行停工保护，由此而造成的工期延误和费用损失应该由业主方承担责任。但 A 工作有 1 周的总时差，A 工作延误了 4 天，没有超过总时差，不对工期造成影响，故不能提出工期索赔。但可以提出 3000 元窝工费索赔。

2. 施工进度计划调整的内容包括：

工程量、工作起止时间、工作持续时间、工作逻辑关系、资源供应等。

3. 本工程要压缩一周，需要考虑选择工作 B、F、I 进行压缩，因为它们是关键工作，具体选择哪一个工作压缩，需要遵循的原则是：

（1）不能影响工程质量和安全；

（2）有充足的资源；

（3）所需的费用最少。

# [案例 14]　　实际进度前锋线

某工程的施工合同工期为 16 周，项目监理机构批准的施工进度计划如图 22-16 所示（时间单位：周）。各工作均按匀速施工。施工单位的报价单（部分）见表 22-12。

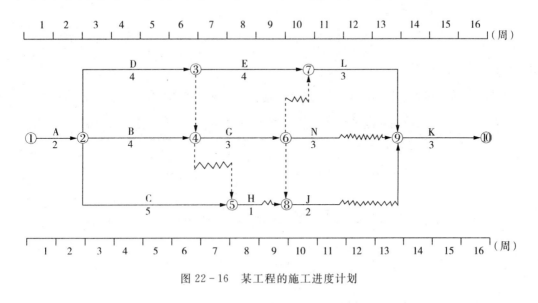

图 22-16　某工程的施工进度计划

表 22-12　施工单位的部分报价单

| 序号 | 工作名称 | 估算工程量 | 全费用综合单价/（元/m³） | 合价/（万元） |
|------|----------|------------|--------------------------|----------------|
| 1 | A | 800m³ | 300 | 24 |
| 2 | B | 1200m³ | 320 | 38.4 |
| 3 | C | 20 次 | — | |
| 4 | D | 1600m³ | 280 | 44.8 |

工程施工到第 4 周时进行进度检查，发生如下事件：

事件一：A 工作已经完成，但由于设计图纸局部修改，实际完成的工程量为 840m³，工作持续时间未变。

事件二：B 工作施工时，遇到异常恶劣的气候，造成施工单位的施工机械损坏和施工人员窝工，损失 1 万元，实际只完成估算工程量的 25%。

事件三：C 工作为检验检测配合工作，只完成了估算工程量的 20%，施工单位实际发生检验检测配合工作费用 5000 元。

事件四：施工中发现地下文物，导致 D 工作尚未开始，造成施工单位自有设备闲置 4个台班，台班单价为 300 元/台班、折旧费为 100 元/台班。施工单位进行文物现场保护的费用为 1200 元。

## 【问题】

1. 根据第 4 周末的检查结果，在图上绘制实际进度前锋线，逐项分析 B、C、D 三项工作的实际进度对工期的影响，并说明理由。

2. 施工单位是否可以就事件二、四提出费用索赔？为什么？可以获得的索赔费用是多少？

3. 事件三中 C 工作发生的费用如何结算？

4. 前 4 周施工单位可以得到的结算款为多少元？

## 【参考答案】

1. 根据第 4 周末的检查结果，实际进度前锋线如图 22 - 17 所示。

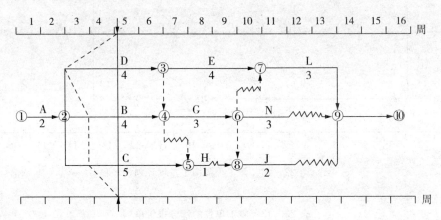

图 22 - 17　第 4 周末检查时的实际进度前锋线

分析 B，C，D 三项工作的实际进度对工期的影响及其理由。

（1）B 工作拖后 1 周，不影响工期。

理由：B 工作总时差有 1 周，B 正好拖延 1 周，不影响总工期。

（2）C 工作拖后 1 周，不影响工期。

理由：C 工作总时差有 3 周，C 工作拖后 1 周，不影响总工期。

（3）D 工作拖后 2 周，影响工期 2 周。

理由：D 工作为关键工作。

2.

（1）事件二不能索赔费用。

理由：异常恶劣气候属于不可抗力，根据不可抗力的索赔原则，施工单位不可以就施工机械损坏和人员窝工提出费用索赔。

（2）事件四可以索赔费用。

理由：施工中发现地下文物，不是一个有经验的承包商所能合理预见的，属于业主应承担的责任。

（3）施工单位可获得的索赔费用为：4 台班×100 元/台班＋1200 元＝1600 元。

3. 事件三中 C 工作发生的费用不予结算，因施工单位对 C 工作的费用没有报价，故认为该项费用已分摊到其他相应项目中。

4. 前 4 周施工单位可以得到的结算款为 349600 元。

A 工作可以得到的结算款：840m³×300 元/m³＝252000 元

B 工作可以得到的结算款：1200m³×25％×320 元/m³＝96000 元

D 工作可以得到的结算款：4 台班×100 元/台班＋1200 元＝1600 元

合计：252000＋96000＋1600＝349600 元。

# ［案例 15］　网络图调整与索赔

某工程项目合同工期为 18 个月，施工合同签订以后，施工单位编制了一份初始网络计划，见图 22-18。

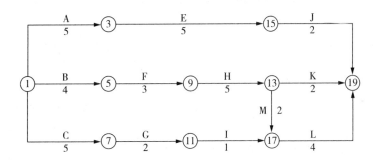

图 22-18　某工程初始网络计划

由于该工程施工工艺的要求，设计计划中工作 C、工作 H 和工作 J 需共用一台特殊履带吊装起重机械，为此需要对初始网络计划作调整。

## 【问题】

1. 绘出调整后的网络进度计划图（在原图上作答即可）。

2. 如果各项工作均按最早时间安排，起重机械在现场闲置多长时间？为减少机械闲置，工作 C 应作如何安排？

3. 该计划执行 3 个月后，施工单位接到业主的设计变更，要求增加一项新工作 D，安排在工作 A 完成之后开始，在工作 E 开始之前完成。因而造成个别施工机械的闲置和某些工种的窝工，为此施工单位向业主提出如下索赔：①施工机械停滞费；②机上操作人员人工费；③某些工种的人工窝工费。请分别说明以上补偿要求是否合理？为什么？

4. 工作 G 完成后，由于业主变更施工图纸，使工作 I 停工待图 1 个月，如果业主要求按合同工期完工，施工单位可向业主索赔赶工费多少（已知工作 I 赶工费每月 15 万元）？并简述理由。

## 【参考答案】

1. 调整后的网络进度计划见图 22-19。

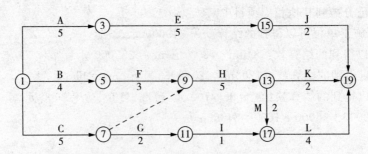

图 22-19  调整后的网络进度计划

2.

1）如果各项工作均按最早时间开始，工作C最早完成时间为5月，工作H最早开始时间为7月，则工作C与工作H之间机械闲置2个月；工作H的最早完成时间是12月，工作J最早开始时间为12月，则工作H与工作J之间机械不闲置；所以，该起重吊装机械共闲置2个月。

2）为了减少机械闲置时间，如果工作C开始时间往后推2个月开始，则机械可连续使用无闲置时间。

3.关于以上事件的补偿问题如下：

1）施工机械停滞费补偿要求合理。因为是业主原因造成施工单位的损失，业主应承担费用的补偿。

2）机上操作人员人工费补偿要求不合理。因为机上工作人员人工费已经包含在相应的机械停滞费用之中。

3）窝工补偿要求合理。因为业主原因造成施工单位的损失。

4.施工单位不应向业主索赔赶工费。

工作I总时差为6个月，停工待图1个月，并不影响总工期，故工作I不需要赶工也能按合同工期完工。

# 三、施工质量管理

[案例 16] **钢筋进场验收**

某工程地上 22 层，地下 2 层，基础类型为桩基筏形承台板，结构形式为现浇剪力墙，混凝土采用商品混凝土。根据要求，该工程实行工程监理。合同规定，钢筋、水泥、防水材料由建设单位提供；外墙瓷砖由承包商提供。

施工过程中，发生如下事件：

（1）地下室底板浇注混凝土前 24 小时，承包商通知监理进行钢筋隐蔽工程验收。

（2）部分特殊钢材甲方采用进口钢材，由供货单位提供了生产厂家的资质证明和材料合格证，并按要求进行了复试后进场，按规定标识码放整齐。

（3）甲方采购的防水材料经施工单位检查验证后使用，但施工完成后发现由于材料问题导致部分地下防水渗漏。甲方认为防水材料已经过乙方检查验证，因此甲方对地下防水渗漏的质量问题不承担责任。

【问题】

1. 进场钢筋应检验的内容有哪些？

2. 钢筋的复验是如何取样的？复验项目包括哪些？

3. 监理对该钢筋隐蔽工程验收的要点有哪些？

4. 对于进口钢材的进场验收，甲方还需要提供什么资料？

5. 对地下防水渗漏的质量问题，甲方的说法是否妥当？请说明理由。

【参考答案】

1. 进场钢筋应检验的内容：

（1）检查产品合格证、出厂检验报告；

（2）外观检查（钢筋应平直、无损伤，表面不得有裂纹、油污、颗粒状或片状老锈）；

（3）按照相关规定，对钢筋的相关指标进行复验。

2. 钢筋的复验取样及复验项目：

（1）钢筋按同一牌号、同一炉罐号、同一规格的钢筋，每 60t 组成一批，在建设单位或监理人员见证下，由施工人员在现场取样，送至符合资质要求的质检实验室进行复验。

（2）钢筋的复验项目：屈服强度、抗拉强度、伸长率和冷弯性能。

对有抗震要求的受力钢筋，其强度应满足设计要求；当设计无具体要求时，对一、二级抗震等级，检验所得的强度实测值应符合下列规定：

1) 钢筋的抗拉强度实测值与屈服强度实测值的比值不应小于1.25；

2) 钢筋的屈服强度实测值与强度标准值的比值不应大于1.3；

3) 钢筋的最大力总伸长率不小于9%。

3. 钢筋隐蔽工程验收要点：

(1) 检查受力钢筋：品种、规格、数量、直径、位置、间距。

(2) 检查构造钢筋：品种、规格、数量等。

(3) 检查箍筋：品种、规格、数量、间距等。

(4) 检查钢筋的连接：连接方式、接头位置、接头数量、接头面积百分率等。

(5) 检查预埋件、保护层厚度等是否符合要求。

4. 对于进口钢材，甲方还必须提供商检报告。

5. 甲方的说法不妥。它违反了"业主采购的物资，项目的验证不能取代业主对其采购物资的质量责任"的基本规定。甲方应该对地下防水渗漏的质量问题承担责任。

# [案例 17]　　　水泥进场验收

某高层建筑主体为框剪结构，地下室底板厚度1.5m，采用商品混凝土浇筑，水泥采用P.S。

施工承包合同规定，钢材由建设单位采购，水泥、防水卷材等由施工单位采购。施工单位采购的水泥进场后，在施工方项目经理的见证下进行取样送检，检验结果表明该批水泥的体积安定性不合格，于是项目部决定将该批水泥使用在次要部位。

## 【问题】

1. 该地下室底板混凝土采用P.S水泥是否合适？说明理由。

2. 本案例中的水泥如何进行进场验收？

3. 水泥的复验如何取样？水泥复验的项目有哪些？

4. 本案例中水泥的体积安定性指标复试不合格，项目部应该如何处理？

## 【参考答案】

1. 该地下室底板厚度为1.5m，属于大体积混凝土，采用P.S水泥（即矿渣硅酸盐水泥）合适。

理由：大体积混凝土应采用水化热低的水泥，诸如：矿渣硅酸盐水泥（P.S）、火山灰质硅酸盐水泥（P.P）、粉煤灰硅酸盐水泥（P.F）和复合硅酸盐水泥（P.C）。

2. 水泥进场验收程序：

(1) 水泥进场前24小时通知监理进行共同验收。

(2) 施工单位应该提供水泥的出厂合格证明、试验检验报告，以及水泥品种、规格、出厂日期等相关资料。

(3) 按照相关规定，对水泥的相关指标进行复验。

3. 钢水泥的复验取样及复验项目：

（1）水泥按同一规格、同一品牌、同一生产厂家、同一批量，袋装 200t、散装 500t 为一检验批，在建设单位或监理人员见证下，由施工人员在现场取样，送至符合资质要求的质检实验室进行复验。

（2）水泥复验项目：抗压强度、抗折强度、凝结时间、安定性。

4. 水泥的体积安定性指标复试不合格应按废品处理，禁止在工程中使用。

# ［案例18］ 装饰装修材料质量

某 9 层办公楼，钢筋混凝土框架结构，结构工程已封顶。二次精装修工程招标选择了装修施工单位。合同约定的部分承包工程如下：

（1）内墙：一般抹灰；

（2）外墙：1—3 层外墙采用陶瓷面砖，4—9 层为玻璃幕墙（中空镀膜玻璃）；

（3）地面：会议室为天然花岗石地面，办公室为采用多层复合地板；

（4）外窗：1—3 层采用铝合金外窗；

（5）涂饰：墙面、顶棚采用水性涂料，木制家具、木门及门套采用溶剂型涂料。

## 【问题】

1. 本装饰工程有哪些材料需要复验或检验？并说明复验或检验的指标。

2. 装饰工程完工后，室内环境质量验收应在何时进行？应检测哪些污染物？

3. 装饰装修工程检验批验收的合格条件有哪些？

## 【参考答案】

1. 本工程应对以下材料及性能指标进行复验：

（1）内墙一般抹灰：应对水泥的凝结时间、安定性进行复验。

（2）外墙：

1）1—3 层外墙陶瓷面砖：

① 应对外墙陶瓷面砖的吸水率，寒冷地区外墙陶瓷面砖的抗冻性进行复验。

② 粘贴用水泥，应对水泥的凝结时间、安定性、抗压强度、抗折强度进行复验。

2）4—9 层玻璃幕墙：

① 应对硅酮结构密封胶进行相容性检验。

② 应对玻璃面板进行剥离试验，以检验硅酮结构胶的黏结力。

（3）地面：

1）会议室天然花岗石地面，当使用面积大于 200m² 时，应进行放射性指标复验。

2）办公室多层复合地板，当使用面积大于 500m² 时，应对游离甲醛含量、游离甲醛释放量分别进行复验。

（4）外窗：应对金属外窗的抗风压性能、空气渗透性能和雨水渗漏性能进行检验。

（5）涂饰：

1）水性涂料，应对挥发性有机化合物（VOC）和游离甲醛含量进行检测。

2）溶剂型涂料，应对挥发性有机化合物（VOC）、苯、和游离甲苯二异氰酸酯（TDI）含量进行检测。

2. 民用建筑室内环境质量验收，应在工程完工至少 7d 以后、工程交付使用前进行。应检测的室内环境污染物有：甲醛、苯、氡、氨、总挥发性有机化合物（TVOC）。

3. 装饰装修工程检验批验收的合格条件：

（1）质量控制资料：具有完整的施工操作依据、质量检查记录。

（2）主控项目：抽查样本均应符合《建筑装饰装修工程质量验收规范》的规定。

（3）一般项目：抽查样本的 80％ 以上应符合一般项目的规定。有允许偏差的检验项目，其最大偏差不得超过规范规定允许偏差的 1.5 倍。

# [案例 19] 土方回填

某市写字楼工程，建筑面积 4000m²，框架剪力墙结构，地下两层。该工程位于淤泥质软土地基上。回填土施工时正值雨季，土源紧缺，工期较紧，项目经理决定将挖出的淤泥质软土作为回填土。回填土立即浇筑地面混凝土面层。在工程竣工初验时，该部位地面局部出现下沉，影响使用功能，监理工程师要求项目经理部整改。

## 【问题】

1. 哪些土料不能用作回填土？

2. 分析导致地面局部下沉的原因有哪些？

3. 回填土的密实度用什么指标加以控制？

## 【参考答案】

1. 为了保证填方的强度和稳定性，不能用淤泥和淤泥质土、膨胀土、有机质物含量大于 8％ 的土、含水溶性硫酸盐大于 5％ 的土、含水量不符合压实要求的黏性土作为回填土。

2. 导致地面局部下沉的原因有：

（1）土的含水率过大或过小，因而达不到最优含水率下的密实度要求；

（2）填方土料不符合要求；

（3）没有进行分层回填，或每层铺填厚度过大；

（4）碾压或夯实机具能量不够，达不到影响深度要求，使土的密实度降低；

（5）没有按设计要求预留土的沉降量；

（6）回填后立即浇筑地面混凝土面层。

3. 回填土的密实度通常以压实系数指标加以控制。压实系数为土的实际干土密度与最大干土密度的比值，回填土的压实系数应满足设计要求。

# [案例 20]　　　　基坑验槽

某建筑工程，混凝土现浇结构，填充墙采用混凝土小型空心砌块砌筑。筏形基础，地下 3 层，地上 12 层，基础埋深 12.4m，该工程位于繁华市区，施工场地狭小。

基坑开挖到设计标高后，施工单位和监理单位对基坑进行了验槽，并对基底进行了钎探，发现有部分软弱下卧层。于是施工单位针对此问题制定了处理方案并进行了处理。

## 【问题】

1. 基坑验槽的重点是什么？施工单位对软弱下卧层的处理是否妥当？写出正确做法。
2. 施工单位和监理单位两家单位共同进行工程验槽的做法是否妥当？说明理由。
3. 基坑验槽的主要内容有哪些？

## 【参考答案】

1. 验槽时应重点观察柱基、墙角、承重墙下或其他受力较大部位。

施工单位对软弱下卧层的处理不妥。正确做法如下：

(1) 施工单位发现软弱下卧层后，立即上报监理，监理再上报业主；

(2) 由业主会同勘察、设计等有关单位进行会商研判，提出处理方案；

(3) 业主通过监理下达"设计变更"，通知到施工方；

(4) 施工方按照设计变更的内容进行处理。

2. 由施工单位和监理单位共同进行工程验槽的做法不妥。

理由：基坑（槽）验槽，应由总监理工程师或建设单位项目负责人组织施工、设计、勘察等单位的项目和技术质量负责人共赴现场，按设计、规范和施工方案等的要求进行检查，并做好基坑验槽记录和隐蔽工程记录。

3. 基坑验槽的主要内容：

(1) 基槽的开挖平面位置、尺寸、槽底深度；

(2) 观察槽壁、槽底土质是否异常，核对土质及地下水是否与勘察报告相符；

(3) 基槽中是否有旧建筑物基础、古井、古墓、洞穴等；

(4) 检查基槽边坡外缘与附近建筑物的距离，基坑开挖对建筑物稳定是否有影响；

(5) 分析纤探资料，对异常点位复核。

# [案例 21]　　　　基坑塌方

某工程整体地下室 2 层、主楼地上 24 层，钢筋混凝土全现浇框架－剪力墙结构，填充墙为小型空心砌块砌筑。

平整场地结束后，施工单位立即进行了工程定位和测量放线，然后即进行土方开挖工作，由于施工现场周围空旷，没有临近建筑物和地下管网，项目部决定整个基坑采取大放坡开挖。开挖过程中，基坑的东北角出现局部塌方现象，幸未造成人员伤亡。

土方开挖机械采用正铲挖掘机，在挖掘机开挖至设计标高后，由总监理工程师组织基坑验槽，随后进行垫层施工与基础混凝土浇灌。

## 【问题】

1. 简述在何种情况下可以采用放坡开挖？
2. 分析边坡塌方的原因。
3. 在土方开挖中，挖掘机能否直接挖至设计标高？说明理由。

## 【参考答案】

1. 在下列情况下可以采用放坡开挖：
(1) 基坑深度不大。
(2) 地基土质坚硬，经验算可以确保边坡稳定性。
(3) 开挖深度在地下水位以上。
(4) 基坑开挖不会危及邻近建筑物、道路及地下管线的安全与使用。
2. 边坡塌方原因分析：
(1) 基坑开挖坡度不够，或通过不同土层时，没有分别放成不同坡度。
(2) 在地下水下开挖时，未采取降排水措施。
(3) 边坡顶部堆载过大，或受外力振动影响。
(4) 土质松软，开挖次序、方法不当而造成塌方。
3. 挖掘机不能直接挖至设计标高。

理由：为了减少对地基土的扰动，机械挖土时，如深度在 5m 以内，可一次开挖，在接近设计坑底高程时应预留 20～30cm 厚的土层，用人工开挖和修坡。

# [案例 22]　　基础底板大体积混凝土施工

某建筑工程，现浇剪力墙结构，地下 3 层，地上 50 层。基础埋深 14.4m，底板厚 3m，底板混凝土强度等级为 C35。底板钢筋施工时，板厚 1.5m 处的 HRB335 级直径 16mm 钢筋，在施工单位征得监理单位和建设单位同意后，用 HPB300 级直径 10mm 的钢筋进行代换。施工单位选定了某商品混凝土搅拌站，由该搅拌站为其制定了底板混凝土施工方案。该方案采用分层法浇筑。底板混凝土浇筑时当地最高大气温度 38℃，混凝土最高入模温度 40℃。浇筑完成 12h 后采用覆盖一层塑料膜、一层保温岩棉养护 7d。测温记录显示：混凝土内部最高温度 75℃，其表面最高温度 45℃。监理工程师检查发现底板表面混凝土有裂缝，经钻芯取样检查，取样样品均有贯通裂缝。

## 【问题】

1. 该基础底板钢筋代换是否合理？说明理由。
2. 商品混凝土供应站编制大体积混凝土施工方案是否合理？写出正确做法。

3. 本工程基础底板产生裂缝的主要原因是什么？

4. 大体积混凝土裂缝控制的常用措施是什么？

【参考答案】

1. 该基础底板钢筋代换不合理。

理由：因为钢筋代换时，应征得设计单位的同意，对于底板这种重要受力构件，不宜用 HPB300 代换 HRB335。

2. 由商品混凝土供应站编制大体积混凝土施工方案不合理。

正确做法：由大体积混凝土施工方案应项目部技术人员编制，报施工单位技术负责人审批，再报监理单位审批后执行。

3. 本工程基础底板产生裂缝的主要原因：

(1) 混凝土的入模温度过高（40℃）。大体积混凝土的入模温度不应超过 30℃。

(2) 混凝土浇筑后未在 12h 内进行覆盖养护（本案例为 12h 后覆盖养护）。

(3) 大体积混凝土的养护时间（7 天）不够。采用普通硅酸盐水泥拌制的混凝土养护时间不得少于 14d；采用矿渣水泥、火山灰水泥等拌制的混凝土养护时间不得少于 21d。

(4) 大体积混凝土水化热高，使内部与表面温差过大（30℃），产生裂缝。大体积混凝土的内外温差不能大于 25℃。

4. 大体积混凝土裂缝控制的常用措施：

(1) 优先选用低水化热的矿渣水泥拌制混凝土，并适当使用缓凝减水剂。

(2) 在保证强度等级前提下，适当降低水灰比，减少水泥用量。

(3) 降低混凝土的入模温度，控制混凝土内外的温差（当设计无要求时，控制在 25℃以内）。

(4) 及时对混凝土覆盖保温、保湿材料。

(5) 可在基础内预埋冷却水管，通入循环水，强制降低混凝土水化热产生的温度。

(6) 掺入适量的微膨胀剂或膨胀水泥，使混凝土得到补偿收缩，减少混凝土的收缩变形。

(7) 设置后浇缝。当大体积混凝土平面尺寸过大时，可以适当设置后浇缝，以减小外应力和温度应力；同时，也有利于散热，降低混凝土的内部温度。

(8) 大体积混凝土可采用二次抹面工艺，减少表面收缩裂缝。

# ［案例 23］ 施工缝与后浇带

某商业大厦工程，15 层框剪结构，地下室 3 层，总建筑面积 3417m²，由于底板面积较大，根据设计要求在规定位置留置了后浇带。

在一层顶梁板施工时，钢筋制作安装、模板支设完毕，开始浇筑混凝土。当混凝土浇筑约四分之一时，突遇特大暴雨，混凝土浇筑暂停，留置施工缝，待天气好转后，进行剩余混凝土浇筑。

监理在质量检查时发现施工缝的留置位置不合理，同时也发现底板后浇带出现渗水现象，监理分析认为后浇带出现渗水的原因主要是后续填充后浇带时，没有按照要求施工所致。

【问题】

1. 关于混凝土梁、板施工缝的留置位置，有哪些规定？
2. 本案例中，第二次浇筑混凝土时，施工缝处应如何施工？
3. 后浇带施工有何要求？

【参考答案】

1. 混凝土梁、板施工缝的留置位置，应符合如下规定：
（1）单向板：留置在平等于板的短边的任何位置；
（2）有主次梁的楼板，施工缝应留置在次梁跨中 1/3 范围内；
（3）双向受力板、大体积混凝土结构等及其他结构复杂的工程，施工缝的位置应按设计要求留置。

2. 施工缝处继续浇筑混凝土时，应符合如下规定：
（1）已浇筑的混凝土，其抗压强度不应小于 $1.2N/mm^2$；
（2）在已硬化的混凝土表面上，应清除水泥薄膜和松动石子以及软弱混凝土层，并加以充分湿润和冲洗干净，且不得积水；
（3）在浇筑混凝土前，宜先在施工缝处刷一层水泥浆（可掺适量界面剂）或铺一层与混凝土内成分相同的水泥砂浆；
（4）混凝土应细致捣实，使新旧混凝土紧密结合。

3. 后浇带施工要求：
（1）后浇带要求保留一段时间（若设计无要求，则至少保留 28d）后再浇筑。
（2）填充后浇带，应采用微膨胀混凝土、强度等级比原结构强度提高一级。
（3）后浇带应保持至少 14d 的湿润养护。

[案例 24]  # 混凝土质量 1

某 25 层高的商住楼，框剪结构。施工期间正值高温季节，商品混凝土加入缓凝剂，同时为了改善混凝土结构的耐久性加入了减水剂和引气剂。

监理在质量检查时发现，部分框架柱、剪力墙底部出现"烂根"现象，为了加强框架柱和墙体的混凝土浇筑质量控制，监理要求项目技术负责人对施工人员进行了详细技术交底。

混凝土在浇筑完成 12h 后浇水养护，养护时间为 7 天。

【问题】

1. 简述混凝土中加入减水剂和引气剂的作用。
2. 为防止混凝土离析，浇筑框架柱、墙等竖向结构时，应采取什么措施？

3. 纠正混凝土养护中的错误做法。

## 【参考答案】

1. 混凝土中加入减水剂和引气剂的作用：

加入减水剂的作用：

(1) 混凝土中掺入减水剂，若不减少用水量，能显著提高流动性；

(2) 当减水而不减少水泥时，可提高混凝土强度；

(3) 当减水而不减少水泥时，混凝土的耐久性也能得到显著改善；

(4) 若减水的同时适当减少水泥用量，则可节约水泥。

加入引气剂的作用：

(1) 改善混凝土拌合物的和易性，减少泌水离析；

(2) 能提高混凝土的抗渗性和抗冻性；

(3) 能提高混凝土的抗裂性。

2. 浇筑框架柱、墙等竖向结构时，应采取的措施：

(1) 在浇筑混凝土前，应先在底部填以 50～100mm 厚与混凝土内砂浆成分相同的水泥砂浆。

(2) 其自由倾落高度应符合如下规定，当不能满足时，应加设串筒、溜管、溜槽等装置。

1) 粗骨料料径大于 25mm 时，不宜超过 3m；

2) 粗骨料料径不大于 25mm 时，不宜超过 6m。

3. 混凝土的养护有 2 处错误：

(1) 错误一：混凝土在浇筑完成 12h 后浇水养护。

正确做法：混凝土应该在浇筑完成 12h 内浇水养护。

(2) 错误二：混凝土养护时间为 7 天。

正确做法：养护时间应该为 14 天（根据规定，对掺用缓凝型外加剂或有抗渗要求的混凝土，不得少于 14d）。

# [案例 25]　　　　混凝土质量 2

某 10 层住宅建筑，主体结构采用现浇钢筋混凝土梁、板、柱的框架结构，采用 C30 混凝土，加气混凝土砌块填充墙，在三层结构施工完成后，发现三层混凝土试块强度为 C25，达不到设计要求，后经有资质的检测单位测试论证仍然为 C25。竣工后，业主认为，三层混凝土试块强度达不到设计要求，拒绝进行竣工验收。施工单位认为，虽然三层混凝土试块强度为 C25，与设计要求 C30 只差一个强度等级，不影响建筑物的整体安全和使用要求，并愿意做出适当经济补偿，提出让建设主管部门从中协调。此要求遭到业主的拒绝。

## 【问题】

1. 分析主体混凝土强度等级偏低可能的原因是什么？

2. 本案例中业主拒绝竣工验收的做法是否合理？阐述你的观点。

【参考答案】

1. 混凝土强度偏低原因分析：

(1) 配置混凝土所用原材料不合格。

(2) 配合比不合格。

(3) 拌制混凝土时投料计量有误。

(4) 混凝土搅拌、运输、浇筑、养护不符合规范要求。

2. 业主拒绝竣工验收的做法不合理。

根据过程验收的规定，当质量不合格时，应按照以下程序进行：

(1) 当个别混凝土试块强度达不到设计要求时，首先应该请有资质的检测单位检测鉴定，如果鉴定合格，应允许验收。

(2) 如果鉴定结果仍达不到设计要求，应该到原设计单位进行强度验算，经验算能满足安全、使用要求时，应允许验收。

(3) 经原设计单位验算仍不能满足要求时，施工方可以采取诸如加固、返工等措施，最终满足要求后，双方可协商验收，施工方应承担部分经济责任。

(4) 如果经过加固、返工等措施后，仍不能满足最低安全、使用要求，则禁止验收。

本案例中，业主没有允许施工方进行上述的第 2、3 步骤，就拒绝进行竣工验收，显然是不合理的。

# [案例 26]　　　钢筋混凝土工程

某化工车间，主体 5 层，混凝土框架结构，建筑面积 5320m²，在项目施工过程中，发生如下事件：

(1) 考虑到化工车间具有腐蚀性介质作用，所有混凝土均采用普通硅酸盐水泥。

(2) 时年 8 月 16 日，监理例行检查时发现水泥出厂日期为 5 月 10 日，监理工程师认为该批水泥已过期，下令将此批水泥清退出场。

(3) 现场钢筋的调直采用冷拉方法。其中，HPB300 冷拉率为 3%，受力钢筋 HRB335 级、HRB400 级钢筋的冷拉率为 1.5%。

(4) 某框架梁的上部架立钢筋为 HPB300φ12，下部受力钢筋为 HRB335φ32。现场均采用剥肋滚压直螺纹套筒连接。

【问题】

1. 该工程采用普通硅酸盐水泥是否合适？说明理由。

2. 监理判定水泥过期失效，并清退出场是否合理？并简述理由或正确做法。

3. 钢筋调直采用的冷拉率是否正确？说明理由。

4. 框架梁钢筋的连接方式是否正确？说明理由。

## 【参考答案】

1. 该工程采用普通硅酸盐水泥不合适。

理由：硅酸盐水泥、普通硅酸盐水泥耐腐蚀性差，不能用在具有腐蚀介质的环境中，本工程宜该使用矿渣水泥、火山灰水泥、粉煤灰水泥或复合水泥。

2. 监理判定该批水泥过期失效并清退出场不合理。

按照相关规定，当对水泥质量有怀疑或水泥出厂超过三个月时，应进行复验，并按复验结果使用。该批水泥目前正好超过三个月，正确做法应该是进行复试，然后根据复试结果再作是否失效的判定。

3. HPB300 冷拉率为 3% 正确；HRB335 级、HRB400 钢筋的冷拉率为 1.5% 不正确。

理由：钢筋调直采用冷拉方法时，HRB335 级、HRB400 级和 RRB400 级钢筋的冷拉率不宜大于 1%，HPB235、HPB300 级钢筋的冷拉率不宜大于 4%。

4. 框架梁上部钢筋的连接不正确，下部钢筋连接方式正确。

理由：剥肋滚压直螺纹套筒连接属于机械连接方式。而机械连接通常适用的钢筋级别为 HRB335、HRB400、RRB400，适用的钢筋直径范围通常为 16 ~ 50mm。对于 HPB300φ12 的钢筋宜采用焊接或绑扎连接方式。

# ［案例 27］ 砌体工程

某小区内拟建一座 6 层普通砖墙结构住宅楼，外墙厚 370mm，内墙厚 240mm，抗震设防烈度 7 度，某施工单位与建设单位签订了该工程总承包合同，合同工程量清单报价中写明：瓷砖墙面积为 $1000m^2$，综合单位为 110 元/$m^2$。施工过程中发生如下事件：

事件一：现场施工过程中，为了脚手架与墙体进行可靠拉结，在外墙留置脚手眼，监理指出某些脚手眼的留置位置不符合要求，需要整改。

事件二：在构造柱施工中，为了加强构造柱与墙体的拉结，施工人员沿墙高每 500mm 设置了 1φ6 钢筋，钢筋外露长度为 500mm。

事件三：施工期间气温超过 30℃，施工人员反应水泥混合砂浆过于干稠，不便操作。技术人员给出的解决措施是，采用较大稠度值的砂浆，并在 3h 之内用完。

事件四：施工过程中，建设单位调换了瓷砖的规格型号。经施工单位核算综合单价为 150 元/$m^2$。该分项工程施工完成后，经监理工程师实测确认瓷砖粘贴面积为 $1200m^2$，但建设单位未确认变更单价，施工单位用挣值法进行了成本分析。

## 【问题】

1. 事件一中，砖砌体的哪些部位不得设置脚手眼？
2. 事件二中，构造柱与墙体拉结的做法是否正确？说明理由。
3. 事件三中，技术人员给出的解决措施是否合适？说明理由。
4. 计算墙面瓷砖粘贴分项工程的 BCWS、BCWP、ACWP、CV，并分析成本情况。

【参考答案】

1. 不得在下列墙体部位设置脚手眼：

（1）120mm 厚墙、清水墙、料石墙、独立柱和附墙柱；

（2）过梁上与过梁成 60°角的三角形范围及过梁净跨度 1/2 的高度范围内；

（3）宽度小于 1m 的窗间墙；

（4）门窗洞口两侧石砌体 300mm，其他砌体 200mm 范围内；转角处石砌体 600mm，其他砌体 450mm 范围内；

（5）梁或梁垫下及其左右 500mm 范围内；

（6）设计不允许设置脚手眼的部位；

（7）轻质墙体；

（8）夹心复合墙外叶墙。

2. 构造柱与墙体拉结的做法不正确。

理由：根据规范规定，墙与柱应沿高度方向每 500mm 设 $2\varphi6$ 钢筋，每边伸入墙内不应少于 1m。本工程只设置了 $1\varphi6$ 钢筋，钢筋外露长度为 500mm，显然不符合要求。

3. 采用较大稠度值砂浆的措施正确，但要求在 3h 之内用完不正确。

理由：当砌筑材料为粗糙多孔且吸水较大的块料或在干热条件下砌筑时，应选用较大稠度值的砂浆；砂浆应随拌随用，拌制的砂浆应在 3h 内使用完毕，当施工期间最高气温超过 30℃时，应在 2h 内使用完毕。本案例施工气温超过 30℃，因此，水泥混合砂浆应该在 2h 内用完。

4. 计划面积 100m²，预算价格 110 元/m²；实际价格 150 元/m²，实际面积 1200m²

$BCWS$＝计划工作量×预算单价＝1000×110＝11 万元

$BCWP$＝已完工作量×预算单价＝1200×110＝13.2 万元

$ACWP$＝已完工作量×实际单价＝1200×150＝18 万元

$CV$＝$BCWP$－$ACWP$＝13.2－18＝－4.8 万元

费用偏差为负差，表示实际费用超出预算费用。

[案例 28]　　　　　　**脚手架搭设**

某市一在建框架剪力墙办公楼工程，层高 4m，平面尺寸 138m×36m，建筑面积 52000m²，楼高 55m（从地坪算起），外装修拟采用双排钢管脚手架，采用密目网全封闭。

在脚手架搭设之前，施工单位技术负责人编制了脚手架专项方案，该方案经过项目经理审查通过后送达总监理工程师审批。总监指出，脚手架的立杆采用搭接方式不妥，要求所有立杆除顶层外全部改为对接方式连接。修改后的专项施工方案经总监审批后实施。

【问题】

1. 本工程的脚手架搭设高度是否超过限值？说明理由。若超过限值，应该采取什么措施?

2. 请指出脚手架专项施工方案审批过程存在的问题，并说明正确做法。

3. 总监理工程师的要求是否合理？立杆对接连接的构造要求有哪些？

4. 规范对剪刀撑搭设有何构造要求？

【参考答案】

1. 本工程的脚手架搭设高度已超过限值。

理由：根据规范"JGJ 130—2011"规定，扣件式钢管脚手架的搭设高度为：单排脚手架高度限值为 24m；双排脚手架高度限值为 50m。本工程楼高 55m，已超过限值 50m 的规定。

根据规定，当需要搭设超过高度限值的脚手架时，可采取分段搭设、分段卸载等措施。

2. 本案例脚手架专项施工方案的审批程序存在以下 2 个问题：

（1）"专项方案经过项目经理审查通过后送达总监理工程师审批"不正确。

正确做法：专项方案首先应经过单位技术负责人审批，再送达总监理工程师审批。

（2）"修改后的专项施工方案经总监审批后实施"不正确。

正确做法：本工程脚手架高度已经超过 50m，按规定还应该组织专家论证后方能实施。

3. 总监的要求合理。

立杆的对接连接构造要求：

立杆上的对接扣件应交错布置，两根相邻立杆的接头不应设置在同步内，不同步内的两个相邻接头在高度方向错开的距离不宜小于 500mm，各接头中心至主节点的距离不宜大于步距的 1/3。

4. 剪刀撑搭设构造要求：

（1）高度在 24m 以下的单、双排脚手架，均必须在外侧立面的两端各设置一道剪刀撑，并应由底至顶连续设置，中间各道剪刀撑之间的净距不应大于 15m。24m 以上的双排脚手架应在外侧立面整个长度和高度上连续设置剪刀撑。

（2）剪刀撑、横向斜撑搭设应随立杆、纵向和横向水平杆等同步搭设。

# [案例 29]　　模板工程 1

某博物馆工程，框架结构，首层大厅高度 8.5m。模板采用组合式钢模板，施工方提交了模板专项施工方案后，监理单位还要求施工单位组织专家论证。

首层某根框架梁跨度 12m，模板拆除后出现挠度过大的现象，经项目部会同监理方检查后确认，引起梁挠度过大的原因有两个，一是浇筑混凝土时没有按照规定要求进行起拱；二是梁的底模拆除时间过早所致。

为了加速模板的周转使用，本工程的楼面模板采用了快拆支架体系。

【问题】

1. 监理要求施工单位组织专家论证的做法是否合理？说明理由。

2. 在什么情况下需要对模板工程进行专家论证？

3. 对于跨度为12m的框架梁，最大起拱高度应该为多少？

4. 本案例中跨度为12m的梁底模应在何时拆除？

5. 对于快拆支架体系的立杆间距以及拆模时机有何要求？

【参考答案】

1. 监理的做法合理。

理由：根据规定，模板支撑搭设高度在8m及以上的就需要进行专家论证。本工程首层大厅高度8.5m，已超过8m的规定，故需要组织专家论证。

2. 下列情况下，需要组织模板工程的专家论证：

（1）工具式模板工程：包括滑模、爬模、飞模工程。

（2）混凝土模板支撑工程：搭设高度8m及以上；搭设跨度18m及以上，施工总荷载15kN/m² 及以上；集中线荷载20kN/m 及以上。

（3）承重支撑体系：用于钢结构安装等满堂支撑体系，承受单点集中荷载700kn以上。

3. 跨度为12m的框架梁，最大起拱高度应该为：$12m \times 3/1000 = 0.036m$。

4. 跨度为12m的梁底模，应在混凝土强度达到设计的混凝土立方体抗压强度标准值的100%时方可拆除。

5. 快拆支架体系的支架立杆间距不应大于2m。拆模时的混凝土强度可取构件跨度为2m的规定确定，即当混凝土强度达到设计的混凝土立方体抗压强度标准值的50%时可以拆除。

[案例30]  # 模板工程2

某市市政大厦工程，建筑面积为46000m²，框架剪力墙结构，基础为桩基础，桩采用泥浆护壁钻孔灌注桩，地下室四周设钢筋混凝土挡土墙。该工程的地下室结构复杂，大面积的墙体很少，层高5.1m。目前地下室墙体可以采取的模板类型有：竹胶板、小钢模（组合钢模板）、大钢模。

【问题】

1. 比较上述三种模板的优缺点。

2. 为了控制造价和加快施工进度，本工程的地下室宜选取何种类型模板？

【参考答案】

1. 三种模板的比较见表23-1。

表 23-1　竹胶板、小钢模、大钢模比较

| 模板类型 | 优点 | 缺点 |
|---|---|---|
| 竹胶板 | (1) 模板加工容易，可加工成各种形状；<br>(2) 混凝土成型后表面平整，观感好。 | (1) 地下室结构复杂，会导致大量整板裁割，废料多；<br>(2) 利用率低，增加造价。 |
| 小钢模 | (1) 拼装灵活，适合复杂墙体；<br>(2) 安拆方便，刚度大，可以保证墙体的垂直度；<br>(3) 周转快，加快施工进度。 | 混凝土成型后，表面不平整，观感差。 |
| 大钢模 | (1) 刚度和强度大，墙体垂直、平整度易于保证；<br>(2) 混凝土成型后墙面观感很好；<br>(3) 适合应用于体积大的剪力墙。 | (1) 安装复杂，使用费用较高；<br>(2) 需要塔吊配合模板吊装；<br>(3) 不适合用于结构复杂的墙体。 |

2. 考虑到该工程特点，在地下室墙体结构复杂的情况下，选择小钢模模板可以控制工程造价和加快施工进度。

# [案例 31]　钢结构焊接

某市新建一项体育馆工程，该工程总建筑面积 $50000\text{m}^2$，采用钢结构，构件的连接主要是采用焊接方式。在钢结构焊接施工时，监理部门在质量检查时发现，部分钢结构桁架焊接节点出现热裂纹；在某一钢梁连接处出现夹渣。监理要求项目部对所有的焊接节点进行全面检查，并提出整改措施。

## 【问题】

1. 钢结构有几种连接方法？
2. 钢结构焊缝缺陷通常分为几种类型？
3. 分析钢结构焊接节点处出现热裂纹和夹渣的原因。

## 【参考答案】

1. 钢结构的连接方法有：焊接、普通螺栓连接、高强度螺栓连接和铆接。
2. 钢结构焊缝缺陷通常分为：裂纹、孔穴、固体夹杂、未熔合、未焊透、形状缺陷和其他缺陷，共七种。
3. 出现热裂纹和夹渣的原因分析：
(1) 产生热裂纹的主要原因：
1) 母材抗裂性能差；
2) 焊接材料质量不好；

3）焊接工艺参数选择不当；

4）焊接内应力过大等。

（2）产生夹渣的主要原因：

1）焊接材料质量不好；

2）焊接电流太小，焊接速度太快；

3）熔渣密度太大，阻碍熔渣上浮，多层焊时熔渣未清除干净等。

# [案例32] 螺栓连接、防火防腐涂装

某汽车配件生产车间，建筑面积 23500m²，主体结构采用钢结构，钢结构构件分别进行防火、防腐涂装。施工中发生如下事件：

事件一：部分钢构件进场时，发现摩擦型高强螺栓连接节点接触面及安装焊缝处均涂刷了防腐涂料。

事件二：个别构件安装时，高强度螺栓不能穿入螺栓孔，项目经理要求施工队现场气割，扩孔量为 1.3d。

事件三：某些钢梁，防火涂层厚度达 42mm。防火涂装施工时的环境温度为 15℃，相对湿度为 90%。

## 【问题】

1. 事件一中的部分钢构件是否予以验收，为什么？

2. 事件二中项目经理的要求是否正确，为什么？

3. 纠正事件三中的错误做法。

4. 对于厚涂型防火涂料，在哪些情况时，宜在涂层内设置钢丝网或其他相应的措施？

## 【参考答案】

1. 不能予以验收。因为摩擦型高强度螺栓连接节点接触面，施工图中注明的不涂层部位，均不得涂刷。

2. 不正确。因为高强度螺栓应自由穿入螺栓孔，不应气割扩孔；经允许，其最大扩孔量不得超过 1.2d（d 为螺栓直径）。

3. 纠正事件三中的错误做法：

错误一："某些钢梁，防火涂层厚度达 42mm"。

正确做法：对于易受振动和撞击部件，室外钢结构幅面较大或涂层厚度较大（大于35mm）时应采取加固措施。

错误二："防火涂装施工时的相对湿度为 90%"。

正确做法：涂装环境温度和相对湿度应符合要求，无要求时，环境温度不宜高于38℃，相对湿度不应大于 85%。

4. 在下列情况时，宜在涂层内设置钢丝网或其他相应的措施：

1）承受冲击、振动荷载的钢梁；

2）涂层厚度等于或大于 40mm 的钢梁和桁架；

3）涂料黏结强度小于或等于 0.05MPa 的钢构件；

4）钢板墙和腹板高度超过 1.5m 的钢梁。

[案例 33]　　　　　　# 地下防水 1

某市展览馆建筑，建成后将成为该市标志性建筑，总建筑面积为 3.2 万 m²，地上 7 层，地下 2 层，建筑造型新颖，结构形式采用钢网架结构。基础开挖深度 10.5m，位于地下水位以下。

地下室底板厚度为 2m，地下室防水采用混凝土自防水。混凝土强度等级为 C40，抗渗等级为 P8。在施工过程中，为确保工序质量，项目部严格执行"三检制"，并按照"PDCA"循环原理、"全面质量管理"方法进行项目质量控制。在底板混凝土浇筑中，为了防止出现温度裂缝，对施工温度进行严密监控，以确保地下防水混凝土的施工质量。

## 【问题】

1. 简述"三检制"、"PDCA 循环"、"全面质量管理"的含义。

2. 防水混凝土配合比应符合什么规定？

3. 如果地下室在施工时需要留设施工缝，施工缝的位置有什么规定？

4. 大体积防水混凝土的施工有哪些要求？

## 【参考答案】

1. "三检制"，是指施工过程中，各道工序实行自检、互检、专检制度，并有完整的检查记录。

"PDCA 循环"，是指按照"计划、实施、检查、处理"的循环模式进行项目质量控制。

"全面质量管理"，是指按照"全方位、全过程、全员参与"的方法进行质量管理。

2. 防水混凝土的配合比应符合下列规定：

(1) 防水混凝土胶凝材料总用量不宜小于 320kg/m³，在满足抗渗等级、强度等级和耐久性条件下，水泥用量不宜小于 260kg/m³。

(2) 砂率宜为 35%～40%。

(3) 水胶比不得大于 0.50，有侵蚀性介质时水胶比不宜大于 0.45。

(4) 入泵坍落度宜控制在 120～160mm。

3. 防水混凝土施工缝的规定：

(1) 墙体水平施工缝，应留在高出底板表面不小于 300mm 的墙体上。

(2) 板、墙结合的水平施工缝，宜留在板、墙接缝线以下 150～300mm 处。

(3) 墙体有预留孔洞时，施工缝距孔洞边缘不应小于 300mm。

(4) 垂直施工缝应避开地下水和裂隙水较多的地段，并宜与变形缝相结合。

4. 大体积防水混凝土的施工要求：

(1) 宜选用水化热低和凝结时间长的水泥，宜掺入减水剂、缓凝剂等外加剂和粉煤灰、磨细矿渣粉等掺合料。

（2）掺粉煤灰混凝土设计强度等级的龄期宜为60d或90d。

（3）炎热季节施工时，入模温度不应大于30℃。

（4）混凝土中心温度与表面温度的差值不应大于25℃，表面温度与大气温度的差值不应大于20℃。

（5）养护时间不得少于14d。

# ［案例34］ 地下防水2

某建筑公司承接了一座商业大厦的施工任务，该工程共18层，地下3层，地下采用防水混凝土自防水。施工前，项目部在施工组织设计中，将地下室的结构自防水施工列为特殊过程，加以重点控制。该地下防水混凝土结构厚度为300mm，部分钢筋保护层厚度为35mm，局部混凝土表面出现宽度约为0.5mm的裂缝，部分裂缝宽度达到2mm。

## 【问题】

1. 特殊过程控制应符合哪些规定？

2. 该工程地下防水混凝土结构厚度、钢筋保护层厚度是否符合要求？说明理由。

3. 防水混凝土表面出现的裂缝是否需要处理？说明理由。

## 【参考答案】

1. 特殊过程控制应符合下列规定：

（1）对于特殊过程，应设置质量控制点进行控制。

（2）对于特殊过程，应由技术人员编制专门的作业指导书，经项目技术负责人审批后执行。

（3）质量控制点到来之前通知监理工程师现场监督、检查。

2. 该工程地下防水混凝土结构厚度符合要求。按照规定，防水混凝土结构厚度不应小于250mm，该工程为300mm，因此符合要求。

该工程钢筋保护层厚度不符合要求。按照规定，迎水面钢筋保护层厚度不应小于50mm，其允许偏差为±5mm，而该工程混凝土保护层厚度为35mm。

3. 防水混凝土表面出现的裂缝需要处理。按照规定，防水混凝土结构表面的裂缝宽度不应大于0.2mm，并不得贯通，而该工程混凝土裂缝宽度已达0.5mm，部分达到2mm，不符合要求，因此需进行处理。

# ［案例35］ 屋面卷材防水

某高校办公楼为12层框架结构，屋面采用一级防水。该工程由市第二建筑公司承建，屋面工程施工完成后，在女儿墙处出现漏水现象。施工单位根据要求及时进行了处理。

工程投入使用到第五年时，该校将三层部分房间改作档案室，堆积大量档案资料，使荷载增加，结果三层楼板出现明显裂缝。业主认为该工程未过保修期，因此该质量责任应由市第二建筑公司承担，施工方应承担维修义务，而施工方则认为出现裂缝是学校擅自改变建筑结构使用功能，造成局部荷载增大，超过楼板承载能力，属于学校使用不当造成，并非施工单位的过失造成，因而拒绝维修。

## 【问题】

1. 根据规范要求，什么类型的建筑需要采用一级防水？一级防水需要几道防水设防？
2. 女儿墙泛水处如何施工？
3. 对于学校及施工方的主张或行为阐述你自己的观点。

## 【参考答案】

1. 根据规范要求，重要建筑和高层建筑需要采用一级防水。一级防水需要两道防水设防。

2. 女儿墙泛水处施工：

（1）女儿墙泛水处应做成钝角。

（2）女儿墙泛水处的防水层下应增设附加层，附加层在平面和立面的宽度均不应小于 250mm。

（3）做好女儿墙立面卷材收口（包括：钉上压条、用防水油膏封口、压顶板做好滴水线等）。

3. 学校方要求施工方承担质量责任不合理，但要求施工方进行维修合理，施工方不能因此而拒绝维修。

理由：施工方只对施工质量引起的缺陷承担质量责任，本工程显然属于学校使用不当造成，应该由学校承担质量责任。但施工方依然需要履行维修义务，只是维修的费用应该由学校负担。

[案例 36] # 屋面、厕浴间防水

北方某市一综合楼，结构形式为现浇框架剪力墙结构，地上 20 层，地下 2 层，建筑檐高 66.75m，建筑面积 56000m²。屋面防水卷材采用 APP 改性沥青防水卷材；由于卷材铺贴时温度为 -15℃，施工单位采用热熔法施工；为了防止卷材位移，上下层卷材相互垂直铺贴；屋面卷材防水层施工后，直接在上面进行刚性保护层施工；女儿墙泛水处的防水层下增设附加层，附加层在平面和立面的宽度均为 200mm。

屋面、厕浴间防水工程完成后，在防水层验收时，发现部分厕浴间存在渗水、漏水现象。

## 【问题】

1. 指出卷材施工时的错误做法，并说明理由。

2. 屋面及厕浴间防水层完工后，如何进行验收？

# 【参考答案】

1. 卷材施工时的错误做法及理由：

(1) 错误做法一："屋面防水卷材采用 APP 改性沥青防水卷材"。

理由：APP 卷材适用较高气温环境的建筑防水，而 SBS 卷材适用于较低气温环境的建筑防水。因此，北方地区不宜使用 APP 卷材。

(2) 错误做法二："由于卷材铺贴时温度为−15℃，施工单位采用热熔法施工"。

理由：采用热熔法施工时环境温度不能低于−10℃。

(3) 错误做法三："为了防止卷材位移，上下层卷材相互垂直铺贴"。

理由：上下层卷材不能相互垂直铺贴。

(4) 错误做法四："屋面卷材防水层施工后，直接在上面进行刚性保护层施工"。

理由：为了防止卷材开裂，屋面卷材防水层施工后，应先做隔离层，然后再做刚性保护层。

(5) 错误做法五：女儿墙泛水处的附加层，在平面和立面的宽度均为 200mm。

理由：女儿墙泛水处的附加层，在平面和立面的宽度均不应小于 250mm。

2. 防水层验收：

(1) 屋面防水层完工后，应在雨后或持续淋水 2h 后（有可能作蓄水检验的屋面，其蓄水时间不应少于 24h）检查屋面有无渗漏、积水和排水系统是否畅通。

(2) 厕浴间防水层完成后，应做 24h 蓄水试验，确认无渗漏时再做保护层和面层。饰面层施工完后还应在其上继续做第二次 24h 蓄水试验，达到最终无渗漏和排水畅通为合格。

# [案例 37]　吊顶施工

某机关旧办公楼改造装修工程，该楼为砖混结构，实心砖砌体，现需将原角铁焊接框外窗全部更换为铝合金窗。室内层高 4.5m，设计采用轻钢龙骨双层石膏板吊顶，局部木龙骨造型吊顶，并安装多盏大型照明灯具。

办公楼某会议室顶棚尺寸为 12m×8m，吊顶时对龙骨按规定进行了起拱。

原角铁焊接窗拆除过程中发现均没留置窗框固定块，于是将铝合金窗框固定射钉加密一倍，所有窗框射钉固定后对其牢固程序进行全数检查。

# 【问题】

1. 简要叙述本案例龙骨安装质量控制要点？

2. 简要叙述吊顶工程中应进行哪些隐蔽工程验收？

3. 安装大型照明灯具时，应注意哪些问题？

4. 本案例中铝合金窗框的固定措施是否得当？简述理由。

## 【参考答案】

1. 龙骨安装质量控制要点主要如下：

(1) 龙骨架构各连接点必须牢固，拼缝严密无松动，安全可靠。

(2) 吊点距主龙骨端部的距离不应大于300mm。

(3) 主龙骨间距不大于1200mm，次龙骨间距为300~600mm。

(4) 木龙骨应该做防火、防腐处理。

2. 吊顶工程应进行如下隐蔽工程验收：

(1) 吊顶内管道、设备的安装及水管试压，风管的避光试验。

(2) 木龙骨防火、防腐处理。

(3) 预埋件或拉结筋。

(4) 吊杆安装。

(5) 龙骨安装。

(6) 填充材料的设置

3. 根据相关规定，重型灯具、电扇及其他重型设备严禁安装在吊顶工程的龙骨上。本案例中，大型照明灯具安装时，不得与吊顶的龙骨连接，灯具应有自己单独的吊挂系统。

4. 铝合金窗框的固定措施不妥。在砌体上安装门窗严禁用射钉固定。

[案例38]　　　　　# 抹灰工程

某大型剧院进行维修改造，某装饰装修公司在公开招标投标过程中获得了该维修改造任务，合同工期为5个月，合同价格为1800万元。下面是墙面抹灰施工过程中的部分记录：

(1) 抹灰用的石灰膏的熟化期为3d，罩面用的磨细石灰粉的熟化期为2d。

(2) 墙面底层、中层、面层的抹灰厚度分别为15mm、12mm、10mm，总厚度为37mm。

(3) 墙面底层采用石灰砂浆，中层采用水泥砂浆，面层采用罩面石灰膏。

工程完工后，监理在验收时发现加气混凝土隔墙与普通砖墙交接处出现裂缝；室内墙面、柱面和门窗洞口的阳角没有做护角处理。监理于是下达整改通知，施工方在整改后通过验收。

## 【问题】

1. 从抹灰施工记录来看，指出抹灰施工存在的不妥之处，并说明理由。

2. 针对加气混凝土隔墙与普通砖墙交接处出现的裂缝应该如何整改？

## 【参考答案】

1. 抹灰施工中存在的问题及正确做法：

（1）不妥之处一：石灰膏的熟化期为 3d，罩面用的磨细石灰粉的熟化期为 2d。

理由：抹灰用的石灰膏的熟化期不应小于 15d，罩面用的磨细石灰粉的熟化期不应小于 3d。

（2）不妥之处二：底层、中层、面层的抹灰厚度分别为 15mm、12mm、10mm，总厚度为 37mm。

理由：通常抹灰构造各层厚度宜为 5～7mm，抹石灰砂浆和水泥混合砂浆时宜为 7～9mm。当抹灰总厚度大于或等于 35mm 时，应采取加强措施。

（3）不妥之处三：底层采用石灰砂浆，中层采用水泥砂浆，面层采用罩面石灰膏。

理由：在分层抹灰时，底层的抹灰层强度不得低于面层的抹灰层强度，故中层的水泥砂浆不得抹在底层石灰砂浆层上。

2. 交接处出现裂缝的整改措施：

加气混凝土隔墙与普通砖墙交接处属于不同材料基体交接处，其表面抹灰应采取防止开裂的加强措施。可以采取加强网，加强网与各基体的搭接宽度不应小于 100mm。

# [案例 39]　　轻质隔墙、实木地板

某商务楼，地下 3 层，地上 16 层，框架结构。首层大堂高度 18m，墙面、地面为石材，局部地面为实木地板，隔墙采用轻钢龙骨石膏板隔墙。工程竣工后，在使用阶段发现，实木地板有起鼓现象，厕浴间地面存在渗漏现象。

## 【问题】

1. 简述轻钢龙骨石膏板隔墙两侧石膏板的安装要点。

2. 简述实木地板起鼓的防止措施。

3. 简述厕浴间地面渗漏的防治措施。

## 【参考答案】

1. 轻钢龙骨石膏板隔墙两侧石膏板的安装要点：

（1）先安装一侧石膏板

1）石膏板宜竖向铺设，其长边接缝应落在竖龙骨上。

2）罩面就位后，用自攻螺钉将板材与轻钢龙骨紧密连接。应从板的中部开始向板的四边固定。

3）自攻螺钉的间距为：沿板周边应不大于 200mm，板材中间部分应不大于 300mm；自攻螺钉与石膏板边缘的距离应为 10～15mm。

（2）再安装另一侧石膏板

第 2 层板的安装方法同第 1 层，但必须与第 1 层板的板缝错开，接缝不得布在同一根龙骨上。

2. 实木地板起鼓的防止措施：

（1）木搁栅应垫实钉牢，与墙之间留出 30mm 的缝隙，表面应平直。

（2）毛地板铺设时，其板间缝隙不应大于3mm，与墙之间应留8~12mm空隙。

（3）地板面层铺设时，面板与墙之间应留8~12mm缝隙。

3. 厕浴间地面渗漏的防治措施：

（1）厕浴间楼地面面层与相连接各类面层的标高差应符合设计要求。

（2）厕浴间楼地面排水坡度应符合设计要求，保证地面排水通畅。

（3）认真做好防水层施工，施工结束后应做蓄水试验，蓄水20~30mm，24h不渗漏为合格，合格后方可铺设地面面层。

（4）厕浴间地面工程，铺设前必须对立管、套管和地漏与楼板节点之间进行密封处理。

# [案例40] 墙体饰面砖工程

北方某高校教学楼、实验楼装修工程，五层实验楼内墙面采用天然大理石饰面。施工单位拟定的施工方案为传统湿作业法施工，天然大理石建筑板材，规格：600mm×450mm，厚度18mm，一等品。石材进场后专业班组就开始从第五层开始安装，为便于灌浆操作，操作人员将结合层的砂浆厚度控制在18mm，每层板材安装后分两次灌浆。操作人员完成五层后，立即进行封闭保护，并转入下一层施工。

教学楼外墙采用陶瓷面砖粘贴，教室墙面采用水性涂料涂刷。

整个教学楼、实验楼装修工程结束后，专职质检员检查发现下列问题：

（1）实验楼局部大理石饰面产生不规则的花斑，沿墙高的中下部位空鼓的板块较多。

（2）教室墙面采用的水性涂料，流坠现象严重，质检员认为是基层不平整所致。

（3）教学楼外墙陶瓷面砖，出现空鼓、脱落现象。

## 【问题】

1. 试分析实验楼大理石饰面砖产生不规则的花斑的原因。应采取哪些预防措施？

2. 试分析实验楼大理石饰面板产生空鼓的原因。

3. 防止教室墙面涂饰流坠除控制基层水平外，还应该控制什么？

4. 分析外墙陶瓷面砖发生空鼓、脱落的主要原因。

## 【参考答案】

1. 大理石饰面板产生的不规则花斑，俗称泛碱现象。

原因分析：施工前没有对天然大理石做"防碱背涂"处理，从而导致水泥中的碱性物质通过大理石背面的空隙，渗透到石材内部，产生化学反应，形成大理石表面花斑。

预防措施：

（1）在安装前，应对天然大理石背面涂抗碱防护剂，即进行"防碱背涂"处理。

（2）选用碱含量低的水泥。

（3）采用干挂工艺。

2. 大理石产生空鼓的原因有:

(1) 结合层砂浆厚度太厚。结合层砂浆一般宜为7~10mm厚,本案例为18mm厚。

(2) 灌浆分层超高:灌注时应分三层进行,每层灌注高度宜为150~200mm,且不超过板高的1/3。插捣应密实,待其初凝后方可灌注上层水泥砂浆。本案例板材规格600mm×450mm,每层板材安装后分两次灌浆,不符合要求。

(3) 没有及时进行养护。本案例完成五层后,没有进行及时养护就立即进行封闭保护,并转入下一层施工。

3. 墙面涂饰流坠除控制基层水平外,还应控制一次涂膜厚度、涂膜间隔时间、施工环境温度。

4. 外墙陶瓷面砖发生空鼓、脱落的主要原因可能是外墙砖吸水率和抗冻性不符合要求。本工程处于北方寒冷地区,按规范规定,外墙砖的吸水率和抗冻性应做复验,合格方可使用。

# [案例41] 玻璃板块制作、养护与安装

某商务楼幕墙为隐框玻璃幕墙。施工前,幕墙玻璃板块安排在本公司专业生产车间制作,采用单组分硅酮结构密封胶黏结。制作车间的环境温度、湿度及制作工艺符合规范要求。制作完成后,在车间南面露天场地按照板块制作时间先后,分别集中堆放,自然养护。每批板块从制作完成日起养护7d后运往现场安装。

## 【问题】

1. 幕墙玻璃板块制作车间的环境温度、湿度有何要求?

2. 指出玻璃板块养护过程中的错误,并说明理由和纠正措施。

3. 加工好的玻璃板块在运往现场安装之前,还应该进行何种试验?为什么?

## 【参考答案】

1. 玻璃板块应在洁净、通风的室内注胶。要求室内温度宜在15~30℃之间,相对湿度不宜低于50%。

2. 玻璃板块养护中的错误有两处:

(1) 玻璃板块养护场所错误,不应在露天场所养护。理由和纠正措施:硅酮结构密封胶在完全固化前,其黏结拉伸强度是很弱的,因此,玻璃板块在打注结构胶后,应在温度20℃、湿度50%以上的干净室内养护。

(2) 玻璃板块养护时间(7d)错误。理由和纠正措施:单组分硅酮结构密封胶的固化时间较长,一般需14~21d,应待其完全固化后才能运输、安装。

3. 加工好的玻璃板块在运往现场安装之前,要随机进行剥离试验。

因为通过剥离试验可以确定硅酮结构密封胶与铝框的黏结强度及结构胶的固化程度。

# [案例 42]　　　　幕墙节能、防火

某既有建筑改造工程，外墙幕墙节能工程设计为半隐框玻璃幕墙，工程量为 3500m²。根据幕墙节能工程的要求，施工单位对幕墙节能相关的材料进行了复验。幕墙的主要物理性能（三性试验）已经合格。但监理工程师要求对幕墙的气密性能还应从现场抽取材料，在检测机构的试验室制作安装试件再进行气密性能检测。项目部认为没有必要，未予同意。

另外，在玻璃幕墙与每层楼板之间填充了防火材料，并用 1.5mm 的铝板承托固定，承托板与幕墙结构之间采用硅酮耐候密封胶密封。为了便于通风，防火材料与玻璃之间留有 3mm 的间隙。

## 【问题】

1. 根据幕墙节能工程的要求，需要对幕墙的哪些材料的哪些性能进行复验？
2. 监理工程师的意见是否正确？说明理由。
3. 幕墙防火工艺是否合理？应如何处理？

## 【参考答案】

1. 幕墙节能工程应对下列材料的性能进行复验：
(1) 保温材料：导热系数、密度。
(2) 幕墙玻璃：可见光透射比、传热系数、遮阳系数、中空玻璃露点。
(3) 隔热型材：抗拉强度、抗剪强度。
2. 监理工程师的意见正确。

理由：因为本工程幕墙面积为 3500m²，根据规定，当幕墙面积超过 3000m² 时，应现场抽取材料和配件，在试验室安装制作试件进行气密性能检测，故项目部应予同意。

3. 幕墙防火工艺不合理，具体如下：
(1) 防材料不能用铝板固定，因为铝板不耐高温，应该用不小于 1.5mm 厚的镀锌钢板固定。
(2) 承托板与幕墙结构之间应采用防火密封胶严密封闭，不能采用硅酮耐候密封胶密封。因为硅酮耐候密封胶不耐火。
(3) 防火材料与玻璃、墙体之间不能留有间隙，必须安放严实，否则一旦起火，下层的浓烟便沿着间隙往上蹿，失去了防火的作用。

# [案例 43]　　专项施工方案与专家论证

某综合办公楼工程，建筑面积 28500m²，框剪结构，地上 12 层，地下 2 层，檐高 48m。在主体施工阶段，现场准备搭设一双排落地钢管脚手架进行主体围护，并配合二次

结构及外装修施工。基础底面标高为－7.8m，基础为钢筋混凝土筏板基础，基坑支护采用土钉支护方案。

施工前，项目技术负责人编制了"双排落地钢管脚手架"和"土方及土钉支护"两个专项施工方案，经项目经理批准后，施工单位根据《危险性较大的分部分项工程安全管理办法》，会同建设单位、监理单位、勘察设计单位相关人员，聘请了外单位五位专家及本单位总工程师共计6人组成专家组，对上述两个专项方案进行论证后，由项目技术负责人现场监督实施。

## 【问题】

1. 对建设工程的哪些分部分项工程应单独编制专项施工方案？
2. 指出施工单位在专项施工方案、专家论证方面的不妥做法，并写出正确做法。

## 【参考答案】

1. 施工单位对以下达到一定规模的危险性较大的分部分项工程应编制专项施工方案：

基坑支护与降水工程；土方开挖工程；模板工程；起重吊装工程；脚手架工程；拆除、爆破工程；有关部门规定的其他危险性较大的工程。

2. 施工单位的不妥做法及正确做法：

（1）不妥做法一：项目技术负责人编制专项施工方案，经项目经理批准后组织专家论证。正确做法：项目技术负责人编制专项施工方案，应经施工单位技术负责人、总监理工程师审批，对达到规定规模的，再组织专家论证。

（2）不妥做法二：施工单位对"双排落地钢管脚手架"和"土方及土钉支护"两个专项施工方案，组织专家论证。正确做法："双排落地钢管脚手架"不需要组织专家论证（檐高48m，小于规定的50m）；"土方及土钉支护"需要组织专家论证（基础底面标高－7.8m，大于5m）。

（3）不妥做法三：施工单位的总工程师作为专项方案论证专家组。

正确做法：本项目参建各方的人员都不得以专家身份参加专家论证会。

（4）不妥做法四：对专项方案进行论证后，由项目技术负责人现场监督实施。

正确做法：对专项方案进行论证后，由专职安全生产管理人员进行现场监督。

# 四、施工安全管理

## [案例 44] 基坑支护监测

某工程地上 32 层，地下 2 层，框架剪力墙结构。工程处于市中心，周围有重要建筑物和大量的地下管线，工程采用地下连续墙作为支护结构，地下连续墙作为地下室的结构墙体。

为了防止深基坑开挖出现安全事故，项目部在基坑开挖前编制基坑开挖监控方案。最终基坑开挖工程顺利完成。

### 【问题】

1. 本工程属于几级基坑？说明理由。

2. 基坑监测的内容包括哪些？本基坑地下连续墙的最大位移监控值不能超过多少？

### 【参考答案】

1. 本工程属于一级基坑。

符合下列情况之一，为一级基坑：

（1）重要工程或支护结构做主体结构的一部分。

（2）开挖深度大于 10m。

（3）与临近建筑物，重要设施的距离在开挖深度以内的基坑。

（4）基坑范围内有历史文物、近代优秀建筑、重要管线等需严加保护的基坑。

本工程符合上述的①、③、④的情况，因此属于一级基坑。

2. 基坑工程的监测内容包括：支护结构的监测和周围环境的监测。

（1）支护结构的监测：

1）对围护墙侧压力、弯曲应力和变形的监测；

2）对支撑（锚杆）轴力、弯曲应力的监测；

3）对腰梁（围檩）轴力、弯曲应力的监测；

4）对立柱沉降、抬起的监测等。

（2）周围环境的监测：

1）坑外地形变形和地下水位的监测；

2）临近建筑物、道路的沉降、倾斜监测；

3）地下管线的沉降、位移监测等。

本基坑地下连续墙的最大位移监控值不能超过 5cm。

## 【相关知识点】

基坑变形的监控值见表24-1。

表 24-1　基坑变形的监控值（cm）

| 基坑类别 | 围护结构墙顶位移监控值 | 围护结构墙体最大位移监控值 | 地面最大沉降监控值 |
|---|---|---|---|
| 一级基坑 | 3 | 5 | 3 |
| 二级基坑 | 6 | 8 | 6 |
| 三级基坑 | 8 | 10 | 10 |

# ［案例45］ 水泥土桩墙

某商业广场工程，建筑面积31000m²，地下2层，地上6层，混凝土框架结构。由于该商业广场处于闹市区，不具备自然放坡施工条件，基坑开挖时采用了深层搅拌水泥土桩墙进行支护。

施工期间，现场技术人员通过监测发现，在毗邻中央大街一侧的支护结构出现位移，并一直呈不断发展趋势，可能会造成临街的地下管线变形，于是向项目经理和项目总工进行了汇报。项目部经过慎重研究后，制订出水泥土桩墙的加固方案以及周围管线的应急处理方案，该方案得到了监理的批准。

## 【问题】

1. 什么样的基坑施工应采取支护措施？
2. 基坑支护的主要方式有哪些？
3. 水泥土桩支护结构位移超过设计估计值时，应采取什么措施予以处理？
4. 施工过程中，保护基坑周围管线的应急措施有哪些？

## 【参考答案】

1. 在下列情况下，应采取支护措施：
（1）基坑深度较大，且不具备自然放坡施工条件的。
（2）地基土质松软，并有地下水或丰盛的上层滞水的。
（3）基坑开挖会危及邻近建、构筑物、道路及地下管线的安全与使用的。
2. 基坑支护的主要方式有：简单水平支撑；钢板桩；水泥土桩；钢筋混凝土排桩；土钉；锚杆；地下连续墙；逆作拱墙；原状土放坡；桩、墙加支撑系统。
3. 处理措施：
（1）采用水泥土墙背后卸载。
（2）加快垫层施工及垫层厚度。
（3）加设支撑。

4. 施工过程中，保护基坑周围管线的应急措施有：打设封闭桩或开挖隔离沟、管线架空两种方法。

# [案例 46]　　　脚手架安全检查

某办公楼，位于市中心区域，框架剪力墙结构，筏板基础，基础埋深 7.8m，外墙结构及装修施工均采用钢管扣件式双排落地脚手架。施工过程中发生如下事件：

事件一：工程施工至结构 4 层时，该地区发生了持续 2h 的暴雨，并伴有短时六七级大风。风雨结束后，施工项目负责人组织有关人员对现场脚手架进行检查验收，排除隐患后恢复了施工生产。

事件二：为了确保工程装修阶段的安全，项目经理组织脚手架的定期检查工作，并拟定了脚手架定期检查的内容。

事件三：项目经理在检查中发现，脚手架剪刀撑的设置不符合规范要求。在《落地式外脚手架检查评分表》中，"杆件间距与剪刀撑"这个保证项目未得分。

事件四：项目经理在检查中还发现，脚手架与墙体的连接设置也不符合规范要求。

## 【问题】

1. 事件一中，还有哪些阶段对脚手架及其地基基础应进行检查验收？

2. 脚手架定期检查的内容有哪些？

3. 《扣件式钢管脚手架检查评分表》的哪几个检查项目为保证项目？该评分表的得分应该如何判定？

4. 脚手架与墙体的连接有何要求？

## 【参考答案】

1. 事件一中，除了遇有六级及以上大风与大雨后，还有以下阶段需要检查验收：

(1) 基础完工后及脚手架搭设前。

(2) 作业层上施加荷载前。

(3) 每搭设完 6~8m 高度后。

(4) 达到设计高度后。

(5) 寒冷地区土层开冻后。

(6) 停用超过一个月的，在重新投入使用之前。

2. 脚手架定期检查的内容包括：

(1) 杆件的设置和连接，连墙件、支撑、门洞桁架等的构造是否符合要求。

(2) 地基是否有积水，底座是否松动，立杆是否悬空。

(3) 扣件螺栓是否有松动。

(4) 高度在 24m 以上的脚手架，其立杆的沉降与垂直度的偏差是否符合技术规范的要求。

(5) 架体的安全防护措施是否符合要求。

（6）是否有超载使用的现象等。

3.《扣件式钢管脚手架检查评分表》中：施工方案、立杆基础、架体与建筑结构拉结、杆件间距与剪刀撑、脚手板与防护栏杆、交底与验收6项内容为保证项目。

该评分表的得分应该如何判定为0分。

理由：根据规定，保证项目为一票否决项目，在实施安全检查评分时，当一张检查表的保证项目中有一项不得分或保证项目小计得分不足40分时，此张检查评分表不得分。

4. 脚手架与墙体的连接要求：

（1）高度在24m以下的单、双排脚手架，宜采用刚性连墙件与建筑物可靠连接，亦可采用拉筋和顶撑配合使用的附墙连接方式，严禁使用仅有拉筋的柔性连墙件。

（2）24m以上的双排脚手架，必须采用刚性连墙件与建筑物可靠连接。

（3）50m以下（含50m）脚手架连墙件应按3步3跨进行布置，50m以上的脚手架连墙件应按2步3跨进行布置。

[案例47] **脚手架拆除 1**

某工程A标段施工现场，墙体外装修完毕，正在进行脚手架的拆除作业。当拆除到24m的时候，施工排架突然发生严重倾斜，导致正在排架上进行拆除作业的5名作业人员全部坠地，造成2人死亡，3人受伤。据事故后调查发现，这5名工人刚刚进驻工地几天，并非专业的架子工，上岗前没有接受三级安全教育。此外，拆除作业之前，项目经理部也没有对他们进行相应的安全技术交底。

【问题】

1. 分析此次事故的直接原因。

2. 何为特种作业？建筑工程中哪些人员为特种作业人员？

3. 特种作业人员应具备什么条件？

【参考答案】

1. 此次事故的直接原因有：

（1）脚手架拆除前没有编制拆除施工方案。

（2）拆除作业人员非专业架子工，没有持证上岗。

（3）工人上岗前没有接受三级安全教育。

（4）拆除作业之前，项目经理部没有进行安全技术交底。

2. 关于特种作业

（1）特种作业，是指容易发生人员伤亡事故，对操作者本人、他人及周围设施的安全有重大危害的作业。

（2）建筑工程中，电工、电焊工、气焊工、架子工、起重机司机、起重机械安装拆卸工、起重机司索指挥工、施工电梯司机、龙门架及井架物料提升机操作工、场内机动车驾驶员等人员为特种作业人员。

3. 特种作业人员应具备下列条件：

（1）年满 18 周岁，且不超过国家法定退休年龄。

（2）经社区或者县级以上医疗机构体检健康合格，并无妨碍从事相应特种作业的疾病和生理缺陷。

（3）具有初中及以上文化程度。

（4）具备必要的安全技术知识与技能。

（5）相应特种作业规定的其他条件。

# [案例 48] 脚手架拆除 2

包工头王某接到某工地项目经理电话，要求帮助其拆除工地脚手架。王某带领着老乡 5 人前往工地，到工地与项目经理见面以后，便口头向 5 名老乡分配了一下任务。5 名工人在没有佩带任何安全防护用具的情况下开始作业。拆除中，其中一人准备移动位置时，突然站立不稳，从架子上摔了下来，现场人员立即将其送往医院，但因内脏大量出血死亡。事后经调查了解，死者本身患有高血压。

## 【问题】

1. 请简要分析这起事故发生的主要原因。

2. 请问患有哪些疾病的人员不宜从事建筑施工高处作业活动？

3. 何为"三宝"、"四口"、"五临边"？

## 【参考答案】

1. 主要原因有：

（1）拆除作业人员非专业架子工，无证上岗，违章作业。

（2）脚手架拆除作业没有制订施工方案。

（3）没有对作业人员进行安全教育和安全技术交底，也没有进行必要的身体检查。

（4）施工单位和包工头均未为拆除作业人员提供安全帽、安全带和防滑鞋等安全防护用具。

（5）施工现场安全管理失控，对违章指挥、违章作业现象无人过问和制止。

2. 凡患有高血压、心脏病、贫血、癫痫等疾病的人员不宜从事建筑施工高处作业活动。

3. "三宝"是指：安全网、安全帽、安全带。

"四口"是指：楼梯口、通道口、电梯井口、预留洞口。

"五临边"是指：基坑周边；阳台周边；楼面与屋面周边；楼梯与楼梯段边；斜道两侧边等。

# [案例 49]　模板安全 1

某工程为全现浇框架—剪力墙结构，工程剪力墙采用大钢模。结构施工期间正值秋季大风天气，风力达五级以上，对高处作业安全造成极大影响。考虑到工期紧张，仍继续进行结构施工。

模板工程施工前，监理要求项目部提交模板专项施工方案，项目部认为，大钢模属于常见的模板形式，技术成熟，无较大的安全风险，没有必要编制专项施工方案，只是向操作者进行了安全技术交底。

为了抢工期，施工单位拟尽早拆除模板，进入后续施工，对于承重模板，项目部以标准条件下养护的试块强度作为模板拆除的判断标准。

## 【问题】

1. 风力达五级时，施工单位继续作业是否妥当？简述理由。

2. 本工程采用大钢模是否需要编制专项施工方案？模板工程符合什么条件下需要编制专项施工方案？

3. 对于承重模板，应以什么作为模板拆除的依据？并填写表 24-2 中的值。

表 24-2　模板拆除依据表

| 构件类型 | 构件跨度（m） | 达到设计的混凝土立方体抗压强度标准值的百分率（%） |
|---|---|---|
| 板 | ≤2 | |
| | >2，≤8 | |
| | >8 | |
| 梁拱壳 | ≤8 | |
| | >8 | |
| 悬臂构件 | | |

## 【参考答案】

1. 施工单位做法不妥。

理由：相关规范规定五级以上大风天气，不宜进行大块模板拼装和吊装作业。

2. 本工程需要编制模板专项施工方案。

符合下列条件的模板工程需要编制专项施工方案：

（1）各类工具式模板工程：包括大模板、滑模、爬模、飞模等工程。

（2）混凝土模板支撑工程：搭设高度 5m 及以上；搭设跨度 10m 及以上；施工总荷载 10kN/m² 及以上；集中线荷载 15kN/m 及以上；高度大于支撑水平投影宽度且相对独力无联系构件的混凝土模板支撑工程。

（3）承重支撑体系：用于钢结构安装等满堂支撑体系。

3. 对于承重模板，应在与结构同条件养护的试块强度达到表 24-3 要求时，方可进行拆除。

表 24-3　模板拆除依据表

| 构件类型 | 构件跨度（m） | 达到设计的混凝土立方体抗压强度标准值的百分率（%） |
|---|---|---|
| 板 | ≤2 | ≥50 |
|  | >2，≤8 | ≥75 |
|  | >8 | ≥100 |
| 梁拱壳 | ≤8 | ≥75 |
|  | >8 | ≥100 |
| 悬臂构件 |  | ≥100 |

# [案例50]　模板安全 2

某演播中心工程，大演播厅舞台模板支架为钢管脚手架，高度为 36.4m。某日上午在浇筑混凝土过程中，模板支架发生坍塌，导致 6 人死亡，35 人受伤。经调查，该模板支撑系统施工方案中无施工荷载计算，施工中存在立杆间距、水平杆步距尺寸过大，部分立杆随意搭接，整个支架与周边结构联系不足，钢管扣件的紧固程度不够等问题。

事故发生后，由于施工单位没有制定相应的应急预案，缺乏必要的组织、设备与器材，现场救援较为混乱，现场处置措施不力。

【问题】

1. 本案例属于哪一等级的安全事故？说明理由。
2. 影响模板钢管支架整体稳定性的主要因素有哪些？
3. 施工单位的应急预案应包括哪些核心内容？
4. 施工单位应急预案的演练应符合什么要求？

【参考答案】

1. 本案例安全事故属于"较大事故"等级。

理由：根据事故等级的划分，死亡 3 人以上，10 人以下；或重伤 10 人以上，50 人以下；或直接经济损失 1000 万元以上，5000 万元以下者为"较大事故"。本案例死亡 6 人，因此属于"较大事故"等级。

2. 影响模板钢管支架整体稳定性的主要因素包括：立杆间距、水平杆的步距、立杆的接长、连墙件的连接和扣件的紧固程度。

3. 施工单位应急预案应包括的核心内容：

（1）组织机构及其职责。

（2）危害辨识与风险评价。

（3）通告程序和报警系统。

（4）应急设备与设施。

（5）救援程序。

（6）保护措施程序。

（7）事故后的恢复程序。

（8）培训与演练。

4. 施工单位应每年至少组织一次综合应急预案演练或者专项应急预案演练，每半年至少组织一次现场处置方案演练。

[案例51] **塔式起重机安全**

某20层办公楼，钢筋混凝土框架剪力墙结构，塔式起重机作为垂直运输工具。起重机到场后，项目经理安排若干名技术工人按照说明书的要求，安装好塔式起重机，并经过专职安全员检查后投入使用。

起重机在使用前，项目经理安排专职安全员对起重机的吊运作业进行了安全技术交底，并指派项目部技术负责人对吊装作业进行现场监督。

【问题】

1. 指出本案例的错误做法，并说明理由。

2. 哪些起重吊装工程需要进行专家论证？

3. 简述塔式起重机安全控制要点。

【参考答案】

1. 本案例的错误做法及理由：

（1）错误之处一：项目经理安排若干名技术工人按照说明书的要求，安装好塔式起重机。

理由：起重机的安拆工人属于特种工，需要持证上岗。起重机的安拆需要编制专项方案，而不是依据"说明书"。

（2）错误之处二：塔式起重机安装后经过专职安全员检查后投入使用。

理由：起重机械安装后，应进行试运转实验和验收。经检验后要持有市级有关部门定期核发的"准用证"才能投入使用。

（3）错误之处三：项目经理安排专职安全员对起重机的吊运作业进行了安全技术交底。

理由：应该由项目部技术负责人对起重机的吊运作业进行安全技术交底。

（4）错误之处四：指派项目部技术负责人对吊装作业进行现场监督。

理由：应该由专职安全员对吊运作业进行现场监督。

2. 需要进行专家论证的吊装工程：

（1）采用非常规起重设备、方法，且单件起吊重量在100kN及以上的起重吊装工程。

（2）起重量 300kN 及以上的起重设备安装工程；高度 200m 及以上内爬起重设备的拆除工程。

3. 塔式起重机安全控制要点有：

（1）塔吊在安装和拆卸之前必须制定详细的施工方案。

（2）塔吊的安装和拆卸必须由相应资质的专业队伍进行，安装完毕经验收合格，取得政府相关主管部门核发的《准用证》后方可投入使用。

（3）行走式塔吊的路基和轨道铺设，严格按规定进行；固定式塔吊的基础施工应按设计图纸进行。

（4）塔吊的安全装置必须齐全、灵敏、可靠。

（5）多塔作业时，应保持安全距离，以免作业过程中发生碰撞。

（6）遇六级及六级上大风等恶劣天气，应停止作业，将吊钩升起。

# [案例 52] **安全防护**

某施工单位安全管理部门，在对某项目部现场进行安全隐患检查时，发现以下问题：

（1）施工现场的某一设备基础开挖后，出现的大坑边上，仅安装了警示牌。

（2）施工现场人员进出通道两边设置了防护栏。

（3）8 层楼板预留洞口（平面尺寸 0.25m×0.50m）没有进行防护。

（4）电梯井口用一张胶合板覆盖。

（5）9 层墙面处的某一竖向洞口用一个竹篱笆封口，没有固定措施。

检查后，公司认为项目部安全隐患较多，要求项目部进行全面整改，同时开展公司级、项目部级、班组级的"三级"安全教育，重点明确了项目经理的安全生产岗位职，要求项目经理对整个施工现场的安全施工全面负责。

【问题】

1. 针对以上问题，分别写出整改措施。

2. 简述"三级安全教育"的主要内容。

3. 施工单位项目经理的安全生产岗位职责有哪些？

【参考答案】

1. 问题及整改措施：

（1）施工现场大的坑、槽，除需设置防护设施与安全标志外，夜间还应设红灯示警。

（2）施工现场人员进出的通道口上方，应设置防护棚，防止因落物产生物体打击事故。高度超过 24m 的交叉作业，通道口应设双层防护棚进行防护。

（3）楼板处边长为 25～50cm 的洞口，可用竹、木等作盖板盖住洞口，盖板必须能保持四周搁置均衡、固定牢靠，盖板应防止挪动移位。

（4）电梯井口必须设防护栏杆或固定栅门；电梯井内应每隔两层并最多隔 10m 设一道安全网。

（5）墙面等处的竖向洞口，凡落地的洞口应加装开关式、工具式或固定式的防护门，门栅网格的间距不应大于15cm，也可采用防护栏杆，下设挡脚板（笆）。

2．"三级安全教育"的具体内容：

（1）公司级安全教育内容：

1）安全生产法律、法规；

2）通用安全技术、职业卫生和安全文化的基本知识；

3）本企业安全生产规章制度及劳动纪律和有关事故案例。

（2）项目部级安全教育内容：

1）工程项目的概况；

2）安全生产规章制度；

3）主要危险因素及安全事项；

4）预防工伤事故和职业病的主要措施；

5）典型事故案例及事故应急处理措施。

（3）班组级安全教育内容：

1）岗位安全操作规程；

2）安全生产事项；

3）劳动防护用品的正确使用方法；

4）发生事故后应采取的紧急措施。

3．施工单位项目经理安全生产岗位职责：

（1）对承建工程的安全工作负全面领导责任（全面负责）。

（2）成立专门安全管理机构，配备专职安全生产管理人员（机构人员）。

（3）组织制定本项目部的安全制度、安全措施，明确安全责任（制定制度）。

（4）组织施工人员的安全教育培训（组织培训）。

（5）负责落实安全生产制度、安全技术措施，并组织监督、检查、考核（落实制度）。

（6）确保安全生产费用的有效使用（费用使用）。

（7）及时、如实报告生产安全事故，配合事故调查，组织制定落实防范措施（如实报告）。

# 【相关知识点】

各类洞口的防护设施要求见表24-4。

表24-4　各类洞口的防护设施要求

| 洞口 | 防护措施 |
| --- | --- |
| （1）短边尺寸小于25cm但大于2.5cm的孔口 | 必须用坚实的盖板盖严，盖板要有防止挪动移位的固定措施。 |
| （2）边长为25～50cm的洞口 | 可用竹、木等作盖板，盖住洞口，盖板要保持四周搁置均衡，并有固定其位置不发生挪动移位的措施。 |
| （3）边长为50～150cm的洞口 | 必须设置一层以扣件扣接钢管而成的网格栅，并在其上满铺竹笆或脚手板，也可采用贯穿于混凝土板内的钢筋构成防护网格栅，钢筋网格间距不得大于20mm。 |

| 洞口 | 防护措施 |
|---|---|
| （4）边长在 150cm 以上的洞口 | 四周必须设防护栏杆，洞口下张设安全平网防护。 |
| （5）墙面等处的竖向洞口 | 凡落地的洞口应加装开关式、固定式或工具式防护门，门栅网格的间距不应大于 15cm，也可采用防护栏杆，下设挡脚板。 |
| （6）下边沿至楼板或底面低于 80cm 的窗台等竖向洞口 | 如侧边落差大于 2m 时，应加设 1.2m 高的临时护栏。 |

[案例 53]

# 现场用电安全

某土建工程，现场施工期间设备总用电量为 45kW，现场总配电箱下设 1 号、2 号两个分配电箱，现场用电情况如下：

（1）1 号分配电箱主要负责给一台木工及两台钢筋加工机械配电，2 号分配电箱主要负责给一台砂浆搅拌机配电；现场安装电焊机一台，其电源线直接引至 1 号分配电箱。

（2）生活区照明由 2 号配电箱供电，现场施工照明由 1 号分配电箱供电。

（3）地下室兼作人防工程，其照明电源电压为 220V。

## 【问题】

1. 该项目临时用电工程是否需要编制施工组织设计？为什么？

2. 该现场临时用电配电系统存在哪些错误？请写出正确的做法。

3. 特殊场所的安全照明电压有什么规定？

4. 何为"两级漏电保护"？

## 【参考答案】

1. 需要编制施工组织设计。

因为施工现场临时用电设备在 5 台及以上或设备总容量在 50kW 及以上者，应编制用电组织设计。

本案例共有 5 台用电设备。（一台木工加工机、2 台钢筋加工机、1 台砂浆搅拌机、1台电焊机），故需要编制施工组织设计。

2. 现场配电存在错误及正确做法：

错误一：电焊机电源线直接引至 1 号分配电箱。

正确做法：电焊机以及现场所有用电设备必须有各自专用的开关箱，形成"三级配电"，不能直接连接至分配电箱。

错误二：生活区照明由 2 号配电箱供电，现场施工照明由 1 号分配电箱供电。

正确做法：现场的动力用电和照明用电应形成两个用电回路，动力配电箱与照明配电箱应该分别设置。

错误三：地下室兼作人防工程，其照明电源电压为220V。

正确做法：人防工程的照明电源电压不应大于36V。

3. 特殊场所的安全照明电压规定：

（1）隧道、人防工程、高温、有导电灰尘、比较潮湿或灯具离地面高度低于2.5m等场所的照明，电源电压不应大于36V。

（2）潮湿和易触及带电体场所的照明，电源电压不得大于24V。

（3）特别潮湿场所、导电良好的地面、锅炉或金属容器内的照明，电源、电压不得大于12V。

4. "两级漏电保护"系统，指的是，总配电箱中应加装总漏电保护器，作为初级漏电保护，开关箱内加装末级漏电保护器。

# [案例54] 安全技术交底

某工程基础设计有人工挖孔桩，某桩成孔后，放置钢筋笼时，作业人员不慎掉入桩孔底部，虽经过抢救最终仍导致2人死亡的严重事故，造成直接经济损失300万元。

经调查，此2人均为新入场工人，没有进行安全教育，技术负责人只是进行了口头上的安全技术交底。事故发生后，项目经理只是指示手下人员拨打120急救电话，并没有安排其他相关工作。

## 【问题】

1. 本案例安全事故可定为哪个等级？并简述该等级定级标准。

2. 伤亡事故发生后，项目经理应该做好哪些工作？

3. 安全技术交底的内容有哪些？

4. 本案例的安全技术交底是否妥当？为什么？

## 【参考答案】

1. 本案例2人死亡，直接经济损失300万元，应为一般事故。

具备下列条件之一即为一般事故：

（1）死亡3人以下；

（2）重伤10人以下；

（3）直接经济损失1000万元以下。

2. 伤亡事故发生后，项目经理应该做好以下工作：

（1）迅速抢救伤员并保护好事故现场；

（2）立即采取临时安全措施并排查现场所有安全隐患。

（3）立即上报公司安全主管领导；

（4）协助、配合调查组事故调查工作；

（5）落实调查组提出的整改措施，并报请验收；

（6）总结经验教训，制定预防措施；

（7）做好伤亡善后处理与事故登记。

3. 安全技术交底的内容：

（1）本工程项目的施工特点和可能存在的不安全因素；

（2）针对不安全因素具体预防措施；

（3）相应的安全操作规程和标准；

（4）安全设施和劳动防护用品的正确使用；

（5）安全注意事项；

（6）发生事故后的急救措施。

4. 技术负责人只进行了口头上的安全技术交底的做法不妥当。

理由：安全技术交底，不但要口头讲解，而且应有书面文字材料，并履行签字手续，交底和被交底双方各保留一份。

## 【相关知识点】

安全事故等级划分见表 24-5。

表 24-5  安全事故等级划分

| 安全事故等级 | 人员伤亡 | 直接经济损失 |
|---|---|---|
| 特别重大事故 | 死亡≥30 人；或重伤≥100 人 | 损失≥1 亿 |
| 重大事故 | 30＞死亡≥10 人；或 100＞重伤≥50 人 | 1 亿＞损失≥5000 万 |
| 较大事故 | 10＞死亡≥3 人；或 50＞重伤≥10 人 | 5000 万＞损失≥1000 万 |
| 一般事故 | 死亡＜3 人；或重伤＜10 人 | 1000 万＞损失 |

# [案例 55]  事故报告

某高层住宅建筑，在混凝土浇筑施工时，底层模板整体失稳，导致一层模板支架坍塌，造成 4 人死亡、3 人受伤的严重后果。

事故发生后，由于忙于救治伤员，项目部在 2 小时后，向当地建设主管部门做了汇报，主管部门在接到事故汇报后 24 小时内向上级部门作出汇报。

事故发生后，以项目经理为首组成了施工单位的初步调查小组，经初步调查后，提交了事故报告，报告的主要内容如下：

（1）事故发生的时间、地点、工程项目名称、工程各参建单位名称；

（2）事故发生的简要经过；

（3）事故造成的伤亡人数和直接经济损失；

（4）事故发生的原因和事故性质；

（5）事故责任的认定和事故责任者的处理建议；

（6）事故防范和整改措施。

## 【问题】

1. 本次事故应该定性为哪一事故等级？为什么？

2. 事故发生后，有关事故报告的程序有哪些不妥之处，并写出正确做法。

3. 指出施工单位事故报告内容的不妥之处，并写出正确的事故报告内容。

## 【参考答案】

1. 本次事故应该定性为"较大事故"。

根据事故等级的划分规定，死亡人数在 10 以下，3 人以上；或重伤人数在 50 人以下，10 人以上；或直接经济损失在 5000 万以下，1000 万以上的为"较大事故"。本次事故死亡 4 人，3 人受伤，符合"较大事故"的等级划分规定。

2. 事故报告的不妥之处及正确做法：

（1）不妥之处一："项目部在 2 小时后，向当地建设主管部门做了汇报"。

正确做法：事故发生后，现场有关人员应当立即向施工单位负责人报告；施工单位负责人接到报告后，应当于 1h 内向县级以上建设主管部门和有关部门报告。

（2）不妥之处一："主管部门在接到事故汇报后 24 小时内向上级部门做出汇报"。

正确做法：主管部门在接到事故汇报后 2 小时内向上级部门做出汇报。

3. 事故报告内容的不妥之处有以下几点：

（1）事故造成的伤亡人数和直接经济损失；

（2）事故发生的原因和事故性质；

（3）事故责任的认定和事故责任者的处理建议；

（4）事故防范和整改措施。

正确的事故报告内容如下：

（1）事故发生的时间、地点、工程项目名称、工程各参建单位名称；

（2）事故发生的简要经过、伤亡人数和初步估计的直接经济损失；

（3）事故的初步原因；

（4）事故发生后采取的措施及事故控制情况；

（5）事故报告单位、联系人及联系方式；

（6）其他应当报告的情况。

# 五、施工招标投标管理

**招投标 1**

某重点工程全部由政府投资兴建。该项目概算已经主管部门批准，征地工作尚未完成，施工图及有关技术资料齐全，现业主自行决定采取邀请招标方式。于 2014 年 9 月 8 日向通过资格预审的 A、B、C、D、E 五家施工承包企业发出了投标邀请书。招标文件中规定，10 月 18 日下午 4 时是投标截止时间，11 月 10 日发出中标通知书。在投标截止时间之前，A、B、D、E 四家企业提交了投标文件，但 C 企业于 10 月 18 日下午 5 时才送达，原因是中途堵车；10 月 21 日下午由当地招投标监督管理办公室主持进行了公开开标。

评标委员会成员共有 7 人组成，其中当地招投标监督管理办公室 1 人，公证处 1 人，招标人 1 人，技术经济方面专家 4 人。评标时发现 E 企业投标文件虽无法定代表人签字和委托人授权书，但投标文件均已有项目经理签字并加盖了公章。评标委员会于 10 月 28 日提出了评标报告。B、A 企业分别综合得分第一、第二名。由于 B 企业投标报价高于 A 企业，11 月 10 日招标人向 A 企业发出了中标通知书，并于 12 月 12 日签订了书面合同。

## 【问题】

1. 企业自行决定采取邀请招标方式的做法是否妥当？说明理由。
2. C 企业和 E 企业投标文件是否有效？分别说明理由。
3. 请指出开标工作的不妥之处，说明理由。
4. 请指出评标委员会成员组成的不妥之处，说明理由。
5. 招标人确定 A 企业为中标人是否违规？说明理由。
6. 合同签订的日期是否违规？说明理由。

## 【参考答案】

1. 企业自行决定采取邀请招标方式的做法不妥当。

理由：根据《招标投标法》规定，由政府投资的地方重点项目宜实行招标。不适宜公开招标的项目，要经过相关部门批准，方可进行邀请招标。因此，本案业主自行决定采取邀请招标的做法是不妥的。

2. C 企业和 E 企业投标文件无效。

理由（C 企业）：根据规定，在规定的投标截止时间后送达的投标文件，招标人应当拒收。本案 C 企业的投标文件送达时间迟于投标截止时间，应被拒收。

理由（E 企业）：根据规定，投标文件若没有法定代表人签字和加盖公章，则属于重大偏差。本案 E 企业投标文件没有法定代表人签字，项目经理也未获得委托人授权书，无权代表本企业投标签字，尽管有单位公章，仍属存在重大偏差，应作废标处理。

3.

（1）开标时间不妥。理由：根据规定，开标应当在投标文件截止的同一时间公开进行。本案开标时间（10 月 21 日下午）迟于投标截止时间（10 月 18 日下午 4 时），违反了规定。

（2）由当地招投标监督管理办公室主持开标不妥。理由：根据规定，开标应由招标人主持。

4. 评标委员会有 2 点不妥之处：

（1）评标委员会成员构成不妥。

理由：根据规定，评标委员会由招标人代表、有关技术、经济等方面的专家组成。项目主管部门或者行政监督部门的人员、公证处人员不得担任评标委员会委员。本案中，招投标监督管理办公室人员和公证处人员担任评标委员会成员明显违反上述规定。

（2）技术、经济方面专家所占人数比例不妥。

理由：根据规定，评标委员会技术、经济等方面的专家不得少于成员总数的 2/3。本案技术、经济等方面的专家比例为 4/7，低于规定的比例要求。

5. 招标人确定 A 企业为中标人违规。

理由：根据规定，在综合评分法中，能够最大限度地满足招标文件中规定的各项综合评价标准的中标人的投标应当中标。本案中 B 企业综合评分是第一名应当中标，以 B 企业投标报价高于 A 企业为由，让 A 企业中标是违规的。

6. 合同签订的日期违规。

理由：根据规定，招标人和中标人应当自中标通知书发出之日起 30 天内，订立书面合同。本案 11 月 10 日发出中标通知书，迟至 12 月 12 日才签订书面合同，间隔已超过 30 天。

## [案例 57]　　　　招投标 2

某工程在招投标过程中发生如下事件：

事件一：A 公司为二级施工企业，资质达不到业主的要求。经过有关人员的协调安排，A 公司与某家一级企业联合投标，并得到了招标人的认可。

事件二：B 公司的标书中，基础垫层这一项没有报价，业主代表认为，B 公司的报价不完整，应该作为废标处理。

事件三：评标专家组在评标过程中发现，C 公司的标价明显具有"不平衡报价"的特点。

事件四：经过综合评标，D、E、F 三家公司分别列第一、第二、和第三名。评标结束后，招标人立即向 D 公司发出中标通知书。随后，招标人和 D 公司商谈，要求 D 公司再降低 100 万，否则不与之签订合同，在遭到 D 公司的拒绝后，招标人转而和第二名的 E 公司签订了承包合同。

【问题】

    1. 事件一中，A公司的做法是否合法？说明理由。

    2. 事件二中，B公司的标书能否按废标处理？为什么？哪些情况下可以认定为废标？

    3. 事件三中，阐述"不平衡报价"的特点有哪些？

    4. 指出事件四中，招标人做法的不妥之处，说明理由。

    5. 招标人在什么情况下，才可以直接和综合评标得分第二名的公司签订合同？

【参考答案】

    1. 事件一中，A公司的做法不合法。

    理由：根据招投标法的规定，多家企业组成联合体投标的，以资质等级低的企业为联合体的投标资质。本案例中，A公司为二级资质，与某家一级企业组成联合体后，联合体的投标资质为二级。

    2. B公司的标书不能按废标处理。

    理由：根据清单计价规范的规定，投标书中，某项报价缺省的被视为该项报价包含在别的分项工程报价中。事件二中，垫层没有报价，被视为包含在别的分项综合报价中，不能按废标处理。

    应该作为废标处理的有以下情况：

    (1) 标书没有按规定要求密封的；

    (2) 标书没有按规定要求盖章的（如只有项目经理章，而没有法人章，且没有法人的授权）；

    (3) 没有按要求提交投标担保的；

    (4) 没有实质性响应招标文件中业主相关要求的；

    (5) 投标人报价低于成本价的。

    3. "不平衡报价"的特点：

    "不平衡报价"是指在保持投标总价不变的情况下，对综合单价做出适当调整，具体表现在：

    (1) 工程前面阶段的报价偏高，而后面阶段的报价偏低；

    (2) 估计工程量会增加的报价提高，而估计会减少的报价则降低；

    4. 事件四中，招标人的做法有3处不妥：

    (1) 不妥一：评标结束后，招标人立即向D公司发出中标通知书。

    理由：评标结束后，招标人应该先将中标单位名称向当地建设管理部门备案，然后才能发出中标通知书。

    (2) 不妥二：招标人和D公司商谈，要求D公司再降低100万，否则不与之签订合同。

    理由：根据规定，在签订合同之前，招标人不得和招标人就合同价格、质量和工期要求等再进行谈判，不得以不签订合同为由，逼迫招标人让步。

    (3) 不妥三：招标人转而和第二名的E公司签订了承包合同。

    理由：根据招投标法的规定，招标人应该按照名次顺序和第一名签合同，不得绕开第一名，而直接和第二名的单位签订合同。

5. 在以下情况发生时，招标人可以和第二名的单位签合同：

（1）第一名主动放弃；

（2）第一名没按规定提交履约保证；

（3）出现不可抗力，造成第一名无法签约。

# 六、工程造价与成本管理

## [案例 58]   预付款起扣点与进度款计算

某工程承包合同额为 1500 万元,工期为 6 个月。承包合同规定:

(1) 主要材料及构配件金额占合同总额的 70%;

(2) 预付款为合同总价的 25%,工程预付款应从未施工工程尚需的主要材料及构配件的价值相当于预付备料款时起扣;

(3) 工程保修金为合同总价的 4%,从每月承包商的工程款中按 4% 的比例扣留。

各月实际完成产值见表 26-1。

表 26-1   某工程各月实际完成产值单位:万元

| 月　份 | 4 | 5 | 6 | 7 | 8 | 9 |
|---|---|---|---|---|---|---|
| 实际完成产量 | 220 | 250 | 280 | 300 | 250 | 200 |

## 【问题】

1. 该工程的预付款是多少?

2. 起扣点是多少? 从几月份开始起扣?

3. 各月工程师应签证的工程款是多少? 应签发付款凭证金额是多少?

## 【参考答案】

1. 预付款:$1500 \times 25\% = 375$ 万元

2. 预付款的起扣点:

$T = P - M/N = 1500 - 375/70\% = 964.3$ 万元

7 月累计完成 1050 万元 > 964.3 万元,因此,应从 7 月份开始扣回工程预付款。

3. 各月工程师应签证的工程款、应签发付款凭证金额见表 26-2。

表 26-2   工程师应签证的工程款、应签发付款凭证金额

| 月份 | 应签证工程款（万元） | 应签发付款凭证金额（万元） |
|---|---|---|
| 4 月 | 220 | $220 \times (1-4\%) = 211.2$ |
| 5 月 | 250 | $250 \times (1-4\%) = 240$ |
| 6 月 | 280 | $280 \times (1-4\%) = 268.8$ |

| 月份 | 应签证工程款（万元） | 应签发付款凭证金额（万元） |
|---|---|---|
| 7月 | 300 | 扣预付款：$(1050-964.3)\times70\%=60$<br>应签发：$300\times(1-4\%)-60=228$ |
| 8月 | 250 | 扣预付款：$250\times70\%=175$<br>应签发：$250\times(1-4\%)-175=65$ |
| 9月 | 200 | 扣预付款：$200\times70\%=140$<br>应签发：$200\times(1-4\%)-140=52$ |

# [案例 59]　　预付款、进度款计算

某工程，建设单位与施工单位按照《建设工程施工合同（示范文本）》签订了施工合同，合同工期9个月，合同价840万元，各项工作均按最早时间安排且均匀速施工，经项目监理机构批准的施工进度计划如图26-1所示（时间单位：月），施工单位的报价单（部分）见表26-3。施工合同中约定：预付款按合同价的20%支付，工程款付至合同价的50%时开始扣回预付款，3个月内平均扣回；质量保修金为合同价的5%，从第1个月开始，按月应付款的10%扣留，扣足为止。

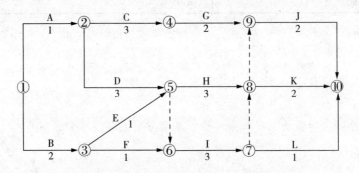

图 26-1　某工程的施工进度计划（时间单位：月）

表 26-3　施工单位报价单（部分）

| 工作 | A | B | C | D | E | F |
|---|---|---|---|---|---|---|
| 合价（万元） | 30 | 54 | 30 | 84 | 300 | 21 |

## 【问题】

1. 批准的施工进度计划中有几条关键线路？列出这些关键线路。

2. 开工后前3个月施工单位每月应获得的工程款为多少？

3. 工程预付款为多少？预付款从何时开始扣回？

4. 开工后前3个月总监理工程师每月应签证的工程款为多少？

**【参考答案】**

1. 关键线路有 4 条。

A→D→H→K（或：①→②→⑤→⑧→⑩）；

A→D→H→J（或：①→②→⑤→⑧→⑨→⑩）；

A→D→I→K（或：①→②→⑤→⑥→⑦→⑧→⑩；

A→D→I→J（或：①→②→⑤→⑧→⑦→⑧→⑨→⑩）。

2. 开工后前 3 个施工单位每月应获得的工程款为：

第 1 个月：$30+54×1/2=57$（万元）

第 2 个月：$54×1/2+30×1/3+84×1/3=65$（万元）

第 3 个月：$30×1/3+84×1/3+300+21=359$（万元）

3. 预付款计算

1）预付款为：$840×20\%=168$（万元）

2）前 3 个月施工单位累计应获得的工程款：

$57+65+359=481$（万元）$>420$（$840×50\%$）（万元）

因此，预付款应从第 3 个月开始扣回。

4. 开工后前 3 个月总监理工程师签证的工程款为：

第 1 个月：$57-57×10\%=51.3$（万元）

第 2 个月：$65-65×10\%=58.5$（万元）

前 2 个月扣留保修金：$(57+65)×10\%=12.2$（万元）

应扣保修金总额：$840×5\%=42.0$（万元）

由于 $359×10\%=35.9$（万元）$>29.8$（$=42.0-12.2$）（万元）

第 3 个月应签证的工程款：$359-（42.0-12.2）-168/3=273.2$（万元）

# [案例60] 进度款与偏差计算

某建设工程业主与承包商签订了工程施工合同，合同工期 4 个月，按月结算，合同中结算工程量为 20000m³，合同价为 100 元/m³。

承包合同规定：

（1）开工前，业主应向承包商支付合同价 20% 的预付款，预付款在合同期的最后两个月分别按 40% 和 60% 扣回；

（2）保留金为合同价的 5%，从第一个月起按结算工程款的 10% 扣除，扣完为止；

（3）根据市场情况，调价系数见表 26-4。

表 26-4　各月份的调价系数

| 月份 | 1 | 2 | 3 | 4 |
|---|---|---|---|---|
| 调价 | 100% | 110% | 120% | 120% |

（4）监理工程师签发的月度付款最低金额为 50 万元；

（5）各月计划工程量与实际工程量见表 26-5（单位：m³）。

表 26-5　各月计划工程量与实际工程量　　　　　　　　　　单位：m³

| 月份 | 1 | 2 | 3 | 4 |
|---|---|---|---|---|
| 计划工程量 | 4000 | 5000 | 6000 | 5000 |
| 实际工程量 | 3000 | 5000 | 8000 | 8000 |

【问题】

1. 该工程的预付款是多少？

2. 该工程的保留金是多少？

3. 监理工程师每月应签证工程量款、应签发工程款、实际签发工程款分别多少？

4. 分析各月的投资偏差是多少？总投资偏差是多少？

【参考答案】

合同价款＝20000×100＝200（万元）

1. 工程预付款＝200×20%＝40（万元）

2. 保留金＝200×5%＝10（万元）

3. 各月应签证工程量款、应签发工程款、实际签发工程款见表 26-6。

表 26-6　各月应签证工程量款、应签发工程款、实际签发工程款

| 月份 | 1 | 2 | 3 | 4 |
|---|---|---|---|---|
| 应签证工程量款 | 3000×100＝30（万元） | 5000×100×1.1＝55（万元） | 8000×100×1.2＝96（万元） | 8000×100×1.2＝96（万元） |
| 应签发工程款 | 30×（1－10%）＝27（万元） | 55×（1－10%）＝49.5（万元） | 96－40×40%－（10－3－5.5）＝78.5（万元） | 96－40×60%＝72（万元） |
| 实际签发工程款 | 0 | 27＋49.5＝76.5（万元） | 78.5（万元） | 72（万元） |

4. 各月投资偏差见表 26-7。

表 26-7　各月投资偏差

| 月份 | 1 | 2 | 3 | 4 |
|---|---|---|---|---|
| 拟完工程计划投资（BCWS） | 4000×100＝40（万） | 5000×100＝50（万） | 6000×100＝60（万） | 5000×100＝50（万） |
| 已完工程实际投资（ACWP） | 3000×100＝30（万） | 5000×100×1.1＝55（万） | 8000×100×1.2＝96（万） | 8000×100×1.2＝96（万） |

| 月份 | 1 | 2 | 3 | 4 |
|---|---|---|---|---|
| 已完工程计划投资（BCWP） | 3000×100＝30（万） | 5000×100＝50（万） | 8000×100＝80（万） | 8000×100＝80（万） |
| 投资偏差 | 0 | 50－55＝－5（万） | 80－96＝－16（万） | 80－96＝－16（万） |
| 总投资偏差 | 0－5－16－16＝－37（万） | | | |

# ［案例61］ 动态结算

　　某施工单位于2013年1月与业主签订了某工程项目的施工合同，承包合同约定工程合同价款为3000万元，工程质量保证金按合同价款总额的3％计算，竣工结算时一次扣留。工程价款采用调值公式动态按月结算。该工程各部分费用占工程价款的百分比分别为：人工费（A）占30％，材料费占50％（其中又分为B、C、D、E四类，占材料费的比重分别为40％、30％、25％、5％），不调值费用占20％。

　　该工程2013年6月份完成的工程量款为300万。价格指数按表26-8计算。

表26-8　价格指数表

| 代号 | $A_0$ | $B_0$ | $C_0$ | $D_0$ | $E_0$ |
|---|---|---|---|---|---|
| 指数 | 100 | 105 | 120 | 105 | 112 |
| 代号 | A | B | C | D | E |
| 期指数 | 108 | 123 | 135 | 110 | 120 |

　　合同规定，由于工程量清单的工程数量有误或设计变更、施工洽商引起工程量增减，幅度在15％以内的，执行原有综合单价；幅度在15％以外的，其增加部分的工程量按照原综合单价的0.95计算；减少后剩余部分的工程量按照原综合单价的1.05计算。施工过程中发生如下变化：

　　（1）清单中挖基础土方工程量为800m³，而实际完成土方量为1000m³。挖基础土方的综合单价为42元/m³。

　　（2）清单中铺地面砖的工程量为400m²，而实际完成320m²，地面砖的综合单价为60元/m²。

## 【问题】

　　1. 经调价后的6月份工程款是多少？

　　2. 该工程的质量保修金为多少？

　　3. 基础土方与地砖工程的结算价格分别为多少？

## 【参考答案】

　　1. 经调价后的6月份工程款：

---

$$P = P_0 \times \left( a_0 + a_1 \frac{A}{A_0} + a_2 \frac{B}{B_0} + a_3 \frac{C}{C_0} + a_4 \frac{D}{D_0} + a_5 \frac{E}{E_0} \right)$$

$$= 300 \times (0.2 + 0.3 \times 108/100 + 0.5 \times 0.4 \times 123/105 + 0.5 \times 0.3 \times 135/120$$

$$+ 0.5 \times 0.25 \times 110/105 + 0.5 \times 0.05 \times 120/112)$$

$$= 325.5 \text{ 万元}$$

2. 该工程的质量保修金为：$3000 \times 3\% = 90$ 万元

3. 基础土方与地砖工程的结算价格：

（1）基础土方：

$(1000 - 800)/800 = 25\%$，大于 15%，增加部执行新单价；

增加部分的工程量：$1000 - 800 \times (1 + 15\%) = 80\text{m}^3$

土方结算价 $= 800 \times (1 + 15\%) \times 42 + 80 \times 42 \times 0.95 = 4.1832$ 万元

（2）地砖结算价格：

$(320 - 400)/400 = -20\%$，减少大于 15%，剩余部分执行新单价

地砖结算价 $= 320 \times 60 \times 1.05 = 2.016$ 万元

# [案例 62]　　实际进度前锋线与偏差计算

某工程双代号时标网络图如图 26-2。

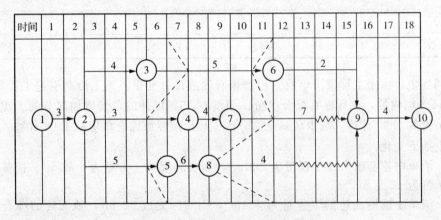

图 26-2　某工程双代号时标网络图

假设各项工作均匀速进展，其中：工作箭线上方的数字为该工作每月完成的投资额（单位：万元）。

## 【问题】

1. 根据时标网络图进度前锋线分析 6 月、11 月底工程的实际进展情况。

2. 根据 11 月底的检查情况，试绘制从 12 月开始到工程结束的时标网络计划。

3. 试从投资角度分析 6 月、11 月底的进度偏差，以及实际进展情况。

【参考答案】

1. 根据时标网络图上进度前锋线，可知：

（1）6月底检查结果：工作3—6进度超前一个月，工作2—4进度滞后一个月，工作2—5进度滞后一个月。

（2）11月底检查结果：工作3—6进度滞后一个月，工作7—9进度与原计划一致，工作8—9进度滞后三个月。

2. 从12月开始，3—6工作剩余一个月，8—9工作刚刚开始，其时标网络计划如图26-3：

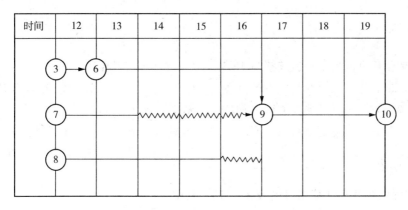

图26-3 从12月开始到工程结束的时标网络计划

3. 从投资角度分析进度偏差，其计算公式为：

进度偏差（$SV$）＝已完工程计划投资（$BCWP$）－拟完工程计划投资（$BCWS$）

（1）6月底进度偏差分析

6月底已完工程计划投资（$BCWP$）为：$3×2+4×3+5×2+3×3+5×3=52$万元。

6月底拟完工程计划投资（$BCWS$）为：$3×2+4×3+5×1+3×4+5×4=55$万元。

则6月底进度偏差（$SV$）＝$52-55=-3$万元，即实际进度拖延3万元。

（2）11月底进度偏差分析

11月底已完工程计划投资（$BCWP$）为：$3×2+4×3+5×5+3×5+4×2+7×2+5×4+6×2=112$万元。

11月底拟完工程计划投资（$BCWS$）为：$3×2+4×3+5×6+3×5+4×2+7×2+5×4+6×2+4×3=129$万元。

则11月底进度偏差（$SV$）＝$112-129=-17$万元，即实际进度拖延17万元。

[案例 63]　　　　**偏 差 计 算**

某装饰工程公司承接一项酒店装修改造工程，合同总价1500万元，总工期6个月。前5个月各月完成费用情况如表26-9所示。

表 26-9　检查记录表

| 月份 | 计划工作预算费用 BCWS（万元） | 已经完成工作量（%） | 实际发生费用 ACWP（万元） | 已完工程预算费用 BCWP（万元） |
|---|---|---|---|---|
| 1 | 180 | 95 | 185 | |
| 2 | 220 | 100 | 205 | |
| 3 | 240 | 110 | 250 | |
| 4 | 300 | 105 | 310 | |
| 5 | 280 | 100 | 275 | |

【问题】

1. 计算各月的已完工程预算费用 BCWP 及 5 个月的 BCWP。

2. 计算 5 个月累计的计划完成预算费用 BCWS、实际完成预算费用 ACWP。

3. 计算 5 个月的费用偏差 CV、进度偏差 SV，并分析成本和进度状况。

4. 计算 5 个月的费用绩效指数 CPI、进度绩效指数 SPI，并分析成本和进度状况。

【参考答案】

1. 各月的 BCWP 计算结果见表 25-15。其中：

已完工作预算费用 BCWP＝计划工作预算费用（BCWS）×已经完成工作量的百分比。

5 个月的已完工作预算费用 BCWP 合计为 1250 万元（见表 26-10）。

表 26-10　偏差计算结果

| 月份 | 计划工作预算费用 BCWS（万元） | 已经完成工作量（%） | 实际发生费用 ACWP（万元） | 已完工程预算费用 BCWP（万元） |
|---|---|---|---|---|
| 1 | 180 | 95 | 185 | 171 |
| 2 | 220 | 100 | 205 | 220 |
| 3 | 240 | 110 | 250 | 264 |
| 4 | 300 | 105 | 310 | 315 |
| 5 | 280 | 100 | 275 | 280 |
| 合计 | 1220 | | 1225 | 1250 |

2. 5 个月的累计的计划完成预算费用 BCWS 为 1220 万元，实际完成预算费用 ACWP 为 1225 万元。

3. 5 个月的费用偏差 CV、进度偏差 SV：

$CV＝BCWP－ACWP＝1250－1225＝25$ 万元，由于 CV 为正，说明费用节约。

$SV＝BCWP－BCWS＝1250－1220＝30$ 万元，由于 SV 为正，说明进度提前。

4. 5个月的费用绩效指数 $CPI$、进度绩效指数 $SPI$：

$CPI=BCWP/ACWP=1250/1225=1.0204$，由于 $CPI$ 大于1，说明费用节约。

$SPI=BCWP/BCWS=1250/1220=1.0246$，由于 $SPI$ 大于1，说明进度提前。

# [案例64] 清单计价

某开发项目，业主要求按工程量清单计价规范进行报价。某施工单位参与投标，经过对图纸的详细的会审、计算，汇总得到单位工程费用如下：分部分项工程量计价合计3698万元，措施项目计价占分部分项工程量计价的8.8%，其他项目清单计价占分部分项工程量计价的2.1%，规费费率为6.5%，税率按3.4%计取。

此外，在招投标和施工过程中发生如下事件：

事件一：业主提供的分部分项清单中，"基础垫层"这一分项工程产生了遗漏，但施工时，基础垫层必须要进行施工。基础工程完工后，施工方要求增加施工垫层的费用，甲方以清单中没有"基础垫层"这一项为由拒绝支付。

事件二：某投标人在措施项目清单的报价中，基于竞争需要，降低了"安全文明施工"这一项的报价。

事件三：在土方开挖过程中，业主提出土方开挖在建筑物的左侧加宽1米，并通过监理方提出工程变更通知，施工方提出加宽1米的土方综合单价增至120元/m³，而甲方要求维持原单价100元/m³。

## 【问题】

1. 按照工程量清单计价，单位工程费包括哪些费用？列表计算该单位工程的工程费。

2. 按工程量清单计价时，其他项目清单应包括哪些内容？

3. 事件一中出现的问题应该如何处理？

4. 事件二中，投标人的做法是否合理？为什么？"安全文明施工"包含哪些项目？

5. 事件三中，加宽1米的土方综合单价按照何种方式处理较为合理？说明理由。

## 【参考答案】

1. 单位工程费包括：分部分项工程量清单合价，措施项目清单合价，其他项目清单合价，规费，税金（见表26-11）。

表26-11 单位工程费汇总表

| 序号 | 项目名称 | 计算方法 | 金额（万元） |
|------|----------|----------|--------------|
| (1) | 分部分项清单合计 | 3698 | 3698 |
| (2) | 措施项目清单合计 | (1)×费率=3698×8.8% | 325.424 |
| (3) | 其他项目清单合计 | (1)×费率=3698×2.1% | 77.658 |
| (4) | 规费 | [(1)+(2)+(3)]×6.5% | 266.570 |

| 序号 | 项目名称 | 计算方法 | 金额（万元） |
|------|----------|----------|--------------|
| (5) | 不含税工程造价 | (1) ＋ (2) ＋ (3) ＋ (4) | 4367.652 |
| (6) | 税金 | (5) ×3.4％ | 148.500 |
| (7) | 含税工程造价 | (5) ＋ (6) | 4516.152 |

2. 其他项目清单包括：暂定金额；暂估价（材料暂估价、设备暂估价）；计日工；总承包服务费。

3. 根据清单计价规范的规定，发包人提供的清单出现漏项的，而该漏项在施工中又必须进行的，则按照"工程变更"来处理该漏项。本案例中，施工单位可以向业主提出增加基础垫层的工程变更，并按照工程变更规定的程序处理这一漏项。

4. 事件三中，投标人的做法不合理。根据清单计价规范的规定，"安全文明施工"费用不得参与竞争，应该按照规定来计费。

根据清单计价规范，"安全文明施工"包含环境保护、文明施工、安全施工、临时设施四项。

5. 加宽1米的土方综合单价按照投标人原来的报价（100元/m³）较为合理。

理由：根据清单计价规范的规定，工程变更价款调整的原则之一是，合同中已有适用于变更工程的价格，按合同已有的价格变更合同价款。本案例适用于这一原则，应该执行原有单价。

# [案例65]　　　　成本控制

某单位拟筹建一快捷宾馆，为了节约投资，业主与设计单位在设计阶段试图运用价值工程原理降低造价，提高工程价值。项目设计完成后，进行了公开招标，某外地的一家施工企业中标，该企业为签订施工合同发生差旅费2万元，项目中标后，项目部为了加强成本管理工作，编制了成本计划，建立了成本管理责任体系。

该项目完工时共发生人工费800万元，材料费1200万元，项目管理人员工资200万元，行政管理部门发生的水电费共10万元，施工企业为工程施工贷款500万产生利息50万。

该项目的土方工程量原计划为1800m³，合同单价为80元/m³，实际工程量超出了15％。合同约定，实际工程量超出10％时，超出部分按照70元/m³结算。

【问题】

1. 根据价值工程原理，提高价值的途径有哪些？

2. 施工单位成本管理的内容有哪些？

3. 该工程的直接成本和间接成本以及总成本分别是多少？写出计算过程。

4. 该项目的土方工程最终结算价为多少？写出计算过程。

【参考答案】

1.提供价值的途径：

（1）功能提高，成本不变；

（2）功能不变，成本降低；

（3）功能提高，成本降低；

（4）降低辅助功能，大幅度降低成本；

（5）成本稍有提高，大大提高功能。

2.施工单位成本管理的内容包括：

成本预测、成本计划、成本控制、成本核算、成本分析、成本考核。

3.直接成本＝人工费＋材料费＝800＋1200＝2000万。

间接成本＝项目管理人员工资＋贷款利息＝200＋50＝250万。

总成本＝直接成本＋间接成本＝2000＋250＝2250万。

4.土方结算价＝（1800＋1800×10%）×80＋1800×5%×70＝16.47万。

# 七、施工合同管理

## [案例 66] 工程变更

某施工单位以 3500 万元中标一办公楼后，与发包方签订了合同。合同规定，工期每提前或拖延一天，业主奖励或罚款 1 万元。合同履行过程中发生了如下事件。

事件一：主体结构施工过程中发生了多次设计变更，承包人在编制的竣工结算书中提出设计变更实际增加费用共计 80 万元，但发包方以承包人当时没有提出变更价款为由，不同意该设计变更增加费。

事件二：主体施工封顶时，业主通过监理工程师下达书面变更通知，要求施工方加快施工进度，确保工期提前 1 个月完工，遭到施工方的拒绝。业主认为工程变更是发包方的权利，施工方拒绝变更是违约行为。

事件三：办公楼工程实际竣工日期比合同工期拖延了 10 天，发包人要求承包人承担违约金 10 万元。承包人认为工期拖延是设计变更造成的，工期应顺延，拒绝支付违约金。

### 【问题】

1. 事件一中，发包人不同意支付因设计变更而实际增加的费用 80 万元是否合理？说明理由。

2. 事件二中，业主的观点是否正确？说明理由。

3. 事件三中，承包人拒绝承担逾期竣工违约责任的观点是否成立？说明理由。

### 【参考答案】

1. 发包人不同意支付因设计变更而实际增加的费用合理。

理由：按照相关规定，承包方应在收到设计变更后 14 天内提出变更报价。本案承包人在竣工结算时才提出变更报价，已超过了规定的时间，发包人可视为承包人同意设计变更但不涉及合同价款调整，因此发包人有权拒绝承包人的 80 万元设计变更报价。

2. 业主的观点不正确。

理由：工程变更分为设计变更和合同变更。属于设计变更的，施工方没有拒绝的权利；而要求施工进度提前 1 个月属于合同变更，属于变更合同中规定的相关条款，必须经双方协商一致后，方可变更，施工方有拒绝的权利。

3. 承包人拒绝支付违约金的观点不能成立。

理由：本案中承包人未能在工程变更后规定时限内（一般为 28 天）提出工期顺延的要求，丧失了工期索赔的权力，所以工期不能顺延，承包人应承担逾期竣工 10 天的违约金 10 万元。

[案例 67] **变更与索赔 1**

　　某住宅楼工程，通过招投标，某施工单位（总承包方）与某房地产开发公司（发包方）签订了施工合同。合同总价款5200万元，合同工期400d。施工中发生了以下事件。

　　事件一：总承包方与没有劳务施工资质的包工头签订了主体结构施工的劳务合同。工程完工验收后，总承包方拒付包工头的工程款，理由是施工方没有劳务施工资质，所签订的合同属于无效合同。

　　事件二：发包方指令将住宅楼南面外露阳台全部封闭，施工方在规定的时间内提交了阳台封闭的总价款为45万元，但没有得到发包方的认可，双方多次协商未果，施工方停止了阳台封闭。

　　事件三：在工程即将竣工前，当地遭遇了龙卷风袭击，本工程外窗玻璃部分破碎，现场临时装配式活动板房损坏。总承包方报送了玻璃实际修复费用5万元，临时设施修复费15万元及停工人员窝工费3万元的索赔资料，但发包方拒绝签认。

【问题】

　　1. 事件一中，总承包方拒付包工头的工程款是否合法？说明理由。

　　2. 事件二中，施工方停止封阳台的做法是否合理？说明理由。

　　3. 事件三中，总承包方提出的各项请求是否符合约定？分别说明理由。

【参考答案】

　　1. 事件一中，总承包方拒付包工头的工程款不合法。

　　理由：根据合同法的规定，即使双方签订的合同属于无效合同，在一方完成了规定的任务，且被对方接受的情况下，对方必须按合同规定付款。

　　2. 事件二中，施工方停止封阳台的做法不合理。

　　理由：根据施工合同（示范文本）的规定，承包人应该无条件地执行业主工程变更的指示。即使价款没有确定，也要边工作，边解决。不能以变更价款没解决为借口，停止执行工程变更。

　　3. 事件三：

　　（1）玻璃实际修复费用的索赔请求符合约定。

　　理由：不可抗力发生后，工程本身的损害所造成的经济损失由发包方承担。

　　（2）临时设施损失费的索赔请求符合约定。

　　理由：临时设施属于工程的措施项目，不可抗力发生后，临时设施所需的修复费用由发包方承担。

　　（3）停工人员窝工费的索赔请求符合约定。

　　理由：不可抗力发生后，停工人员窝工费由发包人承担。

# [案例 68]　变更与索赔 2

甲公司投资建设一幢地下一层，地上五层的框架结构商场工程，乙施工企业中标后，双方采用《建设工程施工合同》（示范文本）签订了合同，合同采用固定总价承包方式，合同工期为 405 天，并约定提前或逾期竣工的奖罚标准为每天 5 万元。合同履行中出现了以下事件：

事件一：乙方施工至首层框架柱钢筋绑扎时，甲方书面通知将首层及以上各层由原设计层高 4.3 米变更为 4.8 米，当日乙方停工，25 天后甲方才提供正式变更图纸，工程恢复施工。复工当日乙方立即提出停窝工损失 150 万元和顺延工期 25 天的书面报告及相关索赔资料，但甲方收到后始终未予答复。

事件二：在工程装修阶段，乙方收到了经甲方确认的设计变更文件，调整了部分装修材料的品种和档次，乙方在施工完毕三个月后的预算中申报了该项设计变更增加费 80 万元，但遭到甲方的拒绝。

事件三：从甲方下达开工令起至竣工验收合格止，本工程历时 425 天。甲方以乙方逾期竣工为由从应付款中扣减了违约金 100 万元，乙方认为逾期竣工的责任在于甲方。

## 【问题】

1. 事件一中，乙方的索赔是否生效？结合合同索赔条款说明理由。
2. 事件二中，乙方申报设计变更增加费是否符合约定？结合合同变更条款说明理由。
3. 事件三中，乙方是否逾期竣工？说明理由并计算奖罚金额。

## 【参考答案】

1. 索赔生效

理由：设计变更属于甲方应承担的责任；设计变更给乙方实际带来了费用损失和工期延误；乙方按照约定，在索赔事件发生后 28 天内提出索赔意向通知及相关索赔资料。

2. 乙方申报设计变更增加费不符合约定。

理由：根据有关规定，乙方必须在发生索赔事项 28 天内提交索赔报告，但本案例三个月后才提出，超出索赔时效，已丧失索赔的权利。

3. 乙方没有逾期竣工。

理由：因为甲方提出设计变更引起停工 25 天，属于甲方应该承担的责任，并且乙方按规定提出了工期索赔，甲方应该给予乙方工期延长 25 天。实际工期 425 天，计划工期 405 天，可索赔工期 25 天，因此，乙方实际提前 5 天完工，应获得奖励：$20 \times 5 = 100$ 万元。

# 工程索赔 1

某建筑公司（乙方）与某学校（甲方）签订了教学楼承建合同，合同约定：

由于甲方责任造成总工期延误 1d，甲方应向乙方补偿 1 万元；若乙方延误总工期 1d，应扣除乙方工程款 1 万元；施工中实际工程量超过计划工程量 10% 以上时，超出部分按单价的 90% 计算。双方就施工进度网络计划达成一致（如图 27-1）。

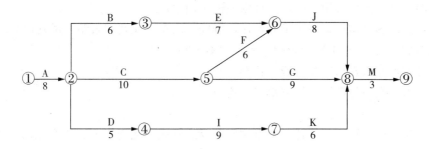

图 27-1　施工进度计划（单位：d）

施工过程中发生如下事件：

事件一：A 基础土方工程原合同土方量为 400m³，因设计变更实际土方量为 450m³（原定单价为 75 元/m³）。

事件二：B 工程施工中乙方为保证施工质量，将施工范围土方边缘扩大，将计划土方量由 260m³ 增加到 320m³，工作时间未变。

事件三：C 工程施工完成后，甲方认为地下管线位置与设计图纸不符，经剥露检查确实有误，延误工期 2d，发生费用 1.5 万元。

事件四：I 工程施工中发现甲方提供施工设计图纸存在错误，修改图纸致使乙方施工拖延 3d，发生费用 3 万元。

事件五：G 工程施工中乙方租赁的设备出现故障，使乙方施工拖延 2d，发生费用 1万元。

## 【问题】

1. 该工程计划工期为多少天？请指出网络图中的关键工作。

2. 上述事件中能否进行工期、费用索赔？说明理由，索赔具体数额是多少？

3. 该工程实际工期为多少天？应扣除或补偿乙方工程款多少万元？

## 【参考答案】

1. 原计划网络中的计划工期为 35d，关键工作为：A、C、F、J、M。

2. 各事件索赔分析如下：

事件一：可以提出工期、费用补偿。

理由：由于设计变更造成土方量增加属于甲方责任，并且发生在关键工作中。

具体数额：

（1）工期：用比例法，$(450-400)\div(400/8)=1d$

（2）增加 $50m^3$ 工程费为：$40\times75+10\times75\times0.9=3675$ 元。

事件二：不可以提出工期、费用补偿。

理由：将施工范围土方边缘扩大，是乙方保证施工质量所采取的技术措施，已包含在措施费中，不应再提出工期、费用索赔。

事件三：不可以提出工期、费用补偿。

理由：经剥露检查确实有误，施工方应该承担责任。

事件四：可以提出费用索赔，不可以提出工期索赔。

理由：设计图纸错误，属于甲方责任，可以提出 3 万元费用索赔。虽延误 3d，但 I 工作有 8d 的总时差，对总工期无影响，故工期不予补偿。

事件五：不可以提出工期、费用补偿。

理由：施工设备故障属于乙方承担的责任。

3.

（1）实际工期计算：将上述 5 个事件所造成的延误（无论甲方、乙方原因）带回网络图，重新计算，得出实际工期为 38d。

（2）实际工期 38d，计划工期 35 天，乙方可索赔工期 1d，则

乙方延误的工期＝实际工期－计划工期－乙方可索赔工期＝38－35－1＝2d，故甲方应扣除乙方工程款 2 万元。

# ［案例70］ 工程索赔2

某合同中约定：建筑材料由建设单位提供；由于非施工单位原因造成的工程停工，机械补偿费为 200 元/台班，人工补偿费为 50 元/工日；总工期为 120d；竣工时间提前奖励为 3000 元/d，误期损失赔偿费为 5000 元/d。经项目监理机构批准的施工进度计划如图 27－2 所示（单位：d）。

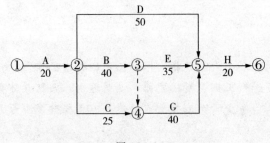

图 27－2

施工过程中发生如下事件。

事件一：工程进行中，建设单位要求施工单位对某一构件做破坏性试验，验证设计参数的正确性。

事件二：建设单位提供的建筑材料经施工单位清点入库后，在监理的见证下进行了检

验，检验结果合格。其后，施工单位提出，建设单位应支付材料的保管费和检验费。由于材料需要进行二次搬运，建设单位还应支付该批材料的二次搬运费。

事件三：①由于建设单位要求对 B 工作的施工图纸进行修改，致使 B 工作停工 3d（每停 1d 影响 30 工日，10 台班）；②由于机械租赁单位调度的原因，施工机械未能按时进场，使 C 工作的施工暂停 5d（每停 1d 影响 40 工日，10 台班）；③由于建设单位负责供应的材料未能按计划到场，E 工作停工 6d（每停 1d 影响 20 工日，5 台班）。施工单位就上述三种情况按正常的程序向项目监理机构提出了延长了工期和补偿停工损失的要求。

事件四：在工程竣工验收时，业主怀疑顶层的某根主梁的质量存在问题，总监理工程师建议采用试验方法进行检验。施工单位要求建设单位承担该项试验的费用。

## 【问题】

1. 事件一中建设单位是否应该支付构件破坏性试验费用？说明理由

2. 逐项回答事件二中施工单位的要求是否合理，说明理由。

3. 逐项说明事件三中项目监理机构是否应批准施工单位提出的索赔，说明理由并给出审批结果（写出计算过程）。

4. 事件四中，试验检验费用应由谁承担？

5. 施工单位应该获得工期奖或罚金额是多少？

## 【参考答案】

1. 建设单位应该支付试验费用。

理由：根据规定，材料的检验费是指对建筑材料、构件进行一般鉴定，检查所发生的费用，不包括新结构、新材料的试验费，以及建设单位对具有出厂合格证明的材料进行检验，也不包括对材料做破坏性试验的费用。因此，此项费用不包含在管理费中，需要建设单位另外支付。

2. 分析事件二中施工单位的要求是否合理：

（1）施工单位提出材料的保管费要求合理。理由：依据有关规定，发包人供应的材料设备经双方共同清点接收后，由承包人妥善保管，发包人支付相应的保管费用。

（2）施工单位提出材料的检验费的要求合理。理由：依据有关规定，发包人供应的材料需要在使用前检验或者试验的，由承包人负责检查试验，费用由发包人负责。

（3）施工单位提出材料的二次搬运费要求不合理。理由：二次搬运费已包含在直接费中的措施费一项中，故无须再次支付。

3. 本进度计划图关键线路为 A－B－G－H，总工期为 120d。

（1）应批准延长工期 3d，费用补偿 10500 元。

理由：图纸修改造成 B 工作停工 3 天，属建设单位应承担的责任。且 B 工作是关键工作，因此可予以顺延 3d。该项费用也可以索赔，费用补偿计算如下：3d×30 工日/d×50元/工日＋3d×10 台班/d×200 元/台班＝10500 元。

（2）工期、费用索赔不予批准。

理由：C 工作停工是由于机械租赁单位调度造成的，属于施工单位原因，因此工期、费用不予补偿。

（3）应批准工期延长 1d，费用补偿 12000 元。

理由：甲供材料未能按计划到场造成，属于建设单位原因。由于 E 工作有 5d 的总时差，停工 6 天使得总工期延长 1d，因此批准工期顺延 1d。该项费用也可以索赔。费用补偿计算如下：6d×20 工日/d×50 元/工日＋6d×5 台班/d×200 元/台班＝12000 元（注意：费用的索赔应该以 6 天计算，而不是 1 天）。

4. 不论何时进行质量检验，其后果责任均由检验结果的质量是否合格来区分合同责任。若构件质量检查检验不合格，由承包人来承担费用；若构件质量检查合格，由发包人承担费用。

5. 将上述 5 个事件所造成的延误（无论甲方、乙方原因）带回网络图，重新计算，得出实际工期为 124d。计划工期为 120d，乙方可索赔工期 4d。

乙方延误的工期＝实际工期－计划工期－乙方可索赔工期＝124－120－4＝0d，故不存在工期奖罚。

# ［案例 71］ 时标网络与索赔

某工程，建设单位与施工单位按《建设工程施工合同（示范文本）》签订了施工合同，采用可调价合同形式，工期 20 个月，项目监理机构批准的施工总进度计划如图 27－3 所示，各项工作在其持续时间内均为匀速进展。

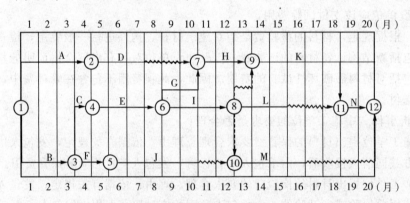

图 27－3　某工程施工总进度计划

施工过程中发生了如下事件：

事件一：建设单位要求调整场地标高，设计单位修改施工图，致使 A 工作开始时间推迟 1 个月，导致施工单位机械闲置和人员窝工损失。

事件二：设计单位修改图纸使 C 工作工程量发生变化，增加造价 10 万元，施工单位及时调整部署，如期完成了 C 工作。

事件三：由于施工机械故障，J 工作持续时间最终延长 1 个月。

事件四：G、I 工作在实施过程中遇到异常恶劣的气候，导致 G 工作持续时间延长 0.5 个月；施工单位采取了赶工措施，使 I 工作能按原持续时间完成，但需增加赶工费 0.5 万元。

事件五：L 工作为隐蔽工程，在验收后项目监理机构对其质量提出了质疑，并要求对该隐蔽工程进行剥离复验。施工单位以该隐蔽工程已经监理工程师验收为由拒绝复验。在项目监理机构坚持下，对该隐蔽工程进行了剥离复验，复验结果工程质量不合格，施工单位进行了整改。

以上事件一～事件四发生后，施工单位均在规定的时间内提出顺延工期和补偿费用要求。

## 【问题】

1. 事件一中，施工单位顺延工期和补偿费用的要求是否成立？说明理由。
2. 事件四中，施工单位顺延工期和补偿费用的要求是否成立？说明理由。
3. 事件五中，施工单位、项目监理机构的做法是否妥当？分别说明理由。
4. 针对施工过程中发生的事件，项目监理机构应批准的工程延期为多少个月？该工程实际工期为多少个月？

## 【参考答案】

1. 事件一中，顺延工期和补偿费用的要求成立。

A 工作开始时间推迟属建设单位原因，且 A 工作在关键线路上。

2. 事件四中：

（1）顺延工期要求成立。因该事件为不可抗力事件且 G 工作在关键线路上。

（2）补偿费用要求不成立。因属于施工单位自行赶工行为。

3. 事件五中：

（1）施工单位的做法不妥。施工单位不得拒绝剥离复验。

（2）项目监理机构的做法妥当。对隐蔽工程质量有质疑时有权进行剥离复验。

4. 事件一发生后应批准工程延期 1 个月。

事件四发生后应批准工程延期 0.5 个月。

其他事件未造成工期延误。

故，监理应批准的工程延期为 1.5 个月，该工程实际工期为 20＋1＋0.5＝21.5（月）。

# [案例 72] 合同条款与合同管理

某住宅小区，甲方为某房地产开发公司，乙方为某施工企业。合同中的部分条款如下：

（1）甲方向乙方提供地质和地下管网资料，供乙方参考使用。

（2）甲方做好地下管线和邻近建筑物、构筑物、古树名木的保护工作。

（3）乙方按监理批准的施工组织设计组织施工，乙方不承担延期责任和费用增加责任。

（4）乙方负责办理临时用地、停水、停电、中断道路交通、爆破等的申请批准手续。

（5）乙方需遵守政府有关主管部门对场地交通、施工噪声以及环境保护和安全生产等的管理规定，按规定办理有关手续，并承担费用。

（6）乙方作为施工总包，不得转包，但可以分包，分包单位可以再次分包。

乙方的施工合同文件由以下资料组成：

专用合同条款；通用合同条款；中标通知书；施工合同协议书；投标书及其附件；图纸；工程量清单；工程报价单或预算书等；双方工程洽商、变更等书面协议；标准、规范及技术文件。

## 【问题】

1. 合同条款中有哪些不妥？为什么？
2. 按照合同文件法律效力的大小顺序，写出施工合同文件的组成。
3. 承包人的合同管理应遵循的程序是什么？

## 【参考答案】

1. 合同条款中些不妥之处有：

（1）"甲方向乙方提供地质和地下管网资料，供乙方参考使用"不妥。

根据施工合同示范文本，甲方有义务向乙方提供地质和地下管网等相关资料，作为乙方的施工依据，并且对资料的正确性、准确性负责。

（2）"甲方做好地下管线和邻近建筑物、构筑物、古树名木的保护工作"不妥。

根据施工合同示范文本，按专用条款约定做好地下管线和邻近建筑物、构筑物、古树名木的保护工作是乙方的义务和责任。

（3）"乙方按业监理批准的施工组织设计组织施工，乙方不承担延期责任和费用增加责任"不妥。

根据规定，业主（或工程师）批准乙方的施工组织设计，并不免除乙方施工组织设计本身的缺陷而造成的延期责任和费用增加责任。

（4）"乙方负责办理临时用地、停水、停电、中断道路交通、爆破等的申请批准手续"不妥。

根据施工合同示范文本，办理临时用地、停水、停电、中断道路交通、爆破等的申请批准手续是甲方的义务和责任。

（5）"乙方需遵守政府有关主管部门对场地交通、施工噪声以及环境保护和安全生产等的管理规定，按规定办理有关手续，并承担费用"不妥。

根据施工合同示范文本，乙方需遵守政府有关主管部门对场地交通、施工噪声以及环境保护和安全生产等的管理规定，按规定办理有关手续，发包方承担费用。

（6）"分包单位可以再次分包"不妥。

建筑法明确规定"禁止分包单位将其承包的工程再分包"。

2. 按照合同文件法律效力的大小顺序，施工合同文件的组成如下：

（1）施工合同协议书；

（2）中标通知书；

（3）投标书及其附件；

（4）专用合同条款；

(5) 通用合同条款；

(6) 标准、规范及技术文件；

(7) 图纸；

(8) 工程量清单；

(9) 工程报价单或预算书等。

(10) 双方工程洽商、变更等书面协议。

3. 承包人的合同管理应遵循下列程序：

(1) 合同评审；

(2) 合同订立；

(3) 合同实施计划；

(4) 合同实施控制；

(5) 合同综合评价；

(6) 有关知识产权的合法使用。

[案例 73]　　　　　　# 工程分包 1

## 【背景】

某旧城改造建设，项目包括酒店、写字楼、宿舍楼，建设周期为 20 个月，该项目进行了公开招标，某建筑公司乙作为施工总包商中标，甲、乙双方约定：乙可以将宿舍楼分包给其下属分公司施工。乙将 6 楼宿舍楼分包给下属分公司 A 与 B，并签订分包协议书。

在实施过程中，A 公司因其资金周转困难，随后将工程转交给了一个具有施工资质的施工单位，并收取 10% 的管理费；B 公司为加快进度，将其中 1 栋单体宿舍楼分包给没有资质的农民施工队。

工程验收时，发现 A 公司施工的宿舍存在质量问题，必须进行整改才能交付使用，给甲带来了损失，A 公司以与甲没有合同关系为由拒绝承担责任，乙又以自己不是实际施工人为由推卸责任，甲遂以乙为第一被告、A 公司为第二被告向法院起诉。

## 【问题】

1. B 公司与 A 公司的行为是否合法？各属于什么行为？

2. A 公司施工的宿舍存在质量问题，应该由谁来承担责任？为什么？

3. 违法分包行为主要有哪些？

## 【参考答案】

1. B 公司与 A 公司的行为不合法。B 公司的行为属于违法转包行为，A 公司的行为属于非法分包行为。

2. 乙和 A 公司应对 A 公司施工的工程质量问题向甲承担连带责任。

根据《建筑法》的规定：分包单位应当按照分包合同的约定对其分包工程的质量向总

承包单位负责；总承包单位与分包单位对分包的工程质量承担连带责任。

本案例中，因为乙与 A 公司之间是总包与分包的关系，所以，乙和 A 公司应该对分包的宿舍楼质量向甲方承担连带责任。

3. 违法分包行为主要有：

（1）分包给不具资质的单位；

（2）总包合同未约定，又未经建设单位认可，进行分包的；

（3）总包将主体工程分包的；

（4）分包商再分包的。

# ［案例 74］　　　　工程分包 2

某工程为 33 层框架结构住宅，地下 2 层，建筑面积 $55000m^2$，某建筑公司为该工程的施工总承包单位，在工程分包管理中，出现以下事件：

事件一：经过监理单位的认可和审批后，总承包单位将该工程的排水降水工程分包给某专业分包公司 A，将土方工程分包给某劳务分包公司 B。

事件二：总承包单位要求 A 公司和 B 公司在施工前分别提交施工组织设计，经监理单位审批后实施。

事件三：总承包单位在分包合同中明确规定：A 公司和 B 公司对各自的分包工程承担安全责任，总承包单位只承担现场安全监督责任，不承担分包工程的安全责任。

事件四：分包单位要求查阅总承包合同的相关条款，遭到总承包单位的拒绝。

## 【问题】

1. 事件一中，由监理对分包单位进行认可和审批是否合理？说明理由。

2. 指出事件二中不妥之处，并说明理由。

3. 总承包商应该对分包工程的安全承担什么责任？

4. 事件四中，总承包单位的做法是否妥当？说明理由。

## 【参考答案】

1. 不合理。

理由：根据建筑法的规定，总承包单位分包工程要经过业主的认可，监理单位负责审查分包单位的资质条件等。

2. 事件二有两处不妥

（1）总承包单位要求 A 公司提交施工组织设计是妥当的，但经监理单位审批后实施是不妥的。

理由：因为分包单位和业主没有合同关系，两者不能发生任何工作联系，因此 A 公司的施工组织设计不能由监理单位审批，应该由总承包单位审批后实施。

（2）总承包单位要求 B 公司提交施工组织设计不妥。

理由：根据施工合同示范文本，劳务分包单位不承担编制施工组织设计的责任，劳务方的施工组织设计应该由总承包单位负责编制。

3. 根据建筑法的规定，分包工程发包人对施工现场安全负责，对分包工程的安全生产进行管理，并对分包工程的安全承担连带责任。

4. 总承包单位拒绝分包单位查阅总承包合同相关条款的做法不妥。

理由：根据合同法的规定，分包单位有权查阅总承包合同相关条款，但其中的价格条款除外。

[案例 75]　　　　　　　　**工程分包 3**

高层办公楼业主与 A 施工总承包单位签订了施工总承包合同，并委托了工程监理单位。经总监理工程师审核批准，A 单位将桩基础施工分包给 B 专业基础工程公司。B 单位将劳务分包给 C 劳务公司并签订了劳务分包合同。C 单位进场后编制了桩基础施工方案，经 B 单位项目经理审批同意审批后即组织了施工。由于桩基础施工时总承包单位未全部进场，B 单位要求 C 单位自行解决施工用水、电、热、电讯等施工管线和施工道路。

【问题】

1. 桩基础施工方案的编制和审批是否正确？说明理由。

2. B 单位的要求是否合理？说明理由。

3. 桩基础验收合格后，C 单位向 B 单位递交完整的结算资料，要求 B 单位按照合同约定支付劳务报酬尾款，B 单位以 A 单位未付工程款为由拒绝支付。B 单位的做法是否正确？说明理由。

【参考答案】

1. 不正确。桩基础施工方案应由 B 单位项目经理主持编制，交由总承包单位，经总监理工程师审批同意后方可实施。

2. B 单位的要求不合理。按照相关规定，工程承包人应完成水、电、热、电讯等施工管线和施工道路，并满足完成本合同劳务作业所需的能源供应、通讯及施工道路畅通。所以 B 单位要求 C 单位自行解决施工用水、电、热、电讯等施工管线和施工道路是不合理的。

3. B 单位的做法不正确。按照"劳务分包合同"的规定，承包人收到劳务分包人递交的结算资料后 14 天内进行核实，承包人确认结算资料后 14 天内向劳务分包人支付劳务报酬尾款。所以 B 单位以 A 单位未付工程款为由拒绝支付劳务报酬尾款的做法是错误的。

[案例 76]　　　　　　　　**工程分包 4**

某幕墙公司通过招投标从总承包单位承包了某机关办公大楼幕墙工程施工任务。在合同履行过程中发生了以下事件：

事件一：按照合同约定，总承包单位应在8月1日交出施工场地，但由于总承包单位负责施工的主体结构没有如期完成，使幕墙开工时间延误了10d。

事件二：幕墙公司向某铝塑复合板生产厂订购铝塑复合板，考虑该生产厂具有与本工程规模相符的幕墙安装资质，为了加快工程进度，幕墙公司遂与该厂签订了铝塑复合板幕墙供料和安装的合同。总承包单位提出异议，要求幕墙公司解除铝塑复合板安装合同。

事件三：对办好隐蔽工程验收的部位，幕墙公司已进行封闭，但总承包单位和监理单位对个别施工部位的质量还有疑虑，要求重新检验。

事件四：工程竣工验收前，幕墙公司与发包人签订了《房屋建筑工程质量保修书》，保修期限为一年。

【问题】

1. 事件一，幕墙公司可否要求总包单位给予工期补偿和赔偿停工损失？为什么？

2. 事件二，总承包单位要求幕墙公司解除铝塑复合板安装合同是否合理？为什么？

3. 事件三，幕墙公司是否可以因这些部位已经进行过隐蔽工程验收而拒绝重新检验？重新检验的费用应由谁负责？

4. 事件四，幕墙工程的保修期如何规定？

【参考答案】

1. 事件一，可以。

根据相关规定，发包人未按照约定的时间和要求提供原材料、设备、场地、资金、技术资料的，承包人可以顺延工程日期，并有权要求赔偿停工、窝工等损失，所以幕墙公司的要求是合理的。

2. 事件二，合理。

因为幕墙公司是分包单位，《建筑法》禁止分包单位将其承包的工程再分包。幕墙公司与铝塑复合板生产单位签订的安装合同属于违法分包合同，应予解除。

3. 事件三，不可以。

根据规定："无论工程师是否进行验收，当其要求对已经隐蔽的工程重新检验时，承包人应按要求进行剥露或开孔"。如果重新检验合格，费用应由发包人承担并相应顺延工期；检验不合格，费用和工期延误均应由承包人负责。

4. 事件四，幕墙工程保修期限应为2年，墙面防渗漏保修期限应为5年。

[案例 77]　　　**合同计价形式 1**

A工程签订合同时图纸未完成，工程量难以确定，双方拟采用固定总价合同以减少风险。工程在土方施工过程中，发包方指令将土方开挖加深1米，并及时办理了合法变更手续，总承包方在竣工结算时，要求追加土方开挖加深的费用共计6.5万元，发包方以固定总价包死为由拒绝签认。

B工程采用固定单价合同。经过业主同意后，承包商将桩基础工程分包给一家专业公司。为了减少风险，承包商与专业分包商的合同采取固定总价合同。

C工程为抢险救灾工程，业主拟采用成本加固定酬金合同形式。

## 【问题】

1. A工程的合同计价形式是否妥当，为什么？
2. A工程中，发包方的做法是否合理？说明理由。
3. B工程中，承包商与专业分包商的合同采取固定总价合同是否合适？为什么？
4. C工程中，对于业主而言，成本加酬金合同具有哪些有利和不利的因素？

## 【参考答案】

1. A工程的合同计价形式不妥当。

固定总价合同适合以下项目：

(1) 前期工作充分、扎实，设计图纸完整，工程范围、内容明确。

(2) 工程量小、结构简单、工期短的中小型项目。

(3) 招标时留给承包商的时间相对充足。

(4) 合同条件公平、合理。

本案例中，工程签订合同时图纸未完成，工程量难以确定，使用固定总价合同乙方的风险太大，所以不适合采用固定总价合同，适合采用单价合同。

2. A工程中，发包方的做法不合理。

理由：固定总价合同，是指当约定的工程风险、施工内容、施工条件不发生变化时，业主付给承包商的价款总额就不发生变化。本案例的施工内容发生了变化，合同价款总额也应当发生变化，承包方要求追加土方开挖加深的费用是合理的。

3. B工程中，承包商与专业分包商的合同采取固定总价合同不合适。

理由：根据施工合同示范文本的规定，总包合同和分包合同应该采用相同的合同计价形式。本工程中，总包合同采用固定单价合同，分包合同也应该采用固定单价合同。

4. C工程中，对于业主而言，成本加酬金合同的有利因素：

(1) 业主不必等待所有施工图完成才开始招标和施工，从而缩短工期。

(2) 可以利用承包商技术专家，弥补设计不足。

(3) 业主可较深介入和控制工程。

成本加酬金合同的不利因素：

(1) 风险主要由业主承担，对业主的投资控制很不利。

(2) 施工和管理缺乏计划性。

[案例78]

# 合同计价形式2

某市新建一座室内体育馆，结构类型为钢结构，技术要求较高。鉴于施工图纸已完成，业主拟采用固定总价合同形式。在评标过程中，业主根据"合理最低价中标"的原则确定本市某建设企业中标。

在合同的专用条款中约定，若钢结构用钢的价格涨幅达到 15% 时（以合同签订时的价格为基准价格），允许承包方调整材料价格，并以此调整合同总价。工程进行中，果然发生钢材价格大幅上涨，涨幅超过合同规定，承包方随即提出调整合同总价的请求，但遭到业主的拒绝，理由是本合同既然为固定总价合同，就不能在合同中出现价格调整的条款，该条款与固定总价合同的本质相抵触，应该为无效条款。为此，双方发生争议，工程被迫暂停。

## 【问题】

1. 本工程根据"合理最低价中标"的原则进行评标是否合适？为什么？

2. 业主拒绝调整合同总价的理由是否合理？说明理由。

3. 固定总价合同容易在哪些方面出现争议？

4. 固定总价合同有何特点？

## 【参考答案】

1. 本工程根据"合理最低价中标"的原则进行评标不合适。

因为，本工程结构类型为钢结构，技术要求较高，评标时不能只看投标人的报价，还要考察投标的技术力量、历史业绩、财务状况等进行综合评判，应该采用"综合评分"最高为中标原则。

2. 业主拒绝调整合同总价的理由不合理。

理由：无论是固定单价合同还是固定总价合同，都可以在专用条款中确定价格调整条款。不存在价格调整条款与固定总价合同的本质相抵触的说法。

3. 固定总价合同容易在下列方面出现争议：

（1）施工承包范围争议；

（2）工程量争议；

（3）价格争议。

4. 固定总价合同的特点：

（1）可以较早预测成本；

（2）业主风险较小，承包人承担较多的风险；

（3）进度上能调动承包人的积极性；

（4）工程造价易于结算；

（5）承包商索赔机会少；

（6）必须完整而明确地规定承包人的工作。

# 八、施工现场管理

## [案例 79]　消防设施配备

某建筑工程，地下一层，地上 16 层，总建筑面积 28000m²，该工程位于闹市中心，现场场地狭小。

在工程施工过程中，当地建设主管部门协调公安、消防部门，对施工现场进行了安全检查，发现施工单位为了降低成本，现场只设置了一条 3m 宽的施工道路兼作消防通道。

此外，临时设施的总建筑面积约 600m²，只配备 2 只 10L 灭火器。并且临时木工间，油漆间等部位未配备灭火器。某一高度为 50m 的在建工程，安装了直径 70mm 的临时消防竖管。鉴于施工现场消防设施多处不符合规定，消防管理部门下达限期整改通知。

【问题】

1. 施工现场临时消防车道的设置有何规定？

2. 临时设施消防器材的配备有何具体规定？本案例中的临时设施应该如何配置灭火器？

3. 指出本案例中其他不符合消防要求的地方，并说明整改措施。

【参考答案】

1. 施工现场临时消防车道的设置规定：

(1) 临时消防车道与在建工程、临时用房的距离，不宜小于 5m，且不宜大于 40m。

(2) 临时消防车道宜为环形，如设置环形车道确有困难，应在消防车道尽端设置尺寸不小于 12m×12m 的回车场。

(3) 临时消防车道的净宽度和净空高度均不应小于 4m。

(4) 下列建筑应设置环形临时消防车道，确有困难时，除设置回车场外，还应设置临时消防救援场地：

1) 建筑高度大于 24m 的在建工程；

2) 单体占地面积大于 3000m² 的在建工程；

3) 超过 10 栋，且为成组布置的临时用房。

2. 临时设施消防器材的配备规定：

一般临时设施区，每 100m² 配备两个 10L 的灭火器，大型临时设施总面积超过 1200m² 的，应备有消防专用的消防桶、消防锹、消防钩、盛水桶（池）、消防沙箱等器材设施。

本案例中的临时设施总建筑面积约 600m²，根据规定，应该至少配备 12 只 10L 灭火器。

3. 其他不符合消防要求的地方即整改措施:

(1)"临时木工间,油漆间等部位未配备灭火器"不符合消防要求。

整改措施:临时木工加工车间、油漆作业间等,每25m²应配置一个种类合适的灭火器。

(2)"安装了直径70mm的临时消防竖管"不符合消防要求。

整改措施:高度超过24m的建筑工程,应保证消防水源充足,设置具有足够扬程的高压水泵,安装临时消防竖管,管径不得小于75mm。

# [案例80] 动火申请

某一在建工程,框架结构,地下2层,地上15层,建筑面积28300m²,某日两名电焊工在地下室进行钢筋焊接作业,由于操作不当,引起附近堆放的可燃性装修材料起火,火灾虽经扑救,但两人均被深度烧伤,烧伤面积达25%。事后调查发现,工地负责人没有严格按照消防规定进行管理;动火前没有严格执行动火审批和动火监护制度。

## 【问题】

1. 我国消防安全的基本方针是什么?

2. 本案例属于几级动火?说明理由。

3. 一级动火作业应遵守什么程序?

## 【参考答案】

1. 我国消防安全的基本方针是:"预防为主、防消结合、综合治理"。

2. 本案例属于一级动火。

凡属下列情况之一的动火,均为一级动火。

(1)禁火区域内。

(2)油罐、油箱、油槽车和储存过可燃气体、易燃液体的容器及与其连接在一起的辅助设备。

(3)各种受压设备。

(4)危险性较大的登高焊、割作业。

(5)比较密封的室内、容器内、地下室等场所。

(6)现场堆有大量可燃和易燃物质的场所。

本案例中,焊工在地下室动火,并且周围对有可燃性装修材料,符合一级动火的第五、六的条件,因此,属于一级动火。

3. 一级动火作业由项目负责人组织编制防火安全技术方案,填写动火申请表,报企业安全管理部门审查批准后,方可动火。

[案例 81]  # 临时用电

　　某装饰工程公司承担了某大楼的室内外装饰装修改造工程。工程位于市区，框架结构，高度 53m，施工时正值夏季。施工现场管理情况如下：

　　情况一：临时施工用电只画了布线草图，没有详细设计资料，也未经相关人员审批；只有配电箱设了一个总漏电保护器；施工用电缆电线拖地布设；有部分电动工具使用从开关箱引出的花线插线板供电；现场临时照明用电为 220V；在施工现场一楼，工人正在铺贴地砖，现场昏暗，工人将一碘钨灯头放在已做好的吊顶龙骨上用于照明。

　　情况二：楼顶脚手架上正在进行幕墙骨架焊接，三名电焊工均未戴安全帽和安全带，其中有一人没有电焊工上岗证。

## 【问题】

　　1. 纠正情况一中存在的问题。

　　2. 情况二属于几级动火？为什么？

　　3. 情况二中的焊接作业，应该如何加强管理？

## 【参考答案】

　　1. 纠正情况一中存在的问题：

　　（1）应有施工临时用电组织设计，临时用电组织设计由电气工程技术人员组织编制，经相关部门审核及企业技术负责人批准后实施。

　　（2）临时用电应设总配电箱、开关箱两级漏电保护。

　　（3）施工现场电缆电线应架高敷设。

　　（4）现场禁止用花线插线板供电。

　　（5）现场临时照明用电应用安全电压 36V。

　　（6）不能使用碘钨灯，更不能将其放在龙骨上，以防人员触电伤害。

　　2. 属于一级动火。根据规定，"危险性较大的登高焊、割作业"属于一级动火。

　　3. 情况二中的焊接作业，应该进行如下管理措施：

　　（1）在楼顶脚手架上进行焊接作业，应佩戴安全帽和安全带等防护用品。

　　（2）电焊工属于特种工，应该持证上岗。

　　（3）登高焊接作业属于一级动火，应按规定办理动火手续。

　　（4）动火前，要消除附近易燃物。

　　（5）动火前，要配备看火人员和灭火用具。

　　（6）动火证当日有效。动火地点变换，要重新办理动火证手续。

# [案例 82] 现场管理 1

某施工企业承建的综合楼工程，框架结构，筏板基础，项目位于闹市区。现场检查发现以下问题：现场平面布置混乱，出入口未悬挂"五牌二图"，围挡高度1.8m；部分工人住在未完工的地下室内；为降低成本，现场道路为土路；现场废水、污水直接排放到市政下水管网。针对以上措施，主管部门下达整改通知。

## 【问题】

1. 何谓"五牌二图"？本现场的围挡高度应该是多少？
2. 文明施工对现场住宿和现场道路有何要求？
3. 现场污水排放有何具体要求？

## 【参考答案】

1. "五牌"是指：工程概况牌、安全生产牌、消防保卫牌、环境保护牌、文明施工牌；"二图"是指：施工现场总平面图、现场管理机构与人员图。

本现场地处闹市区，围挡高度应该为2.5m。

2. 文明施工对现场住宿和现场道路的要求：

（1）现场住宿要求：施工区域应与办公、生活区划分清晰，并有隔离防护措施。在建工程内严禁住人。

（2）现场道路要求：现场应设置畅通的排水沟渠系统，保持场地道路的干燥坚实。施工场地应硬化处理，有条件时，可对施工现场进行绿化布置。

3. 现场污水排放要与县级以上政府市政管理部门签署污水排放许可协议，申领《临时排水许可证》。污水经沉淀处理后二次使用或排入市政污水管网。施工现场泥浆、污水未经处理不得直接排入城市排水设施和河流、湖泊、池塘。

# [案例 83] 现场管理 2

某商业大厦工程，框剪结构，建筑面积43500m²，位于市中心。公司要求项目部严格按照文明施工的要求进行现场管理，项目部在施工组织设计中，将文明施工作为重要内容进行部署安排，力争创建文明施工示范工地。项目部经过不懈努力，最终在现场综合考评中获得优良成绩。

## 【问题】

1.《文明施工检查评分表》检查项目包括哪些？保证项目有哪些？
2. 简述文明施工管理要点（至少写出五点）。
3. 现场综合考评包括哪些主要内容？

【参考答案】

1. 《文明施工检查评分表》检查项目包括：现场围挡、封闭管理、施工场地、材料堆放、现场宿舍、现场防火、治安管理、现场标牌、生活设施、保健急救、社区服务等11项内容。

其中：现场围挡、封闭管理、施工场地、材料堆放、现场宿舍、现场防火6项内容为保证项目。

2. 文明施工管理要点：

（1）现场实施封闭围挡，设大门、保安值班室、企业标识。

（2）现场应设置"五牌一图"。

（3）现场机械设备、临时设施等按照施工总平面图进行布置、管理。

（4）施工区域应与办公、生活区划分清晰，并采取隔离防护措施，在建工程内严禁住人。

（5）现场各类临时设施，应符合环保、消防要求。

（6）施工场地应硬化处理，道路干燥坚实，排水畅通。

（7）现场泥浆和污水未经处理不得直接排放。

（8）现场应建立防火制度和火灾应急响应机制，落实防火措施，配备防火器材。

3. 现场综合考评主要内容：

（1）施工组织管理；

（2）工程质量管理；

（3）施工安全管理；

（4）文明施工管理和建设；

（5）监理单位的现场管理。

[案例84]

# 现场安全

某生活小区在建设过程中，夜班塔吊司机王某在穿越在建的住宅楼上岗途中，因夜幕降临，现场光线较暗，不慎从通道附近的洞口（1.8m长、0.4m宽）没有加设防护盖板和安全警示的洞口坠落至4m深的地下室地面，造成重伤。

事故发生后，项目经理组织项目部进行安全隐患大检查，重点工作是进行各种洞口的安全防护，并悬挂安全警示牌。

【问题】

1. 对施工现场通道附近的各类洞口与坑槽安全防护有何具体要求？

2. 施工现场一般在哪些主要部位设置明显的安全警示标志？

3. 施工现场有多个安全标志牌时，应遵循什么顺序？

【参考答案】

1. 各类洞口与坑槽安全防护具体要求：

（1）各类洞口与坑槽按要求进行布置好防护设施（如设置盖板、防护栏杆、安全网等）；

（2）按要求设置安全警示标志，夜间还应设红灯示警。

2. 施工现场一般应在：现场出入口、施工起重机械、临时用电设施、脚手架、通道口、楼梯口、电梯井口、孔洞、基坑边沿、爆炸物及有毒有害物质存放处设置明显的安全警示标牌。

3. 多个安全标志牌在一起布置时，应按警告、禁止、指令、提示类型的顺序，先左后右、先上后下进行排列。各标志牌之间的距离至少应为标志牌尺寸的 0.2 倍。

# ［案例 85］　　　水污染、大气污染

某工程建筑面积 23500m²，框剪结构，筏板基础，项目位于该市经济开发区，该地区水资源匮乏。施工过程中，主管部门检查发现，该工地的环境保护措施不力，主要体现在：现场没有任何节水措施，水资源浪费严重；施工污水没有采取任何措施直接排放，水污染严重；施工中尽管采取了覆盖、洒水等措施，但仍然释放出大量粉尘，造成严重的大气污染。该工程的施工单位因此受到相关部门的处罚，并被责令建立完整的环境保护措施。

【问题】

1. 施工现场环境保护措施包括哪些方面？
2. 施工现场水污染的防治措施有哪些（至少写出五点）？
3. 施工现场大气污染的防治措施有哪些（至少写出五点）？

【参考答案】

1. 施工现场环境保护措施包括五个方面：

（1）大气污染的防治；

（2）水污染的防治；

（3）噪声污染的防治；

（4）固体废弃物的处理；

（5）文明施工措施。

2. 水污染的防治措施：

（1）禁止有毒有害废弃物作土方回填。

（2）现场废水、污水必须经沉淀池沉淀合格后再排放。

（3）现场存放油料，必须对库房进行防渗处理。

（4）用餐人数在 100 人以上的食堂，应设置简易隔油池，定期清理。

（5）工地临时厕所、化粪池应采取防渗漏措施。

（6）化学用品、外加剂要妥善保管，防止污染环境。

3．大气污染的防治措施：

（1）现场外围围挡不得低于 1.8m，以避免污染物向外扩散。

（2）现场垃圾及时清理，严禁凌空抛撒。

（3）现场道路应硬化。有条件的可利用永久性道路。

（4）易飞扬材料入库密闭存放或覆盖存放。运输水泥、白灰等易飞扬的细颗粒粉状材料时，要采取遮盖措施，防止沿途遗洒、扬尘。

（5）禁止施工现场焚烧有毒、有害气体的物资。

（6）拆除旧有建筑物时，应适当洒水，并采用密目式安全网，防止扬尘。

# [案例86]　　　　噪音污染

某集团承建住宅项目，位于居民密集区域，总建筑面积 30000m²，采用框架剪力墙结构体系。工程开工前安排布置现场临时设施，进行施工平面布置，所有临时设施的建设符合安全要求。由于工期紧张，为赶进度，夜间进行打桩作业到 10 点，附近居民反映噪声过大，多次向当地有关部门投诉。

【问题】

1．建筑施工主要职业危害来自于哪些因素？

2．针对群众施工噪音污染的投诉，项目经理该如何处理？

3．对施工噪音的最高限值为多少？

【参考答案】

1．建筑施工主要职业危害来自：粉尘的危害、生产性毒物的危害、噪声的危害、振动的危害、紫外线的危害和环境条件危害等。

2．项目经理处理噪声污染的措施：

（1）施工前到环保主管部门办理相关手续；

（2）将作业计划、影响范围、程度及有关措施等情况，向有关的居民和单位通报说明，取得协作和配合；

（3）及时和建设主管工程联系协商，取得主管部门的支持；

（4）积极采取专门的隔音、降噪措施，尽量降低施工噪声；

（5）凡强噪音施工，避开正常的休息时间；

（6）安排专业人员对现场噪音进行实时监测与监控；

（7）按有关要求，对受强噪音影响的附近居民给予适当的经济补偿。

3．昼间的最高分贝值为 70，夜间为 55。

# 九、工程验收管理

[案例 87]　　　　　　　分部工程验收

　　某公寓建筑面积 32000m²，框剪结构，地基基础完工后，施工单位的项目经理组织了地基基础工程验收工作，参加人员有甲方代表、监理工程师。验收人员在检查确认地基基础各分项工程合格后，又检查了质量控制资料，最后签署验收合格意见。

　　在主体结构施工时，第 10 层混凝土部分试块检测时发现强度达不到设计要求，但经有资质的检测单位检测鉴定，强度满足设计要求。由于加强了预防和检查，没有再发生类似情况。该楼最终顺利完工，达到验收条件后，建设单位组织了竣工验收。

## 【问题】

　　1. 本工程地基基础验收的组织者和参加人员是否合适？说明理由。

　　2. 地基基础验收除了检查分项工程的质量和质控制资料外，还应该验收哪些内容？

　　3. 如果第 10 层实体混凝土强度经检测达不到设计要求，施工单位应如何处理？

　　4. 该公寓建筑达到什么条件后方可竣工验收？

## 【参考答案】

　　1. 本工程地基基础验收的组织者和参加人员不合适。

　　理由：根据规定，地基基础工程的验收应由总监理工程师（或建设单位项目负责人）组织；验收参加人员分别为：总监理工程师、建设单位项目负责人、设计单位项目负责人、勘察单位项目负责人、施工单位技术质量负责人及项目经理等。

　　2. 地基基础验收除了检查分项工程的质量和质控制资料外，还应该验收以下内容：

　　（1）地基与基础工程有关安全及功能的检验和抽样检测结果应符合有关规定。

　　（2）观感质量验收应符合要求。

　　3. 如果第 10 层实体混凝土强度经检测达不到要求，施工单位可请原设计单位进行强度验算，经验算满足使用、安全要求下，可以验收；如果仍不能满足，施工单位应返工重做或者采取加固补强措施。

　　4. 单位工程竣工验收应当具备下列条件：

　　（1）完成建设工程设计和合同约定的各项内容；

　　（2）有完整的技术档案和施工管理资料；

　　（3）有工程使用的主要建筑材料、建筑构配件和设备的进场试验报告；

　　（4）有勘察、设计、施工、工程监理等单位分别签署的质量合格文件；

　　（5）有承包商签署的工程保修书。

# [案例 88]　　单位工程验收

　　某工程为 32 层框剪结构，建筑面积 43300m²，A 公司为施工总承包单位。工程完工后，施工单位在自检合格的基础上，即向业主申请了竣工验收申请。业主在验收前发现分包单位的部分施工资料不齐全，于是要求监理单位向分包单位收集、汇总剩余的施工资料。

　　业主组织设计、施工、监理等人员组成验收组，验收小组在对工程实体质量、工程资料和观感质量验收后，确认该工程验收结论为"合格"。验收合格后，业主委托监理单位向建设主管部门进行了竣工验收资料备案。

## 【问题】

　　1. 工程资料包括哪几类？

　　2. 业主要求监理单位向分包单位收集、汇总施工资料的做法是否妥当？工程资料的移交有什么规定？

　　3. 本案例中，竣工验收程序存在违规现象，请写出正确的竣工验收程序。

　　4. 单位工程质量验收合格规定是什么？

　　5. 业主委托监理单位向建设主管部门进行竣工验收资料备案的做法是否合适？为什么？

## 【参考答案】

　　1. 工程资料包括：

　　(1) 工程准备阶段资料；

　　(2) 监理资料；

　　(3) 施工资料；

　　(4) 竣工图

　　(5) 工程竣工资料。

　　2. 业主要求监理单位向分包单位收集、汇总施工资料的做法不妥当。

　　工程资料移交的规定：

　　(1) 施工单位应向建设单位移交施工资料。

　　(2) 实行施工总承包的，各专业承包单位向施工总承包单位移交施工资料。

　　(3) 监理单位应向建设单位移交监理资料。

　　(4) 工程资料移交时应及时办理相关移交手续。

　　(5) 建设单位应按规定向城建档案管理部门移交工程档案，并办理相关手续。

　　3. 竣工验收的程序通常分为：验收准备、竣工预验收和正式验收三个环节。

　　(1) 竣工验收准备

　　1) 施工单位自检合格后，向监理机构提交竣工预验收申请报告；

　　2) 施工单位的竣工验收准备，包括工程实体的验收准备和工程档案的验收准备。

---

（2）竣工预验收

监理机构收到竣工申请报告后，应就验收的准备情况和验收条件进行检查，对工程质量进行竣工预验收。

（3）正式竣工验收

1）建设单位应组织勘察、设计、施工、监理等单位和其他方面的专家组成竣工验收小组；

2）建设单位应在竣工验收前7天将验收时间、地点、验收组名单通知"工程质量监督机构"；

3）验收组成员在质量监督站监督下对主体工程实体和工程资料等进行全面验收。

4. 单位工程质量验收合格的规定：

（1）单位工程所含分部工程的质量均应验收合格。

（2）质量控制资料应完整。

（3）单位工程所含分部工程有关安全和功能的检测资料应完整。

（4）主要功能项目的抽查结果应符合相关专业质量验收规范的规定。

（5）观感质量验收应符合要求。

5. 业主委托监理单位向建设主管部门进行竣工验收资料备案的做法不合适。

因为：根据竣工验收备案的要求，应该由建设单位自验收合格起15日内，将竣工验收报告和规划、公安、消防、环保出具的认可文件报建设行政主管部门备案。

# [案例89] 节能工程验收

某影视大楼，建筑面积22000m²。在工程竣工验收之前，由建设单位主持，组织施工单位项目经理等有关人员进行建筑节能工程质量验收。验收内容包括：分项工程质量检查、质量控制资料、外窗气密性检测等。经验收确认节能工程质量合格。

## 【问题】

1. 本工程节能验收的组织和参加人员是否合适？说明理由。

2. 建筑节能分部工程质量验收合格应符合哪些规定？

## 【参考答案】

1. 本工程节能验收的组织和参加人员不合适。

理由：根据规定，建筑节能工程质量验收应由总监理工程师（或建设单位项目负责人）主持，而不是由建设单位主持；参加人员包括：①项目经理、项目技术负责人和相关专业的质量检查员、施工员；②施工单位的质量或技术负责人；③设计单位节能设计人员。

2. 建筑节能分部工程质量验收合格规定：

（1）分项工程应全部合格；

（2）质量控制资料应完整；

(3) 外墙节能构造现场实体检测结果应符合设计要求；

(4) 严寒、寒冷和夏热冬冷地区的外窗气密性现场实体检测结果应合格；

(5) 建筑设备工程系统节能性能检测结果应合格。

# ［案例 90］ 室内环境检测

某精装修高层住宅楼，剪力墙结构，自然通风。在全部工程完工后的第 5 天，施工单位委托了有资质的检验单位进行室内环境污染检测。其间对室内环境污染物浓度检测分别检测了氡、甲醛、苯、氨、甲苯、TVOC 含量等 6 项污染物的含量。

## 【问题】

1. 工程完工后应由谁，什么时间进行室内环境检测？

2. 该工程检测项目是否正确？Ⅰ类民用建筑室内甲醛浓度限量应为多少？

3. 民用建筑工程室内环境检测在自然通风或采用集中空调情况下，分别如何进行？

4. 室内环境检测对抽检的房间数量、检测点的位置有何规定？

## 【参考答案】

1. 工程完工后，应该由建设单位进行室内环境检测。应在工程完工至少 7d 以后且在工程交付使用前进行。

2. 检测内容不正确。

室内环境污染物浓度检测应检测 5 项内容，分别为：氡、甲醛、苯、氨、TVOC。

Ⅰ类民用建筑室内甲醛浓度限量应为：甲醛$\leqslant 0.08mg/m^3$。

3. 对采用自然通风的民用建筑工程，检测应在对外门窗关闭 1h 后进行；对采用集中空调的民用建筑工程，应在空调正常运转的条件下进行。

4. 抽检的房间数量、检测点的位置规定：

(1) 应抽检有代表性的房间，检测数量不得少于 5%，并不得少于 3 间。总数少于 3 间时，应全数检测。

(2) 检测点应距离内墙面不小于 0.5m、距楼地面高度 0.8～1.5m。检测点应均匀分布，避开通风道和通风口。

# 参考文献

1. 全国二级建造师执业资格考试用书（第四版）. 建筑工程管理与实务. 北京：中国建筑工业出版社，2014

2. 全国二级建造师执业资格考试辅导 2014 年版. 建筑工程管理与实务复习题集. 北京：中国建筑工业出版社，2014

3. 全国一级建造师执业资格考试用书（第四版）. 建筑工程管理与实务. 北京：中国建筑工业出版社，2014

4. 全国一级建造师执业资格考试辅导 2014 年版. 建筑工程管理与实务复习题集. 北京：中国建筑工业出版社，2014